国家出版基金项目
NATIONAL PUBLICATION FOUNDATION

Palaeontology and
Rare Fossil Biotas
in Hubei Province

VOL.4

湖北省地质调查院 ● 组编

湖北省古生物
与珍稀古生物群落

第 四 卷

节肢、棘皮、半索、脊索动物

Arthropoda，Echinodermata，Hemichordata，Chordata

孙振华　王淑敏　黎作骢　陈公信　徐家荣 ◎ 主编

长江出版传媒
Changjiang Publishing & Media

湖北科学技术出版社
HUBEI SCIENCE & TECHNOLOGY PRESS

图书在版编目（ＣＩＰ）数据

湖北省古生物与珍稀古生物群落.第四卷,节肢、棘皮、半索、脊索动物/孙振华等主编.—武汉:湖北科学技术出版社,2020.5

ISBN 978-7-5706-0847-8

Ⅰ.①湖… Ⅱ.①孙… Ⅲ.①古生物—研究—湖北 Ⅳ.① Q911.726.3

中国版本图书馆 CIP 数据核字 (2019) 第 299210 号

HUBEI SHENG GUSHENGWU YU ZHENXI GUSHENGWU QUNLUO
DI-SI JUAN JIEZHI JIPI BANSUO JISUO DONGWU

策　　划：李慎谦　高诚毅　宋志阳	责任校对：王　梅	
责任编辑：邓子林　胡晓波	封面设计：喻　杨	

出版发行：湖北科学技术出版社	电话：027-87679468
地　　址：武汉市雄楚大街 268 号 （湖北出版文化城 B 座 13-14 层）	邮编：430070
网　　址：http://www.hbstp.com.cn	
印　　刷：湖北金港彩印有限公司	邮编：430023

787×1092　　1/16	28.5 印张	1 插页	715 千字
2020 年 5 月第 1 版	2020 年 5 月第 1 次印刷		

定价：310.00 元

《湖北省古生物与珍稀古生物群落》编委会

前　言

　　湖北省地层古生物调查研究始于20世纪20年代,近一个世纪以来,形成了大量极具参考价值的文献、专著,其中,由原湖北省区域地质测量队完成并于1984年在湖北科学技术出版社出版的《湖北省古生物图册》就是其中的代表作之一。该专著系统、全面地总结了湖北省古生物资料,涉及16个门类、872个属、2 130个种,并附有130余幅插图及说明、270余幅图版及图版说明,较为客观地反映了湖北省各个地质时期的古生物群面貌。长期以来,《湖北省古生物图册》为湖北省及其相关地质调查研究提供了丰富翔实的资料,在科研、教学部门得到了广泛应用,即便在今天,仍有着较高的学术参考价值。

　　然而,随着湖北省地质工作不断推进,本书长时间未更新,已不能很好地满足新时代地学工作者的需要。首先,湖北省地层分区和部分地层划分、时代归属等基础地质问题不断完善,而《湖北省古生物图册》是在20世纪80年代地质调查背景下编写的,书中涉及地质背景方面的表述与当前认识存在出入,使得现今读者难以全面深入地理解一些古生物化石对应的地层产出层位。其次,在过去的几十年,湖北省一些行政区划及地名不断发生更改、合并、分解等变化,书中的某些地名在现有的地图上无法找寻,导致读者不能准确获得某些古生物化石的现今产地。此外,使用过程中在原“图册”中发现了一些欠规范、欠合理的表述,影响了其应有的价值。有鉴于此,为使本书更大限度地发挥其科学价值,特进行此次修编。

　　新版修编主要在原版基础上进行,保留原“图册”的体例设置、门类、属种及描述、插图、图版及说明。本次修编主要在化石产出层位、产出时代、产出地点和规范描述、查漏补缺等方面进行修正。具体体现在以下几个方面:(1)参考2014年中国地层表,“图册”中的部分地质年代单位、年代地层单位发生改变,如:将原“早寒武世”分解为“纽芬兰世、第二世”,寒武系四分为纽芬兰统、第二统、第三统、芙蓉统;类似的志留系、二叠系等也做了修订。(2)地层分区、地层单位的资料参考了由湖北省地质调查院2017年完成的新一代《湖北省区域地质志》,对部分地层单位进行了更新,如:临湘组并入宝塔组,分乡组并入南津关组,崇阳组改成柳林岗组等;对部分地层时代进行了修正,如:宝塔组时代由晚奥陶世改为中—晚奥陶世,大湾组时代由早奥陶世改为早—中奥陶世,坟头组时代由中志留世改为志留纪兰多弗里世等。(3)对古生物化石产出地点行政单位名称进行了调整,如:蒲圻县改为赤壁市、襄樊市改为襄阳市、广济县改为武穴市等。对原“图册”进行了严格的图文对应,部分图片说明缺失之处做了补充,对一些古生物化石的描述术语进行了统一规范化,对文中的一些漏字、多字、错别字现象分别进行了修改,在此不一一示例。

　　本次修编工作由湖北省地质局主持,湖北省地质调查院具体承担修编任务,湖北科学技术出版社在文字、体例等方面做了系统修改。中国地质调查局武汉地质调查中心汪啸风研究员、陈孝红研究员参加了本次修编工作的申报、审定工作。在此,对所有参加修编的单位和个人,表示衷心的感谢。

1984年原"图册"出版以来,国际、国内以及湖北古生物研究方面有了许多新发现、新进展,据此做了修编工作,但主要是以室内工作为主,未能全面系统地反映最新的进展和有关成果,请予谅解。且受修编者水平限制,难免存在错误及遗漏之处,欢迎广大读者批评、指正。

湖北省地质调查院
2019年2月

目　　录

一、化石描述

（一）节肢动物门　Arthropoda

三叶虫纲　Trilobita Walch,1771

球接子目　Agnostida Kobayashi,1935

球接子亚目　Agnostina Salter,1864

老球接子科　Geragnostidae Howell,1935

老球接子属　*Geragnostus* Howell,1935

头鞍仅有一微弱的横沟,无中沟;尾部具后侧刺,尾轴短,仅略长于尾部全长的1/2,两侧平行。壳面光滑。

分布与时代　中国华南,欧洲、南美洲、北美洲;寒武纪芙蓉世至晚奥陶世。

中华老球接子　*Geragnostus sinensis* Sheng
（图版1,3～5）

头鞍为卵形,有不明显的"∧"形横纹一条横贯头鞍,中部有一小瘤,尾部中轴短,为尾长1/2,分成3节,中节的中间有椭圆形瘤状物,瘤状物的前端伸入前节的后段,尾部周边狭而平,两侧附有短而宽的尾刺。

产地层位　宜昌市夷陵区分乡、京山市惠亭山;中—上奥陶统宝塔组。

分叉老球接子　*Geragnostus furcatus* Xia
（图版2,1、2）

头部呈半卵形。背沟宽而深。头鞍长度约为头部长的2/3。从中瘤向两侧有两条浅的头鞍沟呈"＜"形分叉,分列左右,中瘤位于头鞍沟交叉点之后。颊部的后边缘沟颇为明显,水平直伸。尾部中轴凸起,轴后端略作方圆形,尾中轴上有2对横沟,横沟之间的距离颇大。

产地层位　秭归县新滩下滩沱;中—上奥陶统宝塔组。

图1、图2为三叶虫的一般形态构造示意图。

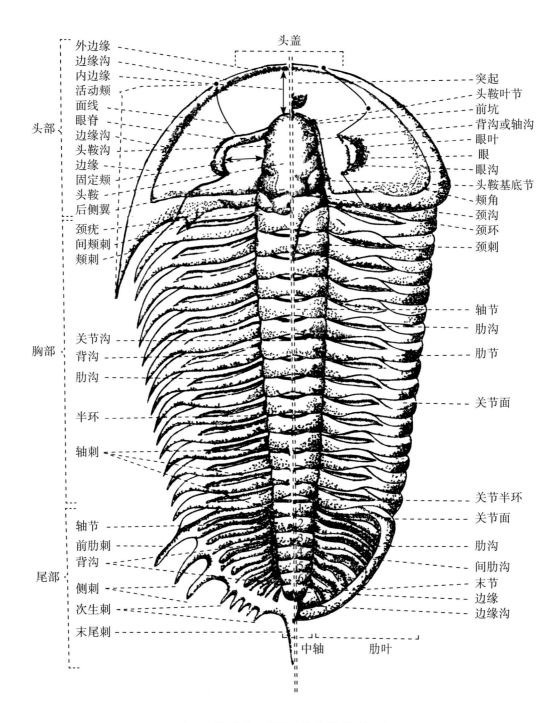

图1 三叶虫的一般形态构造示意图（一）

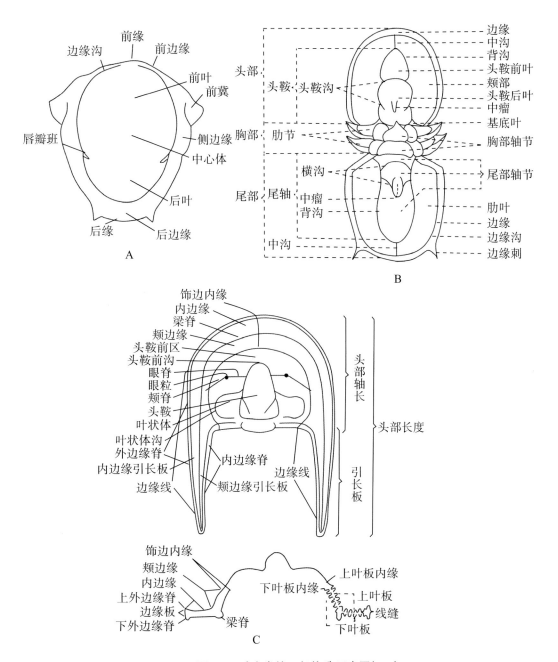

图2 三叶虫类的一般构造示意图（二）

A. 唇瓣构造图； B. 球接子类的背壳构造图； C. 此图解为 Harpidae

科头部的各种构造,但颊叶上的饰纹未绘入。图2（C）的上图表示头部饰边的上叶板已移去,图2（C）下图为通过头部轴长的中间部分所作的横切面,图2（C）下面右侧表示饰边上的小陷孔。

扬子老球接子 *Geragnostus yangtzeensis* Lu

（图版3,6）

头部次圆形。头鞍亚柱形，两条头鞍沟分头鞍为三叶，前叶远较中间的一叶长，后叶最长，具1对三角形的基底叶。尾部较宽，具不甚明显的宽而长的尾轴，尾轴被一横沟分为一个短的前叶和一个长的后叶，前叶有一小的中疣。

产地层位 宜都市、长阳县；下奥陶统南津关组。

纵脊老球接子 *Geragnostus carinatus* Lu

（图版4,7）

头部半圆形。头鞍横沟弱而直。头鞍后叶具1条窄的纵脊，在前方紧靠横沟处成一个长的前中疣，在后方成一个长而后尖的后疣。尾部次方形，尾轴长略短于尾长的2/3，尾轴前两节的长度近等，第3节相对较短，为中轴全长的3/7。

产地层位 宜昌市夷陵区分乡；中—下奥陶统大湾组。长阳县花桥；下奥陶统南津关组。

分乡老球接子 *Geragnostua fenhsiangensis* Lu

（图版4,1～3）

本种与 *G . carinatus* 之区别是：头鞍上没有中脊，尾部中轴的前两个轴节较短。

产地层位 宜昌市夷陵区分乡；中—下奥陶统大湾组。

三瘤球接子属 *Trinodus* M'Coy,1846

头鞍明显，卵形，不分节，长度约为头部长的1/2或7/10，头鞍之前无中沟。尾部中轴短，次卵形，约为尾长的1/2，分3节。头尾均光滑。

分布与时代 亚洲、欧洲、美洲；奥陶纪。

湖北三瘤球接子 *Trinodus hupehensis* Lu

（图版4,4～6）

头鞍窄，不分节，长度约小于头长的2/3。头鞍中疣位置靠后。尾部为宽的"U"字形。中轴向后收缩，其长度稍大于尾长的1/2，后缘作圆润的次截形。分3个轴节，边缘沟窄而深。边缘宽，具短的后侧刺。

产地层位 宜昌市夷陵区分乡；下—中奥陶统大湾组。

皱面球接子属 *Corrugatagnostus* Kobayashi,1939

头鞍后部宽，分节沟极弱，前端圆润。尾部中轴短，约为尾长的1/2。头部的颊部和尾部的肋部有呈放射状的沟纹。

分布与时代 亚洲、欧洲；奥陶纪。

皱面球接子（未定种） *Corrugatagnostus* sp.

（图版1，6）

头部外形近似方形，长4.5mm，宽4.3mm。前缘圆润。头鞍向后逐渐加宽，分节沟浅，但较明显。分节沟的中部具一小疣。颊部具明显的较粗的放射状沟纹，此沟纹在颊部前部及头鞍前区很明显，颊部后部不明显。

产地层位 京山市惠亭山；中—上奥陶统宝塔组。

季尔纹球接子属 *Girvanagnostus* Kobayashi，1939

头鞍为头部长度的7/10，具微弱的弯曲的横沟，头部的颊叶上有两条放射形沟。尾轴长度为尾长的1/2，呈亚三角形，后端圆切，前后3分，尾部侧叶上有3条放射形沟。

分布与时代 中国，欧洲；中、晚奥陶世。

中华季尔纹球接子 *Girvanagnostus sinensis* Xia

（图版1，1、2）

头部呈半椭圆形。头鞍呈圆柱形，长约占头部长度的7/10。背沟深而细。中瘤位于头鞍前1/3处，其两侧为一对微微外斜较平直的头鞍沟。基底叶近似直角三角形，其内侧斜沟较平整，不交于一中点。在内边缘上有一对自头鞍前缘中央向外斜伸的细沟。

产地层位 秭归县新滩下滩沱；中—上奥陶统宝塔组。

球形球接子科 Sphaeragnostidae Kobayashi，1939

球形球接子属 *Sphaeragnostus* Howell et Resser in Cooper et Kindle，1936

头部光滑，无背沟或边缘。尾部光滑，尾轴半圆形，略大于尾长的1/2。边缘窄。

分布与时代 湖北、湖南、浙江；中奥陶世至晚奥陶世。欧洲、北美洲；奥陶纪。

球形球接子（未定种） *Sphaeragnostus* sp.

（图版1，7）

仅有一尾部标本。尾部呈"U"字形，前端平齐，后端圆润，两侧大致平行。尾轴大，呈圆球形，背沟宽而不深，但很明显。圆球形的尾轴前端略狭，后端略宽。肋部平凸而较宽。边缘低平，较宽。边缘由后向前逐渐变窄，在前侧方最窄。

产地层位 京山市惠亭山；中—上奥陶统宝塔组。

古盘虫亚目 Eodiscina Kobayashi,1939

佩奇虫科 Pagetiidae Kobayashi,1935

佩奇虫亚科 Pagetiinae Kobayashi,1935

佩奇虫属 *Pagetia* Walcott,1916

头鞍显现,向前变窄。颈环向后伸长成刺。固定颊后部隆起,头鞍之前有凹陷带。边缘窄,具有放射形痕纹。眼叶短而窄。活动颊小。面线前支及后支均横向朝外伸出。胸部2节。尾部长而分节,肋部分节或光滑。具有窄而无刺的边缘。湖北已见的古盘虫类的5个属见图3。

分布与时代 北美洲、亚洲、大洋洲;寒武纪第二世—第三世。

佩奇虫（未定种） *Pagetia* sp.

（图版5,11、12）

头部半圆形至半椭圆形。头鞍凸起呈锥形。无明显的头鞍沟。背沟较深。颈环两侧清楚而中段模糊。固定颊凸起较强。眼脊不甚清楚。外边缘中间宽,两侧变窄。具多条放射状纹沟。内边缘稍凹,在头鞍之前有呈凹槽状的。

产地层位 崇阳县灌溪大屋;早寒武系第二统—第三统杨柳岗组。

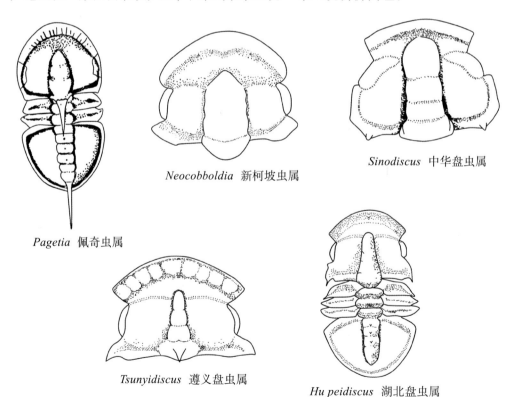

Pagetia 佩奇虫属　　　*Neocobboldia* 新柯坡虫属　　　*Sinodiscus* 中华盘虫属

Tsunyidiscus 遵义盘虫属　　　*Hupeidiscus* 湖北盘虫属

图3　湖北已见的古盘虫类的5个属

新柯坡虫亚科　Neocobboldiinae S.G. Zhang，1980

新柯坡虫属　*Neocobboldia* Rasetti，1952

头鞍次圆柱形，3对微弱显现的头鞍沟。背沟深宽，颈环具中疣。头鞍之前有一宽的凹陷面。胸部3节。尾部圆三角形。中轴凸出，分节明显程度差于肋部。肋部3～4节。边缘光滑或呈锯齿状。

分布与时代　中国三峡峡区东部地区、东秦岭，苏联西伯利亚；寒武纪第二世。

湖北新柯坡虫　*Neocobboldia hubeiensis* Zhang et S. G. Zhang
（图版6，1～3）

头盖小，头鞍柱形，前端微变尖。3对头鞍沟短。颈沟浅而模糊，颈环宽。内边缘宽而凹，在头鞍之前凹陷较深。外边缘中部宽，向两侧变窄，中部后缘向后突出。尾部中轴几乎伸至边缘，分为5～6节。肋叶分为5节。边缘沟浅。边缘窄，两前侧具4个短锯齿。

产地层位　宜昌市夷陵区石牌；寒武系纽芬兰统—第二统牛蹄塘组顶部。

小新柯坡虫　*Neocobboldia minor* Zhou
（图版6，4、5）

头盖及尾部均极小。头鞍柱形，宽而短，向前微微收缩，前端变窄，但圆润。颈环宽。固定颊强烈凸起。眼脊较弱。眼叶中等。内边缘宽而凹。尾部半圆形，中轴宽而短，分节微弱，约分4～5节。边缘前侧具3～4个极短的锯齿。

产地层位　宜昌市石牌；寒武系纽芬兰统—第二统牛蹄塘组顶部。

中华盘虫属　*Sinodiscus* Chang，1974

背沟深而窄。头鞍长筒形，1条或2条横切的浅的鞍沟。颈环较头鞍基部宽。眼脊短而平伸。眼叶小。无内边缘，外边缘凸起。活动颊小，位于前侧方。无颊刺。尾部半椭圆形，中轴与肋部均分节，中轴不达边缘。

分布与时代　湖北、贵州；寒武纪第二世早期。

石牌中华盘虫　*Sinodiscus shipaiensis* Chang
（图版6，6、7）

头盖近半圆形。背沟深而窄。头鞍长筒状，前端圆润，有2条窄的横穿的鞍沟。眼脊平伸，与背沟直交。无内边缘，外边缘窄而凸起。尾部半椭圆形。尾轴宽，由关节半环、4个轴节及1个末节组成。肋部有4对肋沟。边缘沟清楚，边缘较窄。

产地层位　三峡峡区及长阳县；寒武系纽芬兰统—第二统牛蹄塘组。

长阳中华盘虫 *Sinodiscus changyangensis* S. G. Zhang

（图版6,9～11）

头鞍圆柱形,前端尖圆,中部收缩,2条横穿的头鞍沟把头鞍分成3节。颈环较头鞍宽许多。眼叶中等。固定颊较头鞍稍宽。后边缘有一个圆润的间颊角。胸部3节。尾部近半圆形,尾轴宽,分成4节及1末节。肋部具4对肋沟。

产地层位　长阳县、三峡峡区;寒武系纽芬兰统—第二统牛蹄塘组。

相似中华盘虫 *Sinodiscus similis* Zhang *et* S. G. Zhang

（图版6,8）

头鞍圆柱形,中部略收缩,顶端略变窄,圆润。2条头鞍沟极浅,仅在头鞍顶脊,不横穿。颈沟深。眼叶小,眼脊平伸,眼叶及眼脊的位置很靠前。有一凹下的极窄的内边缘,外边缘也窄,凸起。固定颊宽,间颊角圆润无刺。

产地层位　宜昌市夷陵区、三峡峡区;寒武系纽芬兰统—第二统牛蹄塘组。

杜川中华盘虫 *Sinodiscus duchuanensis* S. G. Zhang *et* Sun

（图版6,12、13;图版7,5、6）

背壳为椭圆形,头与尾近于等大。头部呈半椭圆形,头鞍圆柱状,中部收缩,头鞍沟2条横穿头鞍,头鞍前叶几呈一圆形。具相当宽的内边缘。胸部3节,中轴宽于肋部。尾部呈半椭圆形,中轴宽,几与肋部相等。尾边缘宽、低凹。

产地层位　房县杜川;寒武系纽芬兰统—第二统牛蹄塘组。京山市双尖山;寒武系第二统庄子沟组。

蒲圻中华盘虫? *Sinodiscus? puqiensis* S. G. Zhang

（图版6,14～16）

头部呈半椭圆形。头鞍锥形,前端圆。3对头鞍沟。颈沟较深。外边缘窄而突起,在中段略宽一些;内边缘窄,较平。眼脊向外平伸,较长;眼叶小。尾部半圆形,中轴凸起,分1个关节半环,4个轴节及1个末节。肋部分1个前侧沟和4对肋沟。

产地层位　赤壁市羊楼洞鸡公颈;寒武系纽芬兰统—第二统牛蹄塘组。

双尖山中华盘虫 *Sinodiscus shuangjieshanensis* Z. H. Sun

（图版7,1～3）

头部呈亚圆形。头鞍呈圆柱形。头鞍前端背沟不显,头鞍上2条浅的横穿的头鞍沟。外边缘之前缘中段向前方尖突。眼叶小。面线为前颊型。颊角圆润。尾部亚三角形至半椭圆形。中轴宽度大于肋叶,尾边缘窄而低下。

产地层位 京山市双尖山；寒武系第二统庄子沟组。房县杜川；寒武系纽芬兰统—第二统牛蹄塘组。

房县中华盘虫（新种） *Sinodiscus fangxianensis* Z. H. Sun（sp. nov.）

（图版7,4）

头部呈长方形，前缘平缓，长度小于宽度。头鞍宽而短，呈柱锥状，前端呈锥形。背沟两侧大致平行。2条平伸的头鞍沟，横穿头鞍。颈环短，宽大于头鞍，具一小的中疣。外边缘与内边缘均极窄。前边缘沟窄而浅。眼叶小至中等。眼脊向两侧加粗。固定颊与头鞍的宽度相近。后边缘沟与后边缘均很窄。夹角圆润而无棱角。

比较 本新种与 *Sinodiscus changyangensis* 比较相似，但新种有如下特征可以区别于后者：头部呈长方形，前缘平缓。头鞍呈柱锥状，短而宽；2条头鞍沟平伸。颈环上具一小的中疣。固定颊宽度与头鞍相近。这些特征可使前者区别于后者。

产地层位 房县杜川；寒武系纽芬兰统—第二统牛蹄塘组。

遵义盘虫亚科 Tsunyidiscirnae S.G. Zhang, 1980
遵义盘虫属 *Tsunyidiscus* Chang, 1966

头鞍极窄，眼脊及眼叶清楚，头鞍之前有2条横向弧形沟，沟间有一排瘤状突起。胸部3节。尾部中轴窄，肋部有4～5对窄而深的肋沟。

分布与时代 湖北、贵州；寒武纪第二世早期。

三峡遵义盘虫 *Tsunyidiscus sanxiaensis* Zhou

（图版7,9～13）

头鞍锥形。颈环具颈刺。背沟深宽。固定颊宽。外边缘宽而凸，中部宽，两侧变窄。外边缘后部无明显瘤疱。尾部半圆形。中轴窄，末端圆，未伸达边缘。肋部具5对深而窄的肋沟，边缘沟清楚。边缘极窄。

产地层位 三峡峡区东部地区、长阳县；寒武系纽芬兰统—第二统牛蹄塘组。

秭归遵义盘虫 *Tsunyidiscus ziguiensis* Lin

（图版7,14～16）

个体较大，头盖近方形。头鞍呈锥形，前端浑圆，两对头鞍沟，分头鞍为3个叶。外边缘较平，其上没有瘤疱。固定颊相对较窄。尾部较长，呈半椭圆形，中轴窄而长，分7个轴节。肋部具5条肋沟，边缘很窄。

产地层位 秭归县野猫面；寒武系纽芬兰统—第二统牛蹄塘组。

宽轴遵义盘虫 *Tsunyidiscus latirachis* Zhou
（图版7,7、8）

尾部较大,略呈半椭圆形。中轴前端宽度约为肋叶前端宽度的3/4。肋叶上具5对宽深的肋沟,间肋沟窄而浅。边缘沟窄而深。边缘窄而凸,后缘弯曲度小。表面具或不具瘤点。

产地层位 宜昌市夷陵区象鼻子山;寒武系纽芬兰统—第二统牛蹄塘组。

湖北盘虫属 *Hupeidiscus* Chang,1974

头鞍窄,前端尖,有2对横越头鞍的头鞍沟。颈环上有瘤或颈刺。眼脊清楚。前边缘沟宽,前边缘窄而凸起。固定颊后侧有小的颊刺。前颊类面线。胸部3节。尾部半椭圆形。中轴上有3个大的瘤状突起。肋部仅有1对前侧沟。

分布与时代 华中、西南、陕西南部;寒武纪第二世早期。

东方湖北盘虫 *Hupeidiscus orientalis*（Chang）
（图版7,17~20;图版8,1~4、6）

头鞍锥形,有2对横穿的头鞍沟。颈环上有颈疣或颈刺。固定颊凸起,后侧角向后伸出一小颊刺。眼脊细。外边缘凸起。胸部3节。尾部半椭圆形。中轴不伸达边缘沟,分节明显,有3个疣。肋部无沟,边缘窄而突起。

产地层位 三峡峡区东部地区、长阳县、房县等地;寒武系纽芬兰统—第二统牛蹄塘组。

高凸湖北盘虫 *Hupeidiscus elevatus* Zhou
（图版8,11）

此种与*H. orientalis*的区别是:固定颊宽,凸起甚高;眼脊不十分明显;内边缘宽而凹;眼前翼急剧向前倾斜;外边缘窄而凸,向上挠起。

产地层位 宜昌市夷陵区石牌;寒武系纽芬兰统—第二统牛蹄塘组。

石牌湖北盘虫 *Hupeidiscus shipaiensis* Zhou
（图版8,7~9）

此种与*H. orientalis*的主要区别在于头盖外边缘上具有瘤点。在外边缘上具有瘤点这一特征与*H. chintingshanensis*相似,但后者外边缘上仅有5个瘤,而本种外边缘上至少有7个瘤。头鞍中部凸起高,背沟宽深,内边缘宽凹,外边缘窄而凸起。

产地层位 宜昌市夷陵区石牌、长阳县王子石;寒武系纽芬兰统—第二统牛蹄塘组。

宽型湖北盘虫 *Hupeidiscus latus* S. G. Zhang

（图版 8,12～14）

本种与模式种 *H. orientalis* 较为相似,区别在于本种:(1)头鞍相对较小;(2)头部内、外边缘等宽;(3)眼脊清晰;(4)后边缘无角折;(5)胸肋上的圆形突起自前向后一节小于一节;(6)尾轴更粗大,边缘更窄。

产地层位 长阳县王子石、宜昌市夷陵区石牌水井沱。寒武系纽芬兰统—第二统牛蹄塘组。

风洞湖北盘虫 *Hupeidiscus fengdongensis* S. G. Zhang

（图版 8,5）

本种与 *H. orientalis* 相比,本种头部外边缘中央凸两侧平,眼脊显,固定颊宽,尾部中轴圆柱形、粗壮。

产地层位 房县清泉;寒武系纽芬兰统—第二统牛蹄塘组。

尖头湖北盘虫 *Hupeidiscus acutus* Z. H. Sun

（图版 8,10）

头盖近长方形,长度大于宽度。头鞍极窄,呈尖锥形。无明显的头鞍沟,也无颈沟,向后伸出一尖细的颈刺。头鞍前区低平,内边缘较宽,低凹。眼叶较小。固定颊平凸无饰,较宽。

产地层位 京山市双尖山;寒武系第二统庄子沟组。

京山湖北盘虫 *Hupeidiscus jingshanensis* Z. H. Sun

（图版 8,15～17）

本种与 *II. orientalis* 的主要区别在于:本种头鞍呈长锥形,无头鞍沟及颈沟,因而头鞍不分节,或两者均极不明显。前边缘呈平凸的脊状,眼叶及眼脊均较靠前。

产地层位 京山市双尖山;寒武系第二统庄子沟组。随州市三里岗方家塆;寒武系纽芬兰统下部。

莱得利基虫目 Redlichiida Richter,1933
莱得利基虫亚目 Redlichiina Harrington,1959
莱得利基虫超科 Redlichiacea Poulsen,1927
莱得利基虫科 Redlichidae Poulsen,1927
莱得利基虫亚科 Redlichiinae Poulsen,1927
莱得利基虫属 *Redlichia* Cossman,1902

头鞍锥形。内边缘极窄。边缘沟有时具有一列小瘤或小孔。头鞍沟后斜,甚显著,中部连接或不连接。眼叶极长大,作半月形。活动颊具较强大的颊刺。面线前支向前扩张与头鞍中轴成不同的角度。尾部极小,具1对小突起。

分布与时代 亚洲、大洋洲、北美洲;寒武纪第二世。

莱得利基虫亚属 *Redlichia*（*Redlichia*）Cossman, 1902

头鞍呈锥形,前端较圆,有3对头鞍沟。眼叶长而弯曲。内眼颊窄。后侧翼窄而横向长。noetlingi型面线,α角（面线前支与头盖中轴的夹角）为50°～80°。眼前颜线斜伸并靠近面线前段,β角（间颊角）约为130°。胸部15～17节。尾部小,其上有1对凸起的叶状物。

分布与时代 中国、朝鲜、巴基斯坦、伊朗、澳大利亚;寒武纪第二世。

湖北莱得利基虫 *Redlichia*（*Redlichia*）*hupehensis* Hsü
（图版9,1～4）

头鞍长,圆筒形,前端浑圆,底部最宽,向前微狭,中部略微收缩。3对头鞍沟。颈沟宽而深。颈环宽度均匀。固定颊细长。眼叶作弯曲状。内边缘狭。外边缘凸起。边缘沟具一排小孔。面线前支向外并略向前倾斜伸出,成一圆润的圆弧。

产地层位 宜都市、长阳县、钟祥市;寒武系第二统。

小林氏莱得利基虫 *Redlichia*（*Redlichia*）*kobayashii* Lu
（图版9,10）

头鞍长,锥形,前端浑圆,后端向后弯曲。内边缘极狭。外边缘中等宽度,平缓凸起。前边缘沟具小孔。面线前支从眼叶最前端伸出。眼前翼呈宽大的三角形。

产地层位 宜昌市夷陵区;寒武系第二统石牌组和天河板组。

石牌莱得利基虫 *Redlichia*（*Redlichia*）*shipaiensis* Chang
（图版10,1、2）

头鞍锥形。后侧翼窄长。内边缘纵向宽度为前边缘宽的1/3。胸部15节或16节,第13节的中轴轴环节上有一轴刺。

产地层位 宜昌市夷陵区石牌;寒武系第二统石牌组。

开阳莱得利基虫刺亚种 *Redlichia*（*Redlichia*）*kaiyangensis spinosa* Zhou
（图版9,8、9）

头鞍向前收缩,前端宽圆。3对头鞍沟,后一对在头鞍中部相连。颈沟窄,向后弯曲。颈环中部颇宽,两端极窄,并具颈刺。眼叶大而凸起,新月形。内边缘极窄,外边缘宽而平直,横向延伸短。眼前翼窄三角形。面线前支与头鞍中轴夹角为60°。

产地层位 宜昌市夷陵区石牌;寒武系第二统石牌组。

宽翼莱得利基虫　*Redlichia*（*Redlichia*）*latilimba* Zhou

（图版9,11）

头鞍锥形，前端微圆。3对头鞍沟。颈沟较明显。颈环宽，宽度比较均匀。背沟极浅。外边缘凸起，向前弯曲。内边缘宽，在头鞍前端具一中沟。眼前翼纵横均十分宽大。眼叶长而弯曲，后端与颈环接触。

产地层位　宜昌市夷陵区石牌；寒武系第二统石牌组。

宜都莱得利基虫　*Redlichia*（*Redlichia*）*yidouensis* Zhang et Lin

（图版10,6）

头盖宽阔，较短。头鞍呈锥形，前端宽圆，有3对头鞍沟。内眼颊甚宽。后侧翼细而长。外边缘较宽，横向较短。无内边缘。前边缘沟深而宽。眼前翼小。眼叶长而大，其后端与颈环相距较远。α角为80°。活动颊前部窄后部宽。间颊角较小，颊刺较向外伸。

产地层位　宜都市；寒武系第二统天河板组。

宜昌莱得利基虫　*Redlichia*（*Redlichia*）*yichangensis* Zhang et Lin

（图版10,3～5）

头鞍锥形，前端尖圆。3对头鞍沟，前二对浅而模糊，后一对长而深。颈沟清楚。固定颊窄。眼叶较大，半圆形。内边缘窄，有一三角形凹陷。外边缘宽而凸。眼前翼略呈正三角形。胸部15节。前四个轴环节有时有1个小瘤，在第11节上有一长的轴刺。

产地层位　宜昌市夷陵区石牌，秭归县九湾溪、马家山；寒武系第二统石牌组。

远藤氏莱得利基虫　*Redlichia*（*Redlichia*）*endoi* Lu

（图版9,5、6）

头鞍锥形，3对头鞍沟。颈环中部有一中等大小的颈刺。外边缘中等宽度，向前呈弧形拱曲。内边缘较外边缘的宽度略小。面线前支与中轴交角为70°左右。后侧翼的宽度与外边缘宽度相似。

产地层位　谷城县长岭；寒武系第二统天河板组。

湄潭莱得利基虫　*Redlichia*（*Redlichia*）*meitanensis* Lu

（图版9,7）

个体大。头鞍长，呈柱锥状。有3对后斜的头鞍沟。颈沟两侧深，向内并向后斜伸。颈环向后拱曲较强，中部有一较长的颈刺。面线前支与中轴有60°～70°交角。

产地层位　宜昌市夷陵区石牌；寒武系第二统石牌组。

贵州莱得利基虫锥形亚种

Redlichia（Redlichia）guizhouensis coniformis Z. H. Sun

（图版11,1～6）

本亚种与 *R.（R.）guizhouensis* 的模式标本的区别在于：本亚种的头鞍向前徐徐收缩，呈柱锥状；前一对头鞍沟的位置较靠前，头鞍前叶因此也较短；眼叶前端伸出的位置相应地也较靠前，眼叶近半圆形，眼脊不显；α 角为65°～70°。

产地层位　京山市惠亭山、殷家冲；寒武系第二统石龙洞组。

大屋莱得利基虫（新种）　*Redlichia（Redlichia）dawuensis* Z. H. Sun（sp. nov.）

（图版12,1）

头盖短而宽，其长度小于两眼叶之前的宽度。头鞍呈短柱状，向前收缩极少，前端方圆。4对头鞍沟，前一对模糊不清，位于头鞍长度的1/3处，后三对越来越深而明显，均在中部相连，这三对头鞍沟之间的距离均很靠近。外边缘呈带状，宽度均匀，前缘平直，似水平线状。内边缘宽度与外边缘相似。眼叶细而均匀，呈半圆形，自头鞍前端的1/3处向外伸展很甚，然后转向内，后端接近头鞍的后缘。眼前叶宽，伸展宽度近于两眼叶之间的宽度，但又不足于后者。眼内颊呈半圆形，宽。面线前支由眼叶前端伸出，先向前直伸，转而呈弧形伸出，最后又近于向前直伸。

比较　本种头盖短而宽，头盖前缘呈水平线状。头鞍短柱状，前端方圆，头鞍沟之间相互很靠紧。眼叶半圆形。特殊的面线前支。这些特征不同于该亚属已知的其他种。

产地层位　崇阳县大屋；寒武系第二统—第三统杨柳岗组。

崇阳莱得利基虫（新种）

Redlichia（Redlichia）chongyangensis Z. H. Sun（sp. nov.）

（图版12,2～6）

头鞍粗大，呈柱锥状，前端浑圆。4对头鞍沟，前三对在中部相连，后一对即为颈沟，中部不相连。背沟在中后部微微向中线凹进。前边缘低而平，前边缘沟不太明显，但可分出内边缘与外边缘，内边缘与外边缘宽度相等。眼叶细而长，但宽度均匀，后端伸近头鞍，但不接触头鞍。眼内颊呈细狭的新月状，其宽度不及头鞍宽度的1/2。眼前翼横向伸展较短，宽度比两眼叶之间的距离窄。面线前支由眼叶前端之稍后处伸出，呈曲弧形，与中轴线呈60°～70°角。面线后支很短，长度只及面线前支的约1/5。活动颊宽而大，呈宽弧形，边缘较窄，颊角之前伸出较强大颊刺。

比较　本新种有宽大呈长柱锥状的头鞍，眼叶细长，眼内颊细狭，眼前翼伸展短而其宽度不及两眼之间的宽度。这些特征可以区别于莱得利基虫亚属中其他的种。

产地层位　崇阳县大屋；寒武系第二统—第三统杨柳岗组。

翼形莱得利基虫亚属　*Redlichia*（*Pteroredlichia*）Chang，1966

头鞍呈锥形，有3对头鞍沟。眼脊不存在或极短。眼叶长而弯曲，后端靠近头鞍。内眼颊较窄。眼前翼呈横长的扁豆形。后侧翼长而窄。chinensis型面线。α角为80°～90°。眼前面线近于平伸。颊刺位置更靠前。

分布与时代　中国、朝鲜；寒武纪第二世晚期。

村上氏翼形莱得利基虫　*Redlichia*（*Pteroredlichia*）*murakamii* Resser et Endo
（图版10，7～11）

本种与R.（P.）chinensis的主要区别是：本种的面线前支横向延伸较短，眼前翼水平延伸亦较短。眼叶较窄。活动颊窄而长。胸部第4节及第11节上各有一长刺。

产地层位　钟祥市火石沟；寒武系第二统天河板组。宜昌市夷陵区石牌、长阳县下渔口；寒武系第二统石牌组。

宽形莱得利基虫亚属　*Redlichia*（*Latiredlichia*）Hupe，1953

头鞍短而宽，两眼叶之间头盖的宽度大。chinensis型面线，但前支极短。后侧沟位于活动颊之上。活动颊上的眼台窄。β角为125°左右。

分布与时代　中国、朝鲜；寒武纪第二世晚期。

姚坪宽形莱得利基虫（新种）
Redlichia（*Latiredlichia*）*yaopingensis* Z. H. Sun（sp. nov.）
（图版10，12）

头鞍短而宽，呈宽截锥形，前端圆润。具3对头鞍沟，后二对在中部相连，前一对在中部几近相连，但没有连接。颈沟与最后一对头鞍相一致。颈环宽度均匀。背沟浅，在与头鞍沟相交处加深。眼叶自前一对头鞍沟处向后伸出，眼沟中等深度。外边缘宽，内边缘窄，内边缘只为外边缘之1/2。前边缘沟明显。面线前支长，呈近90°角伸展，其长度远远超出两眼叶之间的宽度。

比较　新种与亚属的模式种R.（L.）saitoi的主要区别是：新种头鞍向前变窄较缓，面线前支伸展长，其长度远远超出两眼叶之间的宽度。因此建立此一新种。

产地层位　宣恩县姚坪；寒武系第二统石牌组。

后莱得利基虫亚科　Metaredlichiinae Zhang et Lin，1980
后莱得利基虫属　*Metaredlichia* Lu，1950

头鞍宽大作筒状。有4对头鞍沟。颈沟与第4对头鞍沟相似。颈环具一颈疣。眼叶弯曲，宽而长并靠近头鞍。固定颊窄。内边缘平而窄。眼前翼呈小三角形。外边缘宽而平凸。

面线前支与中轴交角60°～65°,面线后支横向延伸较长。尾部较小,其上有一对圆形穹堆。

分布与时代 中国南部;寒武纪第二世早期。

圆筒形后莱得利基虫 *Metaredlichia cylindrica* Chang
（图版13,13、14）

头鞍宽大作筒状。有4对头鞍沟,后一对在中部相连。颈环宽度均匀,后缘具颈疣。眼叶凸,较宽,较长,其后端靠近颈环。固定颊呈扁豆形。眼前翼呈晕小三角形。内边缘窄而低。外边缘凸起,较宽,平直或微向前弯曲。

产地层位 长阳县、宜昌市夷陵区;寒武系纽芬兰统—第二统牛蹄塘组。

后莱得利基形虫属 *Metaredlichioides* Chien et Yao,1974

这一属与*Metaredlichia*的区别是:头盖宽度大于长度。头鞍较短并在中部微微收缩。外边缘横较长,内边缘较宽。面线前支较长。眼前翼较宽大。具短而斜的眼脊,眼叶稍短,其后端或多或少与头鞍间隔一定的距离。

分布与时代 湖北、贵州、四川;寒武纪第二世早期和中期。

中缩后莱得利基形虫 *Metaredlichioides constrictus* Chien et Yao
（图版13,9）

头鞍长筒形,中部明显收缩,头鞍顶端之后不收缩,具4对头鞍沟。眼叶大,眼脊短而斜,眼叶后端与头鞍相隔较短的距离。眼前翼较宽大。外边缘较长,内边缘较宽。面线前支较长。固定颊较窄。颈环上不具颈刺。

产地层位 随州市三里岗方家垮;寒武系纽芬兰统—第二统下部。

湖北后莱得利基形虫 *Metaredlichioides hubeiensis* Lin
（图版13,10～12）

本种与*M. constrictus*的区别在于:头鞍前具明显的中脊;头鞍前侧带、眼脊较长;固定颊较宽;具颈刺。

产地层位 秭归县马家山;寒武系纽芬兰统—第二统牛蹄塘组。

镇巴虫属 *Zhenbaspis* Chang et Chu,1974

头盖亚方形。内边缘凹,外边缘翘,内边缘宽于外边缘。头鞍圆柱形或圆锥形。有3对很不明显的头鞍沟,颈环由中间向两边变窄,具一短的颈刺。眼叶长而大,弯曲,末端与颈沟相对。固定颊狭。后侧翼小三角形。

分布与时代 华中、西南、陕南;寒武纪第二世早期。

近似镇巴虫 *Zhenbaspis similis* Zhang et Lin

（图版 14,1～3）

头盖呈亚方形。头鞍呈圆柱形,中部略收缩,前端平圆。有 3 对头鞍沟,末一对向后斜伸,中部相连处较浅而平伸,呈倒梯形。颈环较窄,向后伸出一短刺。眼叶长,后端伸至后侧沟附近。固定颊宽大。活动颊较宽,颊刺中等。

产地层位 房县龙头沟、宜昌市夷陵区石牌象鼻子山;寒武系纽芬兰统—第二统牛蹄塘组。

尹氏虫科 Yinitidae Hupe,1953
镰尾虫亚科 Drepanopyginae Lu,1961
保康虫属 *Paokannia* Ho et Lee,1959

头鞍切锥形。3 对头鞍沟。颈环宽度均匀。固定颊较宽。眼叶小,眼脊模糊。无内边缘。外边缘较宽。面线前支略平行;后支向外并向后伸延。尾部呈长三角形,中轴锥形,分 6～9节。肋节与轴节相等,前数节具边缘刺。

分布与时代 长江流域;寒武纪第二世。

中华保康虫 *Paokannia chinensis* Ho et Lee

（图版 15,2、3）

头盖横宽。头鞍切锥形。3 对头鞍沟。颈沟深。颈环宽度均匀。固定颊宽。外边缘较宽,无内边缘。尾部三角形。中轴锥形,分 6～9 节。肋节与轴节的数目相同,前数节具边缘刺。

产地层位 保康县、房县;寒武系第二统石牌组。

折缘保康虫 *Paokannia angulata* Chang

（图版 15,4～8）

头鞍窄而长。固定颊极窄。眼脊较清楚并斜伸。后边缘沟极宽。前边缘向前呈棱角状曲折。尾部上的肋沟及肋脊均较宽。边缘有刺。

产地层位 房县三佛殿、耳八梁子、杜川;寒武系第二统石牌组。

椭圆头虫超科 Ellipsocephalacea Matthew,1887
古油栉虫科 Palaeolenidae Hupe,1953
古油栉虫属 *Palaeolenus* Mansuy,1912

头部略作半圆形。头鞍长方形,或向前略扩大。4 对头鞍沟。背沟清楚。眼脊与眼叶相连甚长,后端延至头部后边缘沟。内边缘相当发育。固定颊较宽、平坦。活动颊狭,具短而粗壮的颊刺。尾部小,中轴宽,分为 1～2 节。

分布与时代　华中、西南、秦岭,欧洲西班牙;寒武纪第二世中期。

兰氏古油梫虫　*Palaeolenus lantenoisi* Mansuy

（图版16,9～11）

头鞍长方形,中部收缩或平行。头鞍沟4对。固定颊较窄。眼叶小,与眼脊相连,眼脊近于平伸。胸部14节。尾部小。

产地层位　宜昌市夷陵区石牌;寒武系第二统石牌组、天河板组。

小型古油梫虫　*Palaeolenus minor* Lin

（图版16,14、15）

个体小。头盖近方形。头鞍较宽,中部收缩,并向前膨大。固定颊窄,内边缘也较窄,眼叶长。

产地层位　秭归县马家山;寒武系第二统石牌组。宜昌市夷陵区石牌;寒武系第二统天河板组。

平边古油梫虫　*Palaeolenus planilimbatus* Lin

（图版16,13）

本种与*P. minor*很相似,主要区别是:头鞍较宽,固定颊窄,内边缘也很窄,外边缘宽而平。

产地层位　秭归县马家山;寒武系第二统石牌组。

丁氏古油梫虫　*Palaeolenus tingi* Lu

（图版16,12）

头盖呈亚方形。头鞍作长方形,前端浑圆,具4对头鞍沟。内边缘的宽度窄于外边缘。颈环中部宽,向两侧变窄,近后缘具一小瘤。眼脊清楚,眼叶中等。固定颊较窄。面线前支向前略向两侧伸延,后支短,略斜伸。

产地层位　神农架林区坪堑;寒武系第二统天河板组。

大古油梫虫属　*Megapalaeolenus* Chang,1966

个体较大。头鞍宽并向前略有扩张。面线前支向外分散较强。在眼叶后端后侧翼窄而向外伸出较长。眼脊短。眼叶长。活动颊的颊刺长而大,并向后伸。胸部14～15节。

分布与时代　中国;寒武纪第二世中期。

戴氏大古油栉虫　*Megapalaeolenus deprati*（Mansuy）

（图版16,1～4）

头鞍向前略扩大。颈环中部宽。眼脊短,眼叶大。后侧翼短小。外边缘突起并向前拱曲。

产地层位　三峡峡区东部地区;寒武系第二统天河板组。

马家山大古油栉虫　*Megapalaeolenus majiashanensis* Lin

（图版16,5～7）

与模式种 *M. deprati* 比较,本种头鞍较宽,内边缘也较宽,眼脊内端位置较靠前,颈环中部特别宽,呈次三角形。

产地层位　秭归县马家山、宜昌市夷陵区石牌;寒武系第二统石牌组。

凤阳大古油栉虫　*Megapalaeolenus fengyangensis*（Chu）

（图版16,8）

本种与 *M. deprati* 的区别在于:头鞍向前明显扩大,前端宽圆,颈环呈次三角形,近后缘有一颈瘤。

产地层位　神农架林区坪堑;寒武系第二统天河板组。

原油栉虫科　Protolenidae Richter et Richter,1948
原油栉虫亚科　Protoleninae Richter et Richter,1948
小原油栉虫属　*Protolenella* Chien et Yao,1974

个体较小,头鞍截锥形,具3对头鞍沟。边缘沟较深,外边缘突起。眼叶较大,眼脊清楚。活动颊具小的颊刺。

分布与时代　湖北、四川;寒武纪第二世中期。

湖北小原油栉虫　*Protolenella hubeiensis* Lin

（图版15,11）

本种与模式种 *P. conica* 不同点在于:头鞍沟较模糊,眼脊较长。与 *P. lata* 的不同点在于:头盖呈近方形,头鞍沟不及后者显著,固定颊较窄。

产地层位　秭归县马家山;寒武系纽芬兰统—第二统牛蹄塘组。

宜昌虫亚科　Ichangiinae Zhu,1979
宜昌虫属　*Ichangia* Chang,1957

头盖次方形。头鞍近圆柱形,前端锥形而圆润。3对不显著的头鞍沟。颈环中部极宽,具长而粗壮的颈刺。固定颊宽。眼叶长。内边缘宽。外边缘窄,成宽圆弧形。尾部较小,中轴由不明显的3节组成,前两肋节伸出成刺。

分布与时代　中国南部;寒武纪第二世。

图4为宜昌虫亚科属群复原图。

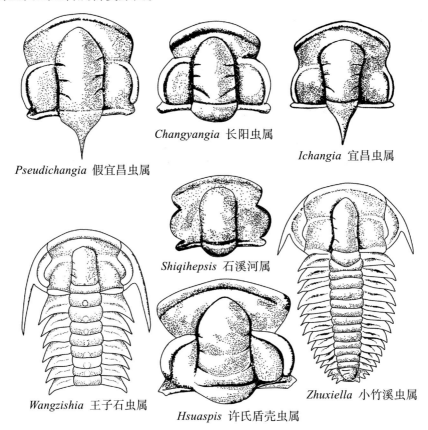

Pseudichangia 假宜昌虫属

Changyangia 长阳虫属

Ichangia 宜昌虫属

Shiqihepsis 石溪河属

Wangzishia 王子石虫属

Hsuaspis 许氏盾壳虫属

Zhuxiella 小竹溪虫属

图4　Ichangiinae 亚科属群复原图

宜昌宜昌虫　*Ichangia ichangensis* Chang
（图版17,1～4）

头鞍凸起,眼脊内端之间略微膨胀,前端尖圆,在第3对头鞍沟附近略有收缩,底部则又扩大。头鞍沟不显,颈环中部极宽,具粗长的颈刺。固定颊宽。眼叶窄。内边缘宽,外边缘窄,前缘向前拱曲甚圆。

产地层位　宜昌市夷陵区石牌;寒武系纽芬兰统—第二统牛蹄塘组。

锥形宜昌虫　*Ichangia conica* Zhou
（图版17,7）

本种与模式种*I. ichangensis*不同点在于:头鞍前部收缩较速,前端较尖圆,头鞍后部收缩也较明显。

产地层位　宜昌市夷陵区石牌;寒武系纽芬兰统—第二统牛蹄塘组。

圆筒形宜昌虫　*Ichangia cylindrica* Zhou

（图版 17,8）

本种与 *I. ichangensis* 的区别是：头鞍呈筒状，前端宽圆，内边缘较宽，头盖前缘向前呈宽弧形弯曲。

产地层位　宜昌市夷陵区石牌；寒武系纽芬兰统—第二统牛蹄塘组。

九湾溪宜昌虫　*Ichangia jiuwanxiensis* Lin

（图版 17,14）

本种与 *I. ichangensis* 的不同点在于：头鞍前端较尖，眼脊内端之间的头鞍膨胀比后者小，面线前支长，眼叶短，内边缘较宽。

产地层位　秭归县九湾溪；寒武系第二统石牌组。

秭归宜昌虫　*Ichangia ziguiensis* Lin

（图版 17,9～12）

本种与 *I. jiuwanxiensis* 的不同点在于：头鞍较窄，向前膨胀较小，最大宽度位置偏后，前端较尖，头盖长度小于宽度，外边缘较平。

产地层位　秭归县九湾溪；寒武系第二统石牌组。

长方形宜昌虫　*Ichangia oblonga* Zhang et Zhu

（图版 17,6）

本种以如下特征区别于本属之其他种：头盖近似长方形，头鞍窄，近似长矩形，中后部收缩较少，前部膨胀较少。

产地层位　宜昌市夷陵区石牌；寒武系纽芬兰统—第二统牛蹄塘组顶部。

无刺宜昌虫　*Ichangia aspinosa* Zhang et Zhu

（图版 17,5）

本种与模式种 *I. ichangensis* 不同之处是颈环上无刺及头鞍中前部膨胀较少。

产地层位　宜昌市夷陵区石牌；寒武系纽芬兰统—第二统牛蹄塘组顶部。

假宜昌虫属　*Pseudichangia* Chu et Zhou, 1974

头鞍呈矛形，几乎伸抵前边缘沟。颈环半椭圆形，具颈刺。固定颊狭。眼脊粗，位于头盖中前部。眼叶较大，其长度为头鞍的1/3。边缘沟浅，外边缘中等宽度。后边缘沟深。后侧翼小。

产地层位　湖北、贵州、四川；寒武纪纽芬兰世—第二世。

竹溪假宜昌虫　*Pseudichangia zhuxiensis* Zhang et Zhu

（图版 15,10）

本种的头鞍较窄而长,眼脊斜伸,前缘向前拱曲较强。这些特征与这一属的其他种都不相同。

产地层位　竹溪县坪西沟;寒武系纽芬兰统—第二统牛蹄塘组上部。

石溪河虫属　*Shiqihepsis* Chien et Yao,1974

头鞍筒状,中部略收缩,前端圆润,具3对头鞍沟,但不显。内外边缘分界不清,眼脊模糊,眼叶半圆形,较大。

分布与时代　湖北、四川;寒武纪纽芬兰世—第二世。

光滑石溪河虫　*Shiqihepsis lubrica* Chien et Yao

（图版 17,13）

头盖近似方形。头鞍呈筒状,中后部略收缩,前部1/4处又略扩大,前端圆润,具3对模糊不清的头鞍沟。背沟浅但清晰。颈环中部宽。内外边缘分界不清。眼脊低,模糊不清,眼叶较大,半圆形。表面光滑。

产地层位　房县杜川;寒武系纽芬兰统—第二统牛蹄塘组。

许氏盾壳虫属　*Hsuaspis* Chang,1957

头盖近似方形。头鞍凸,锥状,前端尖圆,中部略收缩,底部略变宽。3对头鞍沟。颈沟窄。颈环中部宽。固定颊宽而凸。眼叶宽而长。眼脊粗大,眼沟宽。内、外边缘较窄。胸部13节。尾部极宽,中轴粗短,分3节。具3对边缘刺。

分布与时代　中国;寒武纪纽芬兰世—第二世。

中华许氏盾壳虫　*Hsuaspis sinensis*（Chang）

（图版 14,4～7）

头盖略作四方形。头鞍下部呈筒状,上部呈锥状。3对头鞍沟。颈环中部较宽。眼叶粗大,后端远离颈沟。后侧翼短。后边缘沟较宽。面线后支较短。内边缘较窄。尾部中轴宽而短,分3节,肋部也分3节。具3对边缘刺。

产地层位　长阳县、宜昌市夷陵区;寒武系纽芬兰统—第二统牛蹄塘组。

宽许氏盾壳虫　*Hsuaspis transversus* Z. H. Sun

（图版 14,10）

本种与模式种 *H. sinensis* 的区别是:头盖横向宽度大,头盖前缘较平缓不作圆润突出。

固定颊也较宽。

产地层位 长阳县王子石；寒武系纽芬兰统—第二统牛蹄塘组。

西陵许氏盾壳虫 *Hsuaspis xilingensis* Lin
（图版14,9）

本种与模式种 *H. sinensis* 不同点在于：头盖前部宽度较大，头鞍向前扩大较显著，眼叶较小，眼脊较短，固定颊较窄，外边缘宽平。

产地层位 秭归县九湾溪；寒武系第二统石牌组。

秭归许氏盾壳虫 *Hsuaspis ziguiensis* Lin
（图版14,8）

本种与 *H. xilingensis* 不同点在于：头鞍较窄较短，两侧背沟平直，内边缘宽，眼脊长而平伸，固定颊较宽。

产地层位 秭归县九湾溪；寒武系第二统石牌组。

长阳虫属 *Changyangia* Chang,1965

头鞍圆筒状，前端甚圆。背沟宽而深。3对头鞍沟。颈沟近于平直。颈环中部较宽。固定颊凸起，外形呈豆形。眼叶长而宽。眼脊较短。眼沟深而宽。内边缘窄，下凹。前边缘凸，向前拱曲。后侧翼向外伸出较短。

分布与时代 华南；寒武纪纽芬兰世—第二世。

马氏长阳虫 *Changyangia mai* Chang
（图版14,11）

本种与 *Hsuaspis sinensis* 主要区别在于：本种头鞍既短又粗，成虫及幼虫皆如此。本种幼年期（*Protaspis*）之中轴前方较宽，且由横沟分成数节，逐渐发育而成头鞍叶。

产地层位 长阳县；寒武系纽芬兰统—第二统牛蹄塘组。

王子石虫属 *Wangzishia* Z. H. Sun,1977

头鞍柱状，向前略收缩。具3对横贯头鞍的头鞍沟。颈环中部宽，具颈疣。眼叶大。眼脊近平伸。内边缘比外边缘窄，外边缘平而低下。胸部9节以上，每个轴节上有一小刺，肋部具肋刺。尾部小，中轴宽，分3节，具4对边缘刺。

分布与时代 湖北、贵州；寒武纪纽芬兰世—第二世。

王子石王子石虫　*Wangzishia wangzishiensis* Z．H．Sun

（图版13,6～8）

头鞍呈柱状或截锥状,向前略收缩,前端平直或平圆。背沟较深而窄。具3对横贯的头鞍沟。颈环中部后缘具颈疣。眼叶大。眼脊近平伸。外边缘宽于内边缘,且平而低。活动颊小,边缘甚宽,具颊刺。胸部和尾部特征见属的描述。

产地层位　长阳县王子石;寒武系纽芬兰统—第二统牛蹄塘组。

小竹溪虫属　*Zhuxiella* Zhang et Zhu,1980

头盖近似方形。头鞍窄而长近似筒状。眼脊之间头鞍不扩大,头鞍沟不明显。眼脊窄而模糊,凸起轻微。眼叶窄而短小,眼沟模糊不清,内边缘中等宽,无中脊。胸部13节。尾部小,中轴宽大,3对边缘小刺。

分布与时代　湖北;寒武纪纽芬兰世—第二世。

房县小竹溪虫　*Zhuxiella fangxianensis*（Sun）

（图版14,13）

背壳长,胸部较头部长,尾部小。头鞍凸起,中部略收缩,前端圆,头鞍沟模糊不清。颈环中部宽。眼脊轻微凸起,眼叶短小。活动颊小,颊刺极短,位置靠前。胸部13节,第4和第5节上各有一瘤状突起,肋刺短。尾部小,中轴宽大,3对肋节,3对边缘小刺。

产地层位　房县清泉;寒武系纽芬兰统—第二统牛蹄塘组。

湖北小竹溪虫　*Zhuxiella hubeiensis* Zhang et Zhu

（图版15,9）

本种与*Z. fangxianensis*的主要区别是:眼叶略长,后侧沟窄,面线前支向外斜伸,头盖前缘向前拱曲较强。

产地层位　竹溪县丰溪;寒武系纽芬兰统—第二统牛蹄塘组。

云南头虫科　Yunnanocephalidae Hupe,1953
中华油栉虫属　*Sinolenus* Kobayashi,1944

与原油栉虫类的三叶虫相近似。但头鞍长,头鞍沟横向伸展。

分布与时代　湖北;寒武纪纽芬兰世—第二世。

梯形中华油栉虫　*Sinolenus trapezoidalis* Kobayashi

（图版14,12）

背壳略作椭圆形。头盖略似梯形。头鞍长,柱锥状,前端浑圆。头鞍沟3对。固定颊较头鞍宽度稍狭。眼叶长,大于头盖长的1/3。活动颊极狭,无颊刺。面线前支近于平行,后支倾斜切于颊角。表面光滑。胸部12节或多些。中轴较肋部稍狭。肋沟宽,肋节前后边缘之中部各具一小疣。

产地层位 湖北;寒武系纽芬兰统—第二统。

宽背虫亚目 Bathynotina Lochman-Balk,1959
宽背虫科 Bathynotidae Hupe,1953
宽背虫属 *Bathynotus* Hall,1860

头鞍宽,作锥形,前缘成直线;眼叶长度与头鞍相似。胸部13节,肋刺自第4节起至第12节逐步向后变粗。尾部半圆形,轴沟浅但完整,分1~2个轴节,肋沟不显。

分布与时代 中国南部,北美洲,苏联;寒武纪纽芬兰世—第三世。

湖北宽背虫 *Bathynotus hubeiensis* Z. H. Sun
(图版11,7、8;图版12,9、10)

本种头鞍特别宽大,固定颊较窄,眼叶不伸至后边缘沟,面线后支明显,尾部呈半椭圆形,分节不显。这些特征可以区别于模式种*B. holopyga*以及我国的*B. kueichouensis*。

产地层位 崇阳县大屋;寒武系第二统—第三统杨柳岗组。京山市惠亭山、占家巷;寒武系第二统石龙洞组。

纵棒头虫目 Corynexochida Kobayashi,1935
纵棒头虫超科 Corynexochidacea Angelin,1854
叉尾虫科 Dorypygidae Kobayashi,1935
库廷虫属 *Kootenia* Walcott,1888

背壳长卵圆形。头鞍突出,大,呈次圆柱形。头鞍沟缺失或极其微弱。固定颊狭长。眼叶中等大小。面线前支近于平行,后支向两侧分歧,又转向后方。胸部7节。尾部半圆形。边缘平,具多对锯齿状尾刺。

分布与时代 亚洲、欧洲北部、大洋洲、美洲;寒武纪纽芬兰世—第三世。

俞氏库廷虫 *Kootenia yui* Chang
(图版18,1)

头盖作四方形。头鞍大,向前稍扩大,前端圆滑,后一对头鞍沟明显。颈环具不大的颈刺。固定颊窄,约为头鞍宽的1/3。眼脊明显,向后倾。眼叶小,位于头鞍中后部。胸部7节。尾部中轴分5节。肋部4对肋沟。边缘极窄,具短小的刺。

产地层位 宜城市、襄阳市、钟祥市、宜昌市;寒武纪纽芬兰统中部。

秭归库廷虫 *Kootenia ziguiensis* Lin

（图版18,4）

本种与 *K. yui* 的不同点是：固定颊较宽，4对头鞍沟明显。尾部中轴呈柱状，表面具富集小瘤。

产地层位 三峡峡区牛肝马肺峡、钟祥市太极垭；寒武系第二统天河板组。秭归县马家山、宜昌市夷陵区石牌；寒武系第二统石牌组。

宜昌库廷虫 *Kootenia yichangensis* Zhou

（图版18,3）

本种与 *K. constrictus* 的区别为：头鞍前端无一对明显的前坑。背沟和前边缘沟均较深。

产地层位 宜昌市夷陵区石牌；寒武系第二统石牌组。

斑点库廷虫 *Kootenia bolis* Qian

（图版18,2）

头鞍长椭圆形，头鞍前端的正中具1个小的凹陷。头鞍沟4对。颈沟较深而窄。固定颊较窄。眼脊及眼叶粗大。外边缘窄，但在固定颊之前的部分，则较宽。壳面具两种大小不等互相掺杂的斑点。

产地层位 宜昌市夷陵区石牌天河板；寒武系第二统天河板组。

长眉虫科 Dolichometopidae Walcott, 1916
复州虫属 *Fuchouia* Resser et Endo, 1935

头盖近似梯形。头鞍长方形，前端圆润；眼叶中等；外边缘凸出极明显，内边缘缺失或极窄；鞍沟显著。尾部肋沟平而宽，由内向外扩大并几乎直达外缘，边缘缺失。

分布与时代 亚洲；寒武纪第三世，可能存在于寒武纪纽芬兰世—第三世。

湖北复州虫（新种） *Fuchouia hubeiensis* Z. H. Sun (sp. nov.)

（图版5,13）

确定为这一新种的标本仅是一块尾部标本。尾部标本个体较大，呈平凸状，但凸起不强。外形作长半圆形。尾轴分为8节，每节中部均具一小的中疣。肋部宽度大于轴部，肋沟窄，由内向外几乎直达外缘，分8个肋叶，间肋沟模糊不清。具1个极窄的边缘。

比较 本新种与现已有的几个种均不太一样，主要不同点是本种呈长半圆形，中轴与肋部均分节多，中轴上每节中部具一小瘤。此外本种产出的时代层位也较老。

产地层位 崇阳县大屋青林冲；寒武系第二统—第三统杨柳岗组。

长眼虫科　Zacanthoididae Swinnerton, 1915

竹溪壳虫属　*Chuchiaspis* Chang, 1974

头鞍长,中部收缩,伸延至边缘沟,具4对头鞍沟。无内边缘,外边缘略凸起,眼脊短。眼叶长,呈半圆形。颈沟清晰。后侧翼较宽。尾部小。中轴特宽,末端圆润,分为5节。肋部窄小,具边缘刺。表面布有疣点。

分布与时代　湖北、四川;寒武纪纽芬兰世—第二世。

疣点竹溪壳虫　*Chuchiaspis granosa* Chang

（图版18,14）

头鞍长,中部收缩,具4对头鞍沟。颈沟明显。颈环具颈疣。眼脊斜伸。眼叶长,半圆形。无内边缘,外边缘凸起。壳面具疣点。

产地层位　竹溪县;寒武系纽芬兰统—第二统。

黑克斯虫科　Hicksiidae Hupe, 1953

小石牌虫属　*Shipaiella* Zhang et Qian, 1980

头鞍凸起,呈梨形,有2对头鞍凹坑。颈环小,向后伸出窄而长的颈刺。前边缘窄而凸起。无内边缘。

分布与时代　湖北;寒武纪纽芬兰世—第二世。

梨形小石牌虫　*Shipaiella pyriformis* Zhang et Qian

（图版15,1）

个体较小。头鞍呈梨形,凸起高,前端宽圆,后部极窄。有2对头鞍坑。颈环小,向后伸出一长而细的颈刺。固定颊低于头鞍,较窄。后侧翼及后侧沟中等长度。眼脊短,平伸,由头鞍前端伸出。眼叶小,斜伸。无内边缘,前边缘窄而凸起。

产地层位　宜昌市夷陵区石牌;寒武系第二统石牌组。

掘头虫超科　Oryctocephalacea Beecher, 1897

掘头虫科　Oryctocephalidae Beecher, 1897

兰卡斯特虫亚科　Lancastrinae Kobayashi, 1935

张氏壳虫属　*Changaspis* Lee, 1963

头盖次方形,头鞍长而窄,3对头鞍沟下凹成坑状。颈环窄。活动颊具短而尖锐的颊刺。眼叶长。眼脊斜。外边缘很窄,向前斜弯。胸部7～8节。尾部小,具细而稠密紧缩的刺。

分布与时代　贵州、湖南、湖北;寒武纪纽芬兰世—第二世。

横宽张氏壳虫 *Changaspis transversa* Zhou

（图版 18,7）

头盖横宽。头鞍两侧近于平行。4 对头鞍沟,前一对极模糊,中间两对呈圆坑状,后一对在头鞍中部相连。颈沟窄而直,颈环宽度均匀。眼脊斜伸。眼叶微弯。固定颊极宽而平,后侧翼短小。前边缘极窄。

产地层位 咸宁市咸安区柘坑;寒武系纽芬兰统—第二统。

似手尾虫科 Cheiruroideidae Chang,1963
似手尾虫属 *Cheiruroides* Kobayashi,1935

头鞍长,直达外边缘,两边平行,具 4 对头鞍沟,第 3 对和第 4 对在中部连接,并向后弯曲。无内边缘。眼叶中等大小,位于前至中部。胸部不少于 14 节。尾部较小,无边缘。

分布与时代 辽宁、湖南、湖北;寒武纪纽芬兰世—第二统。

宜昌似手尾虫? *Cheiruroides*? *yichangensis* Qian

（图版 18,13）

这个种的标性特征是:头鞍前端收缩,而不是两侧平行;第 3 对头鞍沟平直;眼叶较大。胸节较多,有 12 个轴节,肋沟作倾斜的对角线状。

产地层位 宜昌市夷陵区;寒武系纽芬兰统—第二统牛蹄塘组。

似手尾虫?（未定种 A） *Cheiruroides* ? sp. A

（图版 18,8a、9）

头鞍作宽柱状,向前略扩大,背沟深。具 4 对头鞍沟,第一对短而不显,第 2 对、第 3 对平直,横穿头鞍而相连,第 4 对在中部相连而向后倾斜。颈环均匀。固定颊较宽。无内边缘。眼叶较大,眼脊不显。胸部 9 节,轴部宽。尾部小,椭圆形,中轴粗。边缘极窄。

产地层位 通山县珍珠口;寒武系第二统石牌组。

似手尾虫?（未定种 B） *Cheiruroides* ? sp. B

（图版 18,8b、10）

头鞍呈长柱状,直达前边缘,头鞍前端作扩大状。具 3 对头鞍沟,前二对短而明显,后一对在中部相连,并向后倾斜。眼脊靠前,眼叶中等。固定颊略窄于头鞍宽度。后侧沟极深,后边缘较后侧沟宽。

产地层位 通山县珍珠口;寒武系第二统石牌组。

似手尾虫?(未定种C) *Cheiruroides* ? sp. C

(图版18,11、12)

头鞍呈截锥形,向前徐徐收缩,具3对头鞍沟,前两对平伸,并在中部相连,后一对在中部相连,作后倾状。背沟宽。颈沟深而直,颈环平直而均匀。前边缘沟深而平直。眼脊较靠前,极模糊;眼叶中等。固定颊窄于头鞍之宽,后侧沟宽而深,后边缘窄而均匀。

产地层位 通山县珍珠口;寒武系第二统石牌组。

湖南头虫属 *Hunanocephalus* Lee,1963

背壳长椭圆形。头鞍大,呈长梯形。3对短而微现的头鞍沟。颈环窄。颈沟深而直。固定颊宽大。眼叶中等。外边缘成狭的脊状,前缘平直。面线前支短;后支斜切于后边缘。胸部12～13节。尾部小,肋部窄,分节不显。

分布与时代 湖南、贵州、浙江、湖北;寒武纪纽芬兰世—第二世。

朵丁虫亚属 *Hunanocephalus*(*Duotingia*)Chow,1974

头鞍向前变狭,伸抵前边缘沟。具4对头鞍沟。颈沟深。颈环宽度均匀。固定颊较头鞍为狭。眼叶中等。面线前支向内略收缩。活动颊具细小颊刺。胸部8节。尾部呈宽的半椭圆形。中轴宽,边缘窄。

分布与时代 贵州、湖北;寒武纪纽芬兰世—第二世。

朵丁朵丁虫 *Hunanocephalus*(*Duotingia*)*duotingensis* Chow

(图版13,1～3)

头鞍长而宽,中部明显收缩。具4对头鞍沟,后一对内端分叉。颈沟向后弯曲。固定颊宽,但窄于头鞍宽度。后侧翼短而宽。眼脊平伸。眼叶位丁头盖中前部。无内边缘。外边缘狭而凸起。胸部8节,肋部窄于轴部。尾部小。中轴宽,分3节,末端浑圆。边缘窄。

产地层位 长阳县王子石、房县清泉;寒武系纽芬兰统—第二统牛蹄塘组。

湖北朵丁虫(新种)
Hunanocephalus(*Duotingia*)*hubeiensis* Z. H. Sun(sp. nov.)

(图版13,4、5)

本新种与模式种 *H.*(*D.*)*duotingensis* 的不同点在于:新种头鞍较为窄长,头鞍向前收缩也较为缓。固定颊也较为窄。此外,新种的眼前叶上,左右各有一个小疣。

产地层位 长阳县王子石;寒武系纽芬兰统—第二统牛蹄塘组。

褶颊虫目 Ptychopariida Swinnerton, 1915

褶颊虫亚目 Ptychopariina Richter, 1933

褶颊虫超科 Ptychopariacea Matthew, 1887

对沟虫科 Antagmidae Hupe, 1953

小遇仙寺虫属 *Yuehsienszella* Chang, 1957

头鞍向前收缩,前端浑圆。3对头鞍沟。颈环中部宽。眼脊低,平伸。眼叶小,位于头盖中部。外边缘狭,内边缘较宽。固定颊宽。活动颊具颊刺。胸部13节。尾部小,中轴锥形,肋部平,边缘狭。

分布与时代 华中、西南;寒武纪纽芬兰世—第二世。

小遇仙寺虫(未定种) *Yuehsienszella* sp.

(图版18,6)

头鞍向前收缩缓,前端平圆,具3对头鞍沟,背沟深。颈环中部具一小疣。外边缘中段向前方突出加宽,向两侧变窄。眼脊清楚。眼叶小,位于头鞍相对位置之中部。固定颊宽而略凸,向背沟处略倾斜。后边缘和后边缘沟自颈环向两侧均逐渐加宽。

产地层位 宜昌市夷陵区石牌天河板、长阳县王子石;寒武系第二统天河板组。

西陵峡虫属 *Xilingxia* Lu, 1980

头鞍明显凸出,向前收缩缓,具3对头鞍沟。在头鞍之前,内边缘凹陷,外边缘的中部微向后突入内边缘。颈环有一小的中疣。固定颊宽,稍凸。眼叶小而凸起。活动颊窄。胸部13节。尾部次半椭圆形。尾肋分3节,边缘窄。

分布与时代 湖北、四川、贵州;寒武纪纽芬兰世—第二世中、晚期。

宜昌西陵峡虫 *Xilingxia ichangensis*(Chang)

(图版18,5)

头鞍凸出,向前收缩缓。具3对头鞍沟。颈环具一小的中疣。内边缘在头鞍之前凹陷,成一宽的中沟;外边缘凸,其内缘的中部微向后突。眼脊凸,眼叶小。活动颊次三角形,颊刺短而壮。胸部13节。尾部次半椭圆形,边缘凸而窄。

产地层位 宜昌市夷陵区石龙洞;寒武系第二统天河板组。

昆明盾壳虫属 *Kunmingaspis* Chang, 1964

背壳中等。头鞍凸起,中线位置凸起最高,向前收缩,前端平圆。鞍沟4对,较深宽清晰,颈环凸起,有一颈瘤。眼脊清楚,眼叶小。固定颊为头鞍宽度的1/2。内边缘较外边缘略宽。前边缘沟清楚。

分布与时代　华中、西南;寒武纪纽芬兰世—第二世。

惠亭山昆明盾壳虫　*Kunmingaspis huitingshanensis* Z. H. Sun

（图版11,9、10）

本种主要特征为:头盖横向较宽。头鞍宽而短,中部略膨大,前侧角收缩。4对头鞍沟均很短。固定颊也宽,前边缘宽,眼脊近于平伸。

产地层位　京山市惠亭山、占家巷;寒武系第二统石龙洞组。

崇阳昆明盾壳虫（新种）
Kunmingaspis chongyangensis Z. H. Sun（sp. nov.）

（图版12,11、12）

本新种与模式种 *K. yunnanensis* 的区别在于:内边缘远较后者宽得多;固定颊也宽;眼脊细而近于平伸;颈环宽度均匀。但后者内边缘相对较窄;固定颊也窄;眼脊较粗壮,斜伸;颈环两侧窄而中间宽。

产地层位　崇阳县大屋青林冲;寒武系第二统—第三统杨柳岗组。

爱雷辛那虫科　Elrathinidae Hupe,1953
南皋盾甲虫属　*Nangaops* Yuan et Sun,1980

本属与 *Elrathina* 主要区别是:（1）具较宽的内边缘;（2）向前上方伸展的较宽而深的后侧沟;（3）具16个胸节;（4）长半圆形的尾部;（5）活动颊具短而向后延伸的颊刺。

分布与时代　湖北、贵州;寒武纪纽芬兰世—第二世晚期。

长形南皋盾甲虫　*Nangaops elongatus* Yuan et Sun

（图版5,1、2）

背壳长卵形,背沟较深。头鞍较长,作柱锥形。头鞍沟极其微弱。颈环平缓凸起,中部略宽。眼叶微小。眼脊凸起。前边缘沟深,但在中段变浅。外边缘向前弯曲。后侧沟深而较宽,向侧上方延伸。面线前支平行向前延伸。胸部16节。尾部很小,半椭圆形,肋部平,无明显边缘。

产地层位　崇阳县大屋;寒武系第二统—第三统杨柳岗组。

短南皋盾甲虫　*Nangaops brevicus* Yuan et Sun

（图版12,7、8;图版5,3、4）

本种与模式种 *N. elongatus* 的区别是:（1）头盖、头鞍短而宽;（2）头盖前缘和后缘均较平直;（3）面线前支向内收缩明显。

产地层位　崇阳县大屋;寒武系第二统—第三统杨柳岗组。

丹寨南皋盾甲虫　*Nangaops danzhaiensis*（Zhou）
（图版5,5、6）

本种与 *N. brevicus* 的区别在于：内边缘较宽，其宽度约为外边缘宽的2.5～3倍。头盖及头鞍均较长,面线前支平行向前延伸。

产地层位　崇阳大屋青林冲;寒武系第二统—第三统杨柳岗组。

肿头虫科　Alokistocaridae Resser,1939
高台虫属　*Kaotaia* Lu,1962

头鞍凸起,向前收缩,头鞍沟3对,浅。颈环作半椭圆形,具一微弱的中疣。颈沟浅而宽,向后微倾。内边缘宽于外边缘,强烈凸起,中部明显隆起,呈显著的肿疣。外边缘低平。眼叶中等,强烈弯曲。

分布与时代　华中、西南;寒武纪纽芬兰世—第三世早期。

高台虫?（未定种）　*Kaotaia* ? sp.
（图版5,7、8）

定为这一未定种的标本共有两块。已观察到的特征:头鞍向前收缩,前端平直;头鞍沟有3对,但不相连接;背沟宽而深;颈环半椭圆形,具一弱中疣。尤其是内边缘上隆,呈显著的肿疣;外边缘低下平坦。以这些特征将标本置于这一属群内。

产地层位　崇阳县大屋;寒武系第二统—第三统杨柳岗组。

肖氏壳虫属　*Schopfaspis* Palmer et Gatehouse,1972

头鞍较短,内边缘较长,边缘沟中部两侧有一对较深的小坑。边缘沟在小坑之外突然变窄。

分布与时代　南极洲,中国贵州、湖北;寒武纪第三世。

湖北肖氏壳虫　*Schopfaspis hubeiensis* S. S. Zhang
（图版19,14、15）

本种与 *S. similis* 的主要区别为:（1）头鞍较瘦小;（2）只有3对头鞍沟,而且后两对成凹坑状;（3）前边缘宽度较窄;（4）边缘沟较窄较浅,前拱的弧度较小;（5）眼脊近乎平伸,眼叶较弯曲。

产地层位　宜昌市夷陵区平善坝牛栏溪;寒武系第三统覃家庙组。

褶颊虫科　Ptychopariidae Matthew,1887

美丽饰边虫亚科　Eulominae Kobayashi,1955

美丽饰边虫属　*Euloma* Angelin,1854

背沟深,具2～3对极深而向后倾斜的头鞍沟,最后一对几乎分头鞍的后部成两个侧叶。眼叶长至中等,半圆形。眼脊宽而不显。面线前支向前略扩张。边缘沟具小陷孔。胸部12～13节。尾小而宽,中轴窄。

分布与时代　亚洲、欧洲;早奥陶世。

留咀桥美丽饰边虫(新种)　*Euloma liuzueiqiaoense* Z. H. Sun(sp. nov.)
(图版20,1)

头盖外形呈长方形,前端拱出。头鞍高凸,呈柱状,向前微微收缩,前端浑圆。具3对头鞍沟,前一对窄而浅,又短;中间一对宽而深,但也短;后一对宽而深,向后斜伸长,但未达颈环。3对头鞍沟均在头鞍侧部,未延伸到头鞍的中轴线。背沟又宽又深,前端在头鞍两侧角处成一对深坑,头鞍前沟窄而浅,背沟后端一直伸到颈环两端,宽度深度一致。颈沟在两端又宽又深,中段窄而极浅。前边缘宽,内边缘鼓起,在头鞍之前鼓起又甚,向两侧缓缓下斜;外边缘翘起,宽度中段大,向两侧变窄;前边缘沟宽而浅,在沟内有一排12个小陷孔。眼叶大,长度略小于头鞍之长,向外弯曲。眼脊可见,眼脊自前一对头鞍沟之前伸出,越过背沟时呈细线状,在固定颊上眼脊不甚明显。固定颊窄,约为头鞍宽度的1/2,强烈鼓凸。面线前支向外分歧伸出,然后切于前缘;面线后支向后方斜伸;后侧翼条带状向后斜方伸展,后侧沟宽而浅,后边缘凸脊状。

比较　本新种头盖狭长,头鞍窄,固定颊窄,面线前支分散很甚,后侧翼向后斜方向伸展。这些特征都是比较特殊的。可以与模式种 *E. laeve* 以及中国的 *E. changshanense* 区别。

产地层位　通山县留咀桥;下奥陶统留咀桥组。

冒美丽饰边虫亚属　*Euloma*(*Mioeuloma*)Lu et Qian,1977

本亚属与 *E.*(*Proteuloma*)的区别是:头鞍较短,较粗。头鞍沟较明显,背沟较深。固定颊宽大。眼叶大。眼脊明显。外边缘及边缘沟向前的弯曲率较小;后侧翼狭长,不成三角形。胸部13节;尾部小。

分布与时代　中国东南部;早奥陶世。

截切冒美丽饰边虫　*Euloma*(*Mioeuloma*)*truncatum* Liu
(图版20,3)

头盖成横向矩形。头鞍短,横向较宽,向前缓慢收缩,前端平切。2对宽而深的头鞍沟,均向后斜伸。背沟宽深。外边缘凸起,近于平直。内边缘凸起,较外边缘宽。前边缘沟较深,具小陷孔。颈环具中疣。眼叶大,位于头鞍中部。眼脊清楚,微后斜。后边缘窄。

产地层位 通山县留咀桥;下奥陶统下部。

桃源冒美丽饰边虫 *Euloma*（*Mioeuloma*）*taoyuanense* Zhou
（图版20,2）

头鞍切锥形,向前收缩极缓。有3对头鞍沟,后一对向后斜伸。头鞍前侧角具一对陷坑。颈沟两侧深,中间稍浅,具一中疣。固定颊凸起,并向背沟方向倾斜。内边缘微凸,宽于外边缘。前边缘沟深,微向前弯曲,沟内具一排小陷孔。外边缘窄而突,仅两侧微变狭。

产地层位 通山县留咀桥;下奥陶统下部。

原波曼虫亚科 Probowmaniinae Chang, 1963
幕府山虫属 *Mufushania* Lin, 1965

头鞍呈截锥形,前端浑圆;具3对清晰的头鞍沟;眼叶较大,约占头盖长的2/7或头鞍长的1/2;内边缘纵向平缓隆起;前边缘沟浅而宽;外边缘较宽,平坦或略上翘。

分布与时代 江苏、湖北、广西、云贵;寒武纪纽芬兰世—第三世早期。

鄂中幕府山虫 *Mufushania ezhongensis* Z. H. Sun
（图版21,10b、11、12）

本种与模式种 *M. nankingensis* 的区别是:头盖较宽,头鞍沟不甚清楚,头鞍前端平,固定颊较宽,内边缘宽,外边缘窄。

产地层位 京山市占家巷、惠亭山、观音崖;寒武系第二统石龙洞组。

占家巷幕府山虫 *Mufushania zhanjiaxiangensis* Z. H. Sun
（图版21,9、10a）

本种与 *M. ezhongensis* 的不同点在于:前者头盖较窄;头鞍也窄而呈柱锥状;固定颊也窄;内边缘宽;面线前支平行向前伸出。但后者头盖较宽;头鞍基部较宽,头鞍呈切锥形;固定颊较宽;面线前支向外略分歧。

产地层位 京山市占家巷;寒武系第二统石龙洞组。

荆门幕府山虫（新种） *Mufushania jinmengensis* Z. H. Sun（sp. nov.）
（图版22,8～11）

头部略呈半圆形,凸起,凸度由头部后缘向前缓缓倾斜。头盖前部窄。头鞍呈截锥形,向前收缩,稍短,凸度大,由后至前向前缓缓倾斜,头鞍前端平圆。具3对头鞍沟,前2对短而浅,后一对稍长,有分叉现象。颈沟两端深,中间变浅。颈环中间略宽,两侧稍窄,具一中疣。背沟窄而浅,向前收缩,头鞍之前背沟与头鞍两侧背沟一致。眼叶中等,位于头鞍位置的中部。眼脊平而微斜伸,明显。前边缘宽,分内边缘与外边缘,内边缘平缓凸起,向前缓缓斜倾,与外边缘之间为一折凹的边缘沟分开,这前边缘沟是内边缘折而向下转为平坦而下倾的外边缘而形成的沟。内外边缘近似相等。固定颊平凸,其宽度窄于头鞍中部的宽度。后侧翼横向宽,其宽度与头鞍基部的宽度相近。后侧沟宽。面线前支自眼叶前端伸出,分散角极小,近于直而向前伸出。面线后支平而稍向后斜伸。活动颊的宽度与固定颊相近。侧边缘平而向两侧弯下,后部延伸呈短的颊刺。

比较 本种与模式种 *M. nankingensis* 相似,但本种头鞍稍短,前端平,面线前支向前直伸,头盖前部窄,可以与后者相区别。

产地层位 荆门市;寒武系纽芬兰统—第二统上部。

褶颊虫亚科 Ptychopariinae Matthew,1887
三都虫属 *Sanduspis* Chien,1961

头鞍略呈长方形。3 对头鞍沟。颈沟深。颈环明显。内边缘宽而凸起。外边缘狭,明显向前突出。固定颊较头鞍稍狭。后侧翼三角形。眼叶中等,新月形。面线前支向前扩大伸展。活动颊狭,颊刺长。胸部 12 节。尾部小,中轴宽。

分布与时代 中国南部;寒武纪芙蓉世。

三都虫(未定种) *Sanduspis* sp.
(图版 23,12)

头鞍略呈长方形,向前收缩,前端平直。3 对头鞍沟短而明显。背沟又宽又深,在头鞍前侧角呈深的凹坑。外边缘较宽,前缘平直。前边缘沟深而直。眼叶大,近于新月形。后侧沟又宽又深,向两侧宽度加大。面线前支分散较大,面线后支先近于平伸,转而向下方伸延。

产地层位 通山县芭蕉湾;寒武系芙蓉统。

厚盾壳虫属 *Pachyaspis* Resser,1939

皱纹头虫类的三叶虫,具 4 对头鞍沟,眼叶小。

分布与时代 北美洲,中国;寒武纪第三世。

小丹寨虫亚属 *Pachyaspis*(*Danzhaina*)Yuan,1980

本亚属与 *Pachyaspis* 的区别为:头鞍稍长,长与宽之比为 3:2。三对头鞍沟呈三角浅坑状。眼叶较小,为头鞍长的 1/3。面线前支呈平行向前延伸。此外,固定颊较宽,内边缘较宽。

分布与时代 贵州、湖北;寒武纪第三世晚期。

京山小丹寨虫 *Pachyaspis*（*Danzhaina*）*jingshanensis* Z．H．Sun

（图版 21,1～3）

本种与模式种 *P．*（*D.*）*lilia* 的区别是：头鞍短而小,呈柱锥状,向前收缩小；眼叶位于头鞍相对位置的中间偏后部；前边缘较宽,宽度约为头鞍长度的 1/2；面线后支向后斜伸较平缓。

产地层位 京山市惠亭山、殷家冲等地；寒武系第二统石龙洞组。

大洪山小丹寨虫 *Pachyaspis*（*Danzhaina*）*dahungshanensis* Z．H．Sun

（图版 11,11、12）

本种与 *P．*（*D.*）*jingshanensis* 的区别是：头盖宽,固定颊也宽,头鞍向前收缩较剧,头鞍前端窄,颈沟也明显,尾部分节极模糊。

产地层位 京山市惠亭山；寒武系第二统石龙洞组。

兴仁盾壳虫属 *Xingrenaspis* Yuan et Zhou,1980

头鞍截锥形,顶端圆润。具 3 三对清晰而浅的头鞍沟,末端均有分叉。背沟宽而深。颈环呈宽半椭圆形,具颈疣。前边缘沟略呈新月形,外边缘凸起。胸部 12 节。尾部小,中轴分节少而不明显,有一低平的边缘。

分布与时代 贵州、湖北；寒武纪第三世。

兴仁盾壳虫（未定种 1） *Xingrenaspis* sp．1

（图版 19,10～13）

头鞍截锥形,前端平圆。头鞍沟可能有 4 对。眼脊清楚,向后斜伸,与前边缘平行。外边缘低平。内边缘与眼前翼向着边缘沟成一斜坡。边缘沟中等深而较宽,沟内有一条横的脊线,其两端被一对浅而模糊的凹坑所限。

产地层位 宜昌市夷陵区平善坝牛栏溪；寒武系第三统覃家庙组。

拟美头虫属 *Paramecephalus* Zhou et Yin,1978

头鞍切锥形,前端圆润。具 4 对头鞍沟。眼叶凸起,中等大小。外边缘中部有一浅沟分其为前后两部分,后部平拗,前部向上翘起。胸部 14 节。尾部较大,尾边缘宽平。

分布与时代 贵州、湖北；寒武纪第三世早期。

中华拟美头虫 *Paramecephalus sinicus*（Zhou）

（图版 19,3、4）

头鞍向前收缩,作切锥形。具 4 对头鞍沟。颈环窄。眼脊清晰,大致与前边缘沟平行,眼叶中等大小。内边缘平而窄,外边缘宽,具一浅沟分外边缘为前后两部分,后部平拗,宽度均匀,前部略向上翘起。

产地层位 宣恩县新坪;寒武系第二统—第三统高台组。

湄潭拟美头虫 *Paramecephalus meitanensis*(Lu)

(图版19,5)

本种与模式种 *P．sinicus* 的头盖相比:本种内边缘纵向较宽,头鞍较窄小,面线前支向前收缩较剧,因此头盖前缘横向宽度较小。此外,本种头盖较窄,长宽略相等。而模式种头盖较宽,宽略大于长。

产地层位 咸丰县大坝;寒武系第二统下部。

凹坑拟美头虫 *Paramecephalus sulcatus* Yuan

(图版19,6)

本种与 *P．meitanensis* 的区别为:(1)本种在头鞍之前的前边缘沟内有一对明显的浅坑;(2)颈环的中后部具中瘤;(3)头盖、头鞍较窄长;(4)内边缘纵向较宽。

产地层位 咸丰县沙坪;寒武系第二统—第三统高台组。

钝锥虫超科 Conocoryphacea Angelin,1854
舒马德虫科 Shumardiidae Lake,1907
舒马德虫属 *Shumardia* Billings,1862

小型三叶虫。头部半圆形,无眼及面线。头鞍宽,略作棒状,凸起,前一对头鞍沟向前伸出使头鞍前侧成一对眼状小侧叶,后一对鞍沟短,使头鞍两侧成内凹曲线。颊角尖锐。

分布与时代 亚洲、欧洲、美洲;寒武纪第三世(?),寒武纪芙蓉世至奥陶纪。

五角形舒马德虫 *Shumardia pentagonalis* Lu

(图版3,7)

头部略作五角形。头鞍顶点略尖,后部凸起,向前变平,中部最狭。具2对头鞍沟,前一对向前斜伸切头鞍成一对小而长的侧叶。背沟宽而深,向前变浅,在头鞍之前窄而浅。颈沟成一直线,宽而深。颈环宽度均一。颊部凸起,向两侧边下弯。

产地层位 宜都市毛湖堉;下奥陶统南津关组。

高罗舒马德虫 *Shumardia gaoluoensis* Zhou

(图版3,8)

头部半圆形。背沟深而极宽。头鞍粗而短,前部扩大较大,前端宽圆。有2对头鞍沟,后一对头鞍沟短而向后倾斜。头鞍前部的前侧叶显著。颈环宽,具颈疣。颊部后缘宽。颊部有不规则小孔构成的皱纹状壳饰,头鞍后部两侧及前部有稀疏的小孔。

产地层位 宣恩县高罗;下奥陶统南津关组。

尖舒马德虫 *Shumardia aculeata* Lu
(图版24,10)

头鞍前叶特别膨大,并向前尖出,头鞍后叶短。颈环大而长,约占头鞍长度的1/4。

产地层位 阳新县荻田陈家湾;中—上奥陶统宝塔组。

沟肋虫超科 Solenopleuracea Angelin,1854
沟肋虫科 Solenopleuridae Angelin,1854
沟颊虫亚科 Solenopariinae Hupe,1953
沟颊虫属 *Solenoparia* Kobayashi,1935

头鞍强烈凸起,似三角形。背沟极深。颊沟深。颈环突起。眼小,位于中部。无眼脊,内边缘狭,外边缘厚而凸起。尾部凸起,短而宽。中轴与肋部的宽度相同,各分3节或4节。边缘不明显。表面具小瘤或光滑。

分布与时代 亚洲东部;寒武纪第三世。

平善坝沟颊虫? *Solenoparia* ? *pingshanpaensis*(Hao et Lee)
(图版19,7~9)

头盖隆起较显著。头鞍短,切锥形,极凸,无头鞍沟。颈环具粗强的颈刺。固定颊隆起,较宽。眼叶小,眼脊低而不清楚。后侧翼较短。后边缘沟深且较狭。内边缘微凸,外边缘极凸,上弯,内外边缘宽度约相等。

产地层位 宜昌市夷陵区平善坝;寒武系第三统覃家庙组。

副壮头虫属 *Paramenocephalites* Kobayashi,1960

头鞍两侧近于平行,前端宽圆,没有头鞍沟。前边缘及内边缘极窄。背壳上有分散的瘤刺。

分布与时代 山东、湖北;寒武纪第三世。

强瘤副壮头虫 *Paramenocephalites acis*(Walcott)
(图版25,8)

头鞍显著凸起,前端微微收缩,前侧角圆润。背沟窄而明显。固定颊约为头鞍宽度的1/2,向前向后倾斜陡。眼叶小。前边缘窄,凸起。无内边缘,前边缘沟极窄。壳面布小粒点。

产地层位 咸丰县丁砦;寒武系第三统—下奥陶统娄山关组。

咸丰虫属 *Xianfengia* Zhu et Sun, 1977

头鞍强烈凸起,两侧平行,前端方圆或平截。无头鞍沟。颈环具颈刺。眼叶小而凸,位于头鞍中部略靠后,眼脊明显。内边缘窄,外边缘略宽而突起。固定颊凸。壳面布有疣点,沿前边缘沟有一排小疣点排列。

分布与时代 湖北;寒武纪第三世晚期。

标准咸丰虫 *Xianfengia puteata* Zhu et Sun
(图版25,10～12)

头鞍凸起高,两侧近平行,前端方圆。无头鞍沟。颈环窄而略凸起,具颈刺。眼脊内端平伸,外端微斜。内边缘窄而低,外边缘稍宽而凸起,近于平直。固定颊强烈凸出。壳面布有大小不等的疣点,沿前边缘沟有一排小疣点。

产地层位 咸丰县丁砦;寒武系第三统—下奥陶统娄山关组。

双疣咸丰虫 *Xianfengia binodus* Zhu et Sun
(图版25,9)

本种与模式种 *X. puteata* 的主要区别为:在内边缘上,于头鞍前侧角之前,有2个疣疱,头鞍前端平直,固定颊稍宽,眼脊较平伸,也较清楚。

产地层位 咸丰县丁砦;寒武系第三统—下奥陶统娄山关组。

豪猪虫亚科 Hystricurinae Hupe, 1953
钝头虫属 *Amblycranium* Ross, 1951

本属不同于 *Hystricurus* 之处,是有一更宽的后侧翼,眼叶位于头鞍中前部。

分布与时代 中国湖北(?),北美洲;早奥陶世。

疑惑钝头虫? *Amblycranium? dubium* Lu
(图版4,17)

头鞍强烈凸起,平行或微向前扩大,前端尖圆。无头鞍沟。颈环中部宽。外边缘窄。边缘沟极明显。内边缘凸而宽,无中沟。固定颊窄。后侧翼次三角形。面线前支次平行,切外边缘几乎成一直角;后支直向外伸,并微向后斜。壳面布满大小不同的瘤状物。

产地层位 宜昌市夷陵区分乡;中—下奥陶统大湾组中部。

小奇蒂特虫科 Chittididae Chang, 1964
小奇蒂特虫属 *Chittidilla* King, 1941

头鞍长方形或切锥形。具3对模糊的头鞍沟。颈刺短钝。固定颊宽而平。眼脊平伸。

固定颊宽度与头鞍宽度相似。内、外边缘不分,或具极浅的前边缘沟。面线前支微向外分散延伸;后支向外并向后斜伸。活动颊后部有一粗大颊刺。

分布与时代 中国华中、西南,寒武纪纽芬兰世—第三世早期。

观音崖小奇蒂特虫 *Chittidilla guanyinyaensis* Z．H．Sun
(图版21,4、5)

头鞍较长,向前收缩呈长截锥形。眼脊平伸。固定颊较宽,宽度约与头鞍相近。面线前支向外扩散伸展。具明显的短而钝的间颊刺。

产地层位 京山市观音崖;寒武系第二统石龙洞组。

云山村小奇蒂特虫 *Chittidilla yunshancunensis* Lu et Chang
(图版21,6,7;图版22,6)

本种与*Chittidilla*和*Diandongaspis*两亚属中的各个种最主要的区别为:(1)本种的外边缘极窄,仅有内边缘的纵向宽度的1/4左右;(2)本种的头鞍长而宽,长度约为前边缘(内边缘加外边缘)的4.5倍,宽度与固定颊宽度(在两眼叶之间)之比为3:2。

产地层位 京山市观音崖;寒武系第二统石龙洞组。兴山县古夫郑家坪;寒武系第二统顶部。

兴山小奇蒂特虫 *Chittidilla xingshanensis* Z．H．Sun
(图版22,7)

头鞍切锥形,头鞍沟模糊或不见。颈沟不显(或极浅)。头鞍前区凸起,边缘沟隐隐可见。眼叶小,凸起明显。前边缘横窄。面线前支向内斜伸,切于前缘。固定颊窄。后侧翼短。

产地层位 兴山县古夫郑家坪;寒武系纽芬兰统顶部。

滇东虫亚属 *Chittidilla*(*Diandongaspis*)Lu et Chang, 1980

本亚属与*Chittidilla*不同之点是:(1)前边缘沟虽浅,但较为显著,分出可以察见的宽而微凸的内边缘和较窄的外边缘;(2)面线前支向前强烈扩张。

分布与时代 云南、湖北;寒武纪第二世晚期—第三世早期。

钟祥滇东虫 *Chittidilla*(*Diandongaspis*)*zhongxiangensis* Z．H．Sun
(图版21,8)

头鞍宽大,呈方卵形,向前几乎不收缩。具3对头鞍沟。背沟宽。眼叶中等偏大。眼脊清晰,向后斜伸。内边缘较外边缘稍宽,两者之间有一边缘沟分开。固定颊较窄。活动颊平坦,活动颊颊刺短小而钝圆。

产地层位 钟祥市红灯;寒武系第二统石龙洞组。

短头滇东虫 *Chittidilla（Diandongaspis）brevica* Lu et Zhang

（图版22,1、2、5）

头盖呈横向长方形,宽大于长,长度特短。头鞍短,截锥形,可见2～3对不明显的头鞍沟。眼叶位于中部。内边缘较外边缘宽,两者由一边缘沟分开,外边缘窄而平坦。固定颊比头鞍宽度略窄。头盖前缘较平直。

产地层位 房县波猢子垭、兴山县古夫郑家坪;寒武系第二统顶部。

古夫滇东虫 *Chittidlla（Diandongaspis）gufuensis* Z. H. Sun

（图版22,3、4）

本种头鞍向前收缩较甚,顶端平圆,外边缘平而略宽,头盖较长。以此可区别于 *C.（D.）brevica*。

产地层次 兴山县古夫郑家坪;寒武系第二统顶部。

胀头虫科 Catillicephlidae Raymond,1938

狄斯它虫属 *Distazeris* Raymond,1937

拟狄斯它虫亚属 *Distazeris（Paradistazeris）* Zhu,1980

头鞍大,强烈凸起,略呈方形。具4对头鞍沟:两对深陷,另外两对似浅坑状。缺失内边缘,外边缘极窄小。颈环上具一较强壮的颈刺。固定颊较窄小,眼脊清楚。后侧沟深而宽,两端略向前弯曲。

分布与时代 湖北、四川;寒武纪芙蓉世早期。

湖北拟狄斯它虫 *Distazeris（Paradistazeris）hubeiensis* Zhu

（图版26,8～11）

本种的主要特点是:在头鞍前部见有前两对短的,似浅坑状的,向前倾斜的头鞍沟。此外头鞍上最后一对头鞍沟较长,向后较弯曲,并有分叉现象。外边缘横向较长。

产地层位 咸丰县;寒武系芙蓉统下部。

李三虫科 Lisaniidae Chang,1963

副青地虫属 *Paraojia* Sun et Zhu 1977

头鞍强烈凸起,向前急剧倾斜。头鞍很大,向前收缩,前端宽圆。无头鞍沟。颈沟浅而宽。颈环具颈刺。固定颊窄。眼叶大,位于头盖中部。眼脊低,斜伸。无内边缘。前边缘不宽,并向前向下倾斜。后边缘窄。后边缘沟窄而清楚。

分布与时代 湖北;寒武纪第三世。

大鞍副青地虫 *Paraojia megaglabella* Sun et Zhu

（图版27,10、11）

头鞍强烈凸起,向前急剧倾斜,后部凸起最高。头鞍特别宽大,约占头盖宽的3/4。无头鞍沟。颈环具一强而短的颈刺。固定颊窄,不及头鞍宽的1/4。眼脊斜伸。眼叶大,位于头盖中部。前边缘中等宽度,低平,前缘向前拱曲圆润。

产地层位　咸丰县丁砦;寒武系第三统—下奥陶统娄山关组。

梯形头虫属 *Klimaxocephalus* Sun et Zhu,1977

头盖呈梯形。头鞍强烈凸起,长,呈亚柱形,向前微收缩,顶端宽圆。无头鞍沟。颈环在两侧不显,中部宽、浅。颈环具中疣。眼叶大,弧状。眼脊短。固定颊较宽。无内边缘。外边缘呈脊状,前边缘沟不清晰。

分布与时代　湖北;寒武纪第三世。

真正梯形头虫 *Klimaxocephalus verus* Sun et Zhu

（图版25,6、7）

头盖呈梯形。头鞍强烈凸起,长,呈亚柱形,前端宽圆。无头鞍沟。背沟窄而深。颈沟在两侧不显,在中部宽而浅。颈环中部宽,两端窄,具中疣。固定颊约大于头鞍宽度的1/2。眼叶大。眼脊短而不十分清晰。前边缘凸起呈脊状,向内向外都倾斜。面线前支向外分歧。

产地层位　咸丰县丁砦;寒武系第三统—下奥陶统娄山关组。

鄂尔多斯虫科 Ordosiidae Lu,1954
博山虫属 *Poshania* Chang,1957

头鞍长方形或截锥形。头鞍沟不清楚。固定颊略窄。眼叶中等,位于中部。眼脊斜伸,与头鞍前侧相连。外边缘隆起,略拱向前,中间较宽。前边缘沟向后弯曲且与背沟相连。无内边缘。头鞍前沟中有一隆起的中脊。

分布与时代　中国;寒武纪第三世。

东山博山虫 *Poshania tungshanensis* Chang

（图版27,12）

头鞍长方形或梯形,前缘平。有3对极微弱的头鞍沟。眼叶大而宽,位于头鞍中后部。眼脊斜伸。头鞍前方的背沟窄而深,两侧边缘沟向内并向前拱曲,沟宽而浅。前边缘中部极宽,凸起较高,向两侧逐渐变窄。壳面光滑。

产地层位　咸丰县;寒武系第二统。

裂头虫超科　Crepicephalacea Kobayashi, 1935

裂头虫科　Crepicephalidae Kobayashi, 1935

小裂头虫属　*Crepicephalina* Resser et Endo, in Kobayashi, 1935

头鞍宽大，作柱状，向前收缩极缓。眼叶中等。眼脊清晰。内边缘极狭或消失。外边缘较宽，平缓凸起。尾部四方形，中轴凸起，肋沟仅前一、二节明显，具一对较大的向后并向外分散伸延的尾刺。

分布与时代　中国、朝鲜；寒武纪第三世。

湖北小裂头虫　*Crepicephalina hubeiensis* Zhu et Sun
（图版25,1～3）

本种的主要特征是：前边缘沟十分深而窄，外边缘与内边缘之间成陡壁状；前边缘横向很宽；面线前支向外分歧；尾轴可分6节及1末节，肋部分4节；尾部边缘凹下，尾刺侧缘成脊堤状；尾部后缘和尾刺内缘合成抛物线状。

产地层位　咸丰县丁砦八股上；寒武系第三统—下奥陶统娄山关组。

铲头虫超科　Dikelocephalacea, Miller, 1889

孟克虫科　Monkaspidae Kobayashi, 1935

辽宁虫属　*Liaoningaspis* Chu, 1959

头鞍近似柱状。头鞍沟微弱。具一对小的卵形边叶。内边缘很宽，后部具一低而清楚的脊线，此脊线近于平行前缘。颈环具一小疣。眼叶大。固定颊小。尾部较宽，中轴突出，分6节，具四五对肋沟。边缘宽，具多对边缘刺。

分布与时代　中国；寒武纪芙蓉世。

四川辽宁虫　*Liaoningaspis sichuanensis* Chu
（图版26,12～14）

尾部近似扁圆形。中轴凸起，呈柱锥形，末端圆润，分为4节及1末节。肋沟仅在边缘部分和肋刺之间明显，向内部迅速变浅，只有微弱痕迹。具4对间肋沟。边缘宽，凹下。具13个边缘刺，前面及侧部共6对，正后缘具1个短小的刺。表面光滑。

产地层位　咸丰县丁砦；寒武系芙蓉统下部。

无肩虫超科　Anomocaracea Poulsen, 1927

无肩虫科　Anomocaridae Poulsen, 1927

副无肩虫属　*Paranomocare* Lee et Yin, 1973

头鞍凸起，向前收缩，前端圆润，3～4对头鞍沟，末对常分支。颈环具一小颈疣。眼脊较长,向后略倾斜。眼叶大,作镰刀状。内边缘很宽,其上有一横线。尾部半圆形,中轴很凸,分7～10节。肋部宽,分6～9节。边缘下凹。

分布与时代 贵州、湖北、四川;寒武纪第三世。

八股上副无肩虫 *Paranomocare bagushangensis* Zhu et Sun
（图版27,4、5）

本种与模式种*P. guizhouensis*的不同点是:头鞍窄长,向前收缩较显著,眼叶位置稍靠后,前边缘前缘向前拱曲较甚,头鞍后部两侧有一对边叶。

产地层位 咸丰县丁砦八股上;寒武系第三统—下奥陶统娄山关组。

湖北副无肩虫 *Paranomocare hubeiensis* Zhu et Sun
（图版27,1～3）

头鞍较长,具3对浅的头鞍沟,最后一对有分叉现象。颈沟浅而窄。颈环中部宽,具一颈疣。固定颊凸起,较窄。尾部中轴向后收缩,分6节及1个末节。肋部具5条清晰的肋沟,肋沟细而长,抵达宽而平坦的边缘。

产地层位 咸丰县丁砦;寒武系第三统—下奥陶统娄山关组。

贵州副无肩虫 *Paranomocare guizhouensis* Lee et Yin
（图版27,6）

头鞍凸起,向前收缩,前端圆润。具3对头鞍沟,后一对分叉成两支。颈沟中部较两侧宽而浅。颈环中部宽,略向后扩大,具一小颈瘤。眼脊窄而长。眼叶大,镰刀形。固定颊平缓,内边缘宽,外边缘较内边缘窄,略上翘。面线前支略向外扩展,后支斜切后边缘。

产地层位 咸丰县丁砦八股上;寒武系第三统—下奥陶统娄山关组。

松桃副无肩虫（相似种） *Paranomocare* cf. *songtaoensis* Lee et Yin
（图版27,7）

此头盖与*P. songtaoensis*非常相似,其不同之点是内边缘稍宽,外边缘稍低平,眼脊较清楚,以及头鞍两后侧角具一对不明显的边叶。

产地层位 咸丰县丁砦耗子沱;寒武系第三统—下奥陶统娄山关组。

原附栉虫科 Proasaphiscidae Chang,1963
曲靖头虫属 *Kütsingocephalus* Lee et Wang,1963

头盖次方形。头鞍呈次截锥形,前端圆润,鞍沟微弱或不清楚。固定颊较狭。眼叶较大。眼脊狭。内外边缘宽度似乎一致。胸部12节。尾部较小,横向略作次纺锤形至次椭圆形。边缘宽平。

分布与时代　华中、西南；寒武纪第三世。

曲靖益靖头虫　*Kütsingocephalus kütsingensis* Lee et Wang

（图版19,1、2）

头鞍向前微微收缩，前端圆润，呈次截锥形。固定颊宽。眼脊斜伸。内、外边缘宽，宽度大致相等。尾部次纺锤形，边缘宽平。

产地层位　咸丰县；寒武系第二统—第三统高台组。

曲靖头虫（未定种）　*Kütsingocephalus* sp.

（图版5,9、10）

现有的标本2块，因保存时受挤压而略为变形。头盖近方形。头鞍切锥形，前端圆润。背沟较深。头鞍沟不显。固定颊较窄，约为头鞍宽度之半强。眼叶较大，眼脊不显或极微弱。外边缘较内边缘略窄，或两者近于相等。内、外边缘均宽平。

产地层位　崇阳县大屋；寒武系第二统—第三统杨柳岗组。

附栉虫超科　Asaphiscacaea Raymond,1924
小无肩虫科　Anomocarellidae Hupe,1953
北山虫属　*Peishania* Resser et Endo,1935

头盖次方形。头鞍向圆润的前端略收缩。具3对微弱的鞍沟或缺失。固定颊宽大而凸出。眼叶小而狭。内边缘不宽，与外边缘有一浅的稍为弯曲的边缘沟相隔。尾部半圆形，分节微弱，有一边缘。

分布与时代　辽宁、山东、湖北；寒武纪第三世。

北山虫（未定种）　*Peishania* sp.

（图版27,8、9）

尾部半圆形。中轴强烈凸起，分5节，最后一节向后收缩变窄尖，并延伸成一脊状物伸至边缘。肋部可见到2～3条肋沟。边缘低而平坦。中轴及肋部均较窄。

产地层位　咸丰县丁砦八股上；寒武系第三统—下奥陶统娄山关组。

发冠虫超科　Komaspidacea Kobayashi,1935
发冠虫科　Komaspididae Kobayashi,1935
卡罗林虫属　*Carolinites* Kobayashi,1940

头鞍凸，次方形或次圆形，无头鞍沟。背沟深。无内边缘。外边缘窄。眼叶长。固定颊的后内角具一对小瘤。尾部中轴分3节或4节，每节上有一低中瘤或中刺。肋部分3节或4节，各节上有小瘤或短刺。

分布与时代 亚洲、大洋洲、欧洲西部及美洲;早奥陶世晚期。

宜昌卡罗林虫 *Carolinites ichangensis* Lu

（图版4,11~14）

头鞍凸,向前微膨大,前侧圆润,前缘成直线。颈沟深陷。颈环宽度均匀,具小中疣。固定颊平,在其内后角有一对大的瘤状物。前边缘狭窄,凸起。前边缘沟深。已有胸部4节,中轴很宽,肋部窄。

产地层位 宜昌市夷陵区分乡、房县桥上两河口、京山市观音崖及惠亭山;下—中奥陶统大湾组。

小型卡罗林虫 *Carolinites minor*（Sun）

（图版4,9、10）

头鞍凸,作次方形,长度大于宽度。无头鞍沟。背沟深而明显。固定颊凸度小于头鞍,狭小,约为头鞍宽度的1/2,其内侧各有一突起物紧靠背沟。眼叶极长,与头鞍长度相等,前段向内弯曲。颈环宽度均匀,略向后拱曲。前边缘狭而凸起。

产地层位 南漳县、房县桥上两河口;下—中奥陶统大湾组。

次圆形卡罗林虫 *Carolinites subcircularis* Lu

（图版4,8）

头鞍次圆形。固定颊内后侧的瘤状物长而小。眼叶的前部较强烈地向内倾斜。尾部中轴及肋部无刺而代之以瘤状物。

产地层位 宜昌市夷陵区棠垭盘古砦;下—中奥陶统大湾组上部。

角眉虫属 *Goniophrys* Ross,1951

头鞍凸起,向前收缩,无头鞍沟。内边缘窄或无。前边缘沟清楚。眼大,强烈弯成弓形,弯曲点在头鞍中前部。固定颊倾斜,为头鞍宽的0.7。活动颊有极窄的眼台和长而弯曲的颊刺。

分布与时代 中国湖北、四川,北美洲;早奥陶世。

来凤角眉虫 *Goniophrys laifengensis* Zhou

（图版28,12）

头鞍卵形,向前收缩,前端圆润,颈沟深而较窄,强烈向后弯曲。颈环亦向后弯曲,呈条带状,两侧略变窄。固定颊约大于头鞍宽度的1/2。眼叶长而弯曲呈直角状。内边缘窄而短。

产地层位 来凤县茨竹槽;下奥陶统南津关组。

爱汶虫科　Elvinidae Kobayashi，1935

恩施虫属　*Enshia* Chu，1974

头鞍切锥形。具3对短而清楚的头鞍沟，前一对向前上方斜伸。颈沟较宽。颈环上具一小中疣。内边缘较宽，中部略凸起，并向前拱出。固定颊较窄。眼脊短而明显。眼叶较长大。后边缘沟较宽而深。

分布与时代　湖北、四川；寒武纪芙蓉世。

标准恩施虫　*Enshia typica* Chu
（图版29，10）

个体小，头鞍向前收缩，前端截切而圆润。具3对头鞍沟。颈环中部宽，具一中疣。内边缘宽，向前拱出，因而边缘沟中部亦略向前弯曲。固定颊窄。眼脊短而明显，眼叶较长大。后边缘呈细带状。

产地层位　恩施市茶山；寒武系第三统—下奥陶统娄山关组。

短恩施虫　*Enshia brevica* Chu
（图版29，8、9）

本种与模式种*E. typica*不同之点为：头鞍短而宽。

产地层位　恩施市茶山；寒武系第三统—下奥陶统娄山关组。

远瞩虫科　Telephinidae Marek，1952

远瞩虫属　*Telephina* Marek，1952

头鞍凸，向前变窄。头鞍前叶可具一对小刺。颈环凸，常可见有一向后伸出的中刺。眼大而长，成为活动颊的主要部分，眼叶新月形。前边缘窄，有一对小刺，后边缘窄。

本属可根据头鞍前叶有无一对刺的存在分为两个亚属：（1）亚属*Telephina*（*Telephina*）Marek，1952头鞍前叶不具一对刺。（2）亚属*Telephina*（Telephops）Nikolaisen 1963头鞍前叶具有一对刺。

分布与时代　亚洲、欧洲、大洋洲、北美洲；奥陶纪。

尖角远瞩虫　*Telephina*（*Telephina*）*angulata*（Yi）
（图版30，8）

头鞍外形作抛物线形，具一对极浅的、向后斜伸的头鞍沟。颈环后缘有一向后并向上伸出的中刺。眼叶平凸，在头盖的前侧角上强烈弯曲成90°角，并向前引长，在头鞍之前成一对小刺。壳面有相当小的但极明显的小瘤。

产地层位　宜昌市夷陵区分乡庙坡；中—上奥陶统庙坡组。

中华远瞩虫　*Telephina*（*Telephina*）*chinensis*（Yi）

（图版30,6）

头盖横宽。头鞍凸,卵形。无头鞍沟。颈环中部向后延伸成一强壮的颈刺。固定颊三角形,前宽后窄。眼叶长,在头盖上侧成直角弯曲。两眼前端之间有一凹陷,其中有一对小刺。头鞍壳面具圆形结瘤,多集中在前端,中央部分一个较大,成刺(或角)。

产地层位　宜昌市夷陵区分乡;中—上奥陶统庙坡组。

无刺远瞩虫　*Telephina*（*Telephina*）*aspinosa* Lu

（图版30,4、5）

本种的主要特征是:头鞍中部与颈环上均无向后的刺。

产地层位　宜昌市夷陵区棠垭,房县清泉;中—上奥陶统庙坡组。

长头远瞩虫　*Telephina*（*Telephina*）*longicephala* Lu

（图版30,7）

本种在亚属 *Telephina* 之中头鞍较任何种都长,头鞍中部有特殊的作纵行排列的小瘤。

产地层位　宜昌市夷陵区分乡庙坡;中—上奥陶统庙坡组。

凸面远瞩虫　*Telephina*（*Telephina*）*convexa* Lu

（图版24,15）

本种的头鞍凸出,并空悬于头盖之前,这是本种区别于亚属 *Telephina* 所有其他各种最重要的特征。

产地层位　宜昌市夷陵区分乡;中—上奥陶统宝塔组。

湖北远瞩形虫（新种）　*Telephina*（*Telephops*）*hubeiensis* Z. H. Sun（sp. nov.）

（图版30,9、10）

头鞍呈宽柱状,平凸,向前略收缩,前端平圆。头鞍中区呈一纵向的宽脊,在头鞍前部此一宽脊的两侧有一对角刺,此一特征是这一亚属的基本特征。头鞍上有一对极浅的并向后斜伸的头鞍沟。背沟清楚,向前收敛。颈环中段宽而均匀,两侧略变窄;颈环中部伸出一个根基很壮的颈刺,向后旋即变纤弱;颈沟中段浅而平直,两侧折向上斜伸展,很快就消迹。眼叶低下而平,前部较后部略宽,眼叶在前侧角部位转交圆润而不呈棱角状。眼叶在头盖前缘刚够相遇。前缘伸出一对极小的刺。固定颊狭小而呈次三角形或弓形。整个头盖壳面无任何瘤饰。

比较　壳面无瘤饰。头鞍中区有纵向宽脊。固定颊狭小。这些特征不同于模式种 *T.*（*Telephops*）*granulata*。此外,本种头鞍呈亚柱形,头部外形呈次圆形,具一对头鞍沟,斜伸很厉害,并较靠前。这也不同于 Nikolaisen 于1963年描述的3个种。

产地层位 房县清泉;中—上奥陶统庙坡组。

光盖虫超科 Leiostegiacea Bradley,1925

光盖虫科 Leiostegiidae Bradley,1925

光盖虫亚科 Leiostegiinae Bradley,1925

四川虫属 *Szechuanella* Lu,1959

头鞍柱状,向前延伸直达前边缘沟。无头鞍沟。背沟深。前边缘窄,向上尖起成一横脊。固定颊窄。眼叶中等。面线前支向前扩展。尾部半圆形。中轴作柱锥形,分6～7节。肋部分4～5肋节。边缘窄而凸起。

分布与时代 亚洲;早奥陶世。

四川四川虫 *Szechuanella szechuanensis* Lu

(图版31,6～10)

头鞍亚柱形,中部略收缩,向前延伸直达前边缘沟。无头鞍沟。背沟深而宽。前边缘窄,突起成一横脊。固定颊的宽度为头鞍的1/3。尾部半圆形。中轴次柱形,分6～7节。肋部为深沟,分为4～5节。边缘窄而凸起。

产地层位 湖北西部及东部;下奥陶统下部。

斑点四川虫 *Szechuanella granulata* Lu

(图版31,1～5)

本种与横式种*S. szechuanensis*的区别是:头盖前边缘较宽,眼叶位置较靠后;尾部较长;尾部中轴和肋部分节较多;壳面具斑点。

产地层位 湖北西部;下奥陶统南津关组。

柱轴四川虫 *Szechuanella cylindrica* Lu

(图版31,11)

尾部半圆形。中轴柱锥形。分8～9节。肋部分5～6节,分节沟极宽极深。轴脊及肋脊上都有中等大小的瘤。边缘很窄。

产地层位 湖北西部;下奥陶统南津关组。

朝鲜虫属 *Chosenia* Kobayashi,1934

头鞍亚卵形。有3对极微弱的头鞍沟。颈沟清楚。眼叶位于头鞍中后部。眼脊斜伸。无内边缘,前边缘沟清楚,外边缘突起。尾部略呈五边形,前缘直,中轴与肋部均分5节。最前一肋节伸出一对向外扩张的侧刺,边缘平。

分布与时代 中国、朝鲜;早奥陶世。

开展朝鲜虫 *Chosenia divergens* Lu

(图版28,13～16)

本种不同于模式种 *C. laticephala* 的是:眼脊由背沟伸向眼叶较向后倾斜,头鞍沟较微弱,尾部分节较明显,尾刺似较长,向后较扩张。

产地层位 长阳县花桥,让水坪;下奥陶统南津关组。松滋市卸甲坪;下—中奥陶统大湾组。

德氏虫超科 Damesellacea Kobayashi,1935
德氏虫科 Damesellidae Kobayashi,1935
德氏虫亚科 Damesellinae Kobayashi,1935
蝴蝶虫属 *Blackwelderia* Walcott,1906

头鞍长,作锥形或截锥形。头鞍沟深,向后急斜。眼叶中等大小,较突出,约位于头盖的中部。内边缘清楚凹下。外边缘挠起。面线前支呈弧状;后支略成斜线伸延。

分布与时代 亚洲;寒武纪芙蓉世。

蝴蝶虫(未定种) *Blackwelderia* sp.

(图版26,1)

头盖宽,强烈凸起。头鞍锥形,向前收缩较甚,前端方圆。头鞍最宽处约和头鞍长度相等。2对头鞍沟,前一对短而浅,后一对长而深,向后斜伸,形成三角形的鞍叶。固定颊宽而突出。眼脊窄而低,斜伸。外边缘窄,具横向细线纹。

产地层位 咸丰县丁砦;寒武系芙蓉统下部。

丰都虫属 *Fengduia* Chu,1974

头鞍近似柱形,向前略微收缩,前端圆润,具3对头鞍沟。内边缘大,凹下,后部为3个弧线所限,外边缘强烈翘起。眼叶较大。颈环上具一小疣。固定颊较窄。尾部中轴凸起,具7对边缘刺,第7对较长大,并向后伸延呈剪刀状。

分布与时代 四川、湖北;寒武纪芙蓉世。

似柱形丰都虫 *Fengduia subcylindrica* Chu

(图版26,5～7)

头鞍凸起,近似柱状,具3对头鞍沟。内边缘大,凹下,后部为3个弧线所限,并从头鞍前侧角向两侧伸出一脊线。眼脊短而清楚,眼叶较大。眼前颊线与面线前支平行。颈沟两侧深,中部变浅,颈环上具一小疣。尾部作三角形,边缘上具7对边缘刺,第7对长而延伸呈剪刀状。

产地层位 咸丰县丁砦；寒武系芙蓉统下部。

丁砦丰都虫 *Fengduia dingzhaiensis* Sun
（图版 26,2～4）

本种与 *F. subcylindrica* 的主要区别是头鞍向前收缩明显，内边缘较宽，颈沟侧端有 1 对亚三角形的头鞍侧叶。

产地层位 咸丰县丁砦；寒武系芙蓉统下部。

王冠头虫属 *Stephanocare* Monke,1903

头鞍长，截锥形。具 2 对头鞍沟。颈沟深。眼大，无眼脊。无内边缘。外边缘竖起，外缘呈锯齿状。颊刺之内从活动颊的后边缘上伸出几个短刺。尾部较小，轴部锥形，肋节向后延长成刺，边缘不明显。

分布与时代 中国；寒武纪芙蓉世。

王冠头虫（未定种） *Stephanocare* sp.
（图版 29,11～13）

确定为这一种的有 3 块尾部标本，尾轴呈宽锥形，分 4 个轴节及 1 个末节，末节向后引伸出一尖伸物。肋叶在侧边部分向下拐曲，形成膝状拐曲，肋部分 5 节及 1 个关节半叶和 1 个末叶，伸出 7 对尖削状的刺。

产地层位 恩施市白果坝；寒武系芙蓉统下部。

阿利雅盾壳虫属 *Ariaspis* Wolfart,1974

头盖前部平或适度下倾。头鞍上具有 4 对头鞍沟。眼叶大，强烈凸起，位于中后部。后边缘横向长且窄，向外略向后弯曲。尾部具 6 对边缘刺。

分布与时代 中国、阿富汗；寒武纪第三世晚期—芙蓉世早期。

咸丰阿利雅盾壳虫 *Ariaspis xianfengensis* Zhu et Sun
（图版 25,4、5）

尾部呈半椭圆形。中轴凸起，近似长柱形，但后部缓慢收缩，后端尖圆，由 7 个轴节及 1 末节组成，中部具有两列小瘤。肋部肋沟深，间肋沟微弱。两侧具 6 对小的、向后弯曲的边缘刺，在第 6 对刺之间具一微凸的、无刺的后边缘。

产地层位 咸丰县丁砦耗子沱；寒武系第二统顶部。

褶盾虫超科　Ptychaspidacea Raymond,1924

索克虫科　Saukiidae Ulrich et Resser,1930

索克虫属　*Saukia* Walcott,1914

头鞍两侧大致平行,呈长方形,2～3对头鞍沟,后一对相连。固定颊窄。眼叶中等。外边缘突起,有一深沟与头鞍相隔。尾部横椭圆形,中轴锥形,分为4～5节,肋沟及间肋沟清楚。壳面一般均具粗疣。

分布与时代　亚洲东部、北美洲;寒武纪芙蓉世。

恩施索克虫　*Saukia enshiensis* Chu
（图版29,1～5）

头部壳面布有疣点。头鞍向前凸起,呈柱形,具两对横越头鞍的头鞍沟。前边缘窄,向前下斜,无内边缘。固定颊窄。眼叶中等。活动颊具较宽的侧边缘及细长的颈刺。尾部呈椭圆形,中轴分成5节及1末节。肋叶上肋沟及间肋沟均很发育,无明显的边缘沟。

产地层位　恩施市茶山;寒武系第三统—下奥陶统娄山关组。

卡尔文虫属　*Calvinella* Walcott,1914

头鞍近长方形,两侧向前略收缩,颈环上有刺。固定颊窄。活动颊具中等长度的颊刺。前边缘沟斜伸到头鞍前侧角;前边缘一般突起。尾部近于圆形,边缘极宽广。壳面光滑或具疣点。

分布与时代　亚洲东部、北美洲、大洋洲;寒武纪芙蓉世。

线纹卡尔文虫　*Calvinella striata* Resser et Endo
（图版29,6、7）

头鞍近长方形,向前略收缩,前端直。4对头鞍沟。颈环中部极宽,向后伸出一条强壮的颈刺,并具数条粗褶线。前边缘宽,向前微倾斜。眼叶小,位于头盖中部。固定颊窄。后侧翼宽。壳面具疣点及曲形皱纹。

产地层位　咸丰县土乐坪;寒武系芙蓉统上部。

桨肋虫超科　Remopleuridacea Hawle et Corda,1847

桨肋虫科　Remopleurididae Hawle et Corda,1847

桨肋虫属　*Remopleurides* Portlock,1843

头鞍瓮形,中后部膨大成一圆形体,具有2～3对不甚明显的头鞍沟,或没有头鞍沟,头鞍向前伸出一前舌叶。颈环明显。眼叶极长,围绕头鞍中后部。无固定颊。胸部11～13节,中轴极宽,肋节短。尾部小,次三角形,具2对后侧小刺。

分布与时代 亚洲、欧洲、北美洲；奥陶纪。

尖鼻桨肋虫 *Remopleurides nasutus* Lu
（图版32,1～4）

头鞍瓮形，中后部膨大，向前伸出一前舌叶，前舌叶之前有一个三角形小边缘板。具3对线状头鞍沟。颈环宽，椭圆形。眼叶极长，围绕头鞍中后部，伸入头鞍与颈环之间。

产地层位 宜昌市夷陵区分乡；下—中奥陶统大湾组。

十字铺桨肋虫 *Remopleurides shihtzupuensis* Lu
（图版32,5）

头鞍平，瓮形，长度与宽度约相等。前舌叶正方形，较窄，宽度约为头鞍最大宽度的1/3，前端有一个三角形的前边缘。无头鞍沟。眼叶细长，向前逐渐变窄，从头鞍的基部伸达舌叶的基底部。

产地层位 宜昌市夷陵区分乡；下—中奥陶统大湾组。

拟宽边桨肋虫 *Remopleurides amphitryonoides* Lu
（图版2,3～6）

头鞍宽卵形，中后部最宽，向前变窄。前舌叶极短、极窄，向前方急陡下斜。3对头鞍沟，作等距离分布，成极浅的条带状凹陷。颈环次长方形。颈沟深而直。眼沟深陷。眼叶的前部窄。除头鞍中心部分呈光滑状态外，头盖上有细而微隆起的线纹。

产地层位 宜昌市夷陵区分乡；中—上奥陶统宝塔组。

双葵虫属 *Amphytrion* Hawle et Corda,1847

像*Remopleurides*，但头部宽，眼叶和头鞍前舌之前的边缘平坦，边缘延伸向后具宽的颊刺。头鞍具3对后伸的头鞍沟，前舌极窄而短。面线前支刚好在边缘的前缘相遇连接。眼呈次方形，后端呈卵形。

分布与时代 中国，欧洲；晚奥陶世。

双葵虫（未定种） *Amphytrion* sp.
（图版1,18）

标本为一头盖。头鞍平，呈瓶形，头鞍前舌向前伸出又细又长，头鞍中后部膨大呈圆壶形。无头鞍沟。眼叶中等，围绕头鞍后部，前端在头鞍中部尖灭，后端伸入到头鞍与颈环之间。颈沟深而直。颈环呈凸透镜状，中部宽，两端尖窄。

产地层位 京山市汤堰畈；中—上奥陶统宝塔组。

栉虫亚目　Asaphina Salter, 1864

栉虫超科　Asaphacea Burmeister, 1843

栉虫科　Asaphidae Burmeister, 1843

栉虫亚科　Asaphinae Burmeister, 1843

假帝王虫属　*Pseudobasilicus* Reed, 1931

背壳平,头部和尾部均具有宽而平的边缘。前边缘中等长度。眼大。活动颊宽,具颊刺。胸部肋节末端尖,向后弯曲,似短刺。尾部肋部具明显的肋节,伸至边缘。尾部腹边缘很宽。

分布与时代　中国,欧洲;早—中奥陶世。

大湾假帝王虫　*Pseudobasilicus dawanensis* Lu

(图版33,1～4)

头部有一平的边缘。头鞍窄。头鞍之前的边缘相当长。后部有一对不明显的头鞍沟及一中瘤。眼叶比较大,位于后部。活动颊宽,具颊刺。胸部肋节末端向后弯曲并成尖刺。

产地层位　宜昌市夷陵区分乡;下—中奥陶统大湾组中部。

假大湾假帝王虫　*Pseudobasilicus pseudodawanensis* Lu

(图版33,5～7)

头鞍不明显地分出一个梨形的中叶和一对明显的基底叶。头鞍上具有一对向前收缩的脊线。颈沟较不明显,在头鞍中瘤之后的颈沟几乎消失不见。颊刺极平。

产地层位　宜昌市夷陵区分乡;下—中奥陶统大湾组中部。

帝王虫属　*Basilicus* Salter, 1849

头部有一凸起的外边缘,头鞍长,内边缘窄,眼较大,位于头盖横中线的略后方,颊角具颊刺。尾部有一明显下凹的边缘,肋部内部有强壮而圆润的肋脊。

分布与时代　亚洲、欧洲、北美洲;早—中奥陶世。

小帝王虫亚属　*Basilicus*(*Basiliella*)Kobayashi, 1934

该亚属主要特征为头部前缘前拱,尾部作半圆形,约分10节。

分布与时代　亚洲、欧洲、北美洲;早—中奥陶世。

云南小帝王虫　*Basilicus*(*Basiliella*)*yunnanensis*(Reed)

(图版30,3)

尾部大,半圆形。中轴长,锥形,分12～14节。肋部分6节,在第6节之后的肋部光滑。

产地层位　长阳县花桥;中—上奥陶统宝塔组。

缅甸虫属　*Birmanites* Sheng，1934 emend.　Lu，1966

头鞍短，呈瓮形，基部有一中瘤。前边缘作扇形，纵长度大，褶皱成相当清楚的放射形脊状线。眼大，靠近头鞍的后部。面线前支强烈扩张，然后在前缘中点会合成一尖角。尾部大，中轴窄而分节明显，尾部分布有"V"字形线纹。

分布与时代　中国、缅甸、苏联；奥陶纪。

缅甸缅甸虫　*Birmanites birmanicus*（Reed）

（图版 23，10、11）

尾部呈半圆形或椭圆形，其前侧角圆润。尾轴呈柱形，向后收缩极缓，长约为尾长的3/4，具10个完整的轴节及1个末节。肋叶平坦。边缘宽，约为肋叶宽度的1/3。具7个肋沟，浅而不显，无间肋沟。尾部壳面似可见若干条粗状同心纹线。

产地层位　通山县留咀桥；上奥陶统下部。

湖北缅甸虫　*Birmanites hupeiensis* Yi

（图版 34，4～6）

头鞍圆柱形，向后稍有收缩，中部有一对向内伸的头鞍沟切头鞍后部两侧成一对窄长的三角形基底叶。前边缘宽平，作扇形、极长、极宽，有放射状纵脊，中央一条最粗。尾部作长的半椭圆形，中轴长锥形，分11～13节。肋部平，6～8节。有密集成"V"字形围绕轴弯曲的线纹。

产地层位　宜昌市夷陵区棠垭、房县清泉、长阳县花桥；中—上奥陶统庙坡组。

扬子缅甸虫　*Birmanites yangtzeensis* Lu

（图版 34，1～3）

本种与 *B. hupeiensis* 不同点是：头鞍基底叶较短，前边缘上的皱脊比较均一，没有一条特别高突的中纵皱脊。尾部作半椭圆形至半圆形。

产地层位　宜昌市夷陵区分乡、房县清泉；中—上奥陶统庙坡组。

大巴山缅甸虫　*Birmanites dabashanensis* Lu

（图版 24，13、14）

尾部半椭圆形，中轴短而窄，中轴及肋部分节沟均不深，但明显。边缘宽而平，前侧角窄而圆润。腹边缘极宽，有疏松同心圆线纹。

这里描述的标本还有一块是保存较好的头盖。卢衍豪在1974年描述四川城口的这个种的标本时，仅有一个尾甲。城口所产出的层位是上奥陶下部城口组，并与 *Nankinolithus wanyuanensis* 共生。这里描述的头盖，产出层位是宝塔组，并且也和 *Nankinolithus* *wanyuanensis*共生。因此,认为这个标本作为本种的头部标本,补充记述如下:

头鞍平坦,背沟极浅而不显,至使头鞍轮廓隐隐可见,但不甚清晰。头鞍前部扩大,顶端圆润,中部收缩,底部也略扩大。在头鞍中部隐约可见有一对向后斜伸极浅而模糊的头鞍沟,其两侧为一对侧叶,头鞍后部有一明显的中瘤。眼叶大,半圆状,位置靠头鞍的后部。前边缘平而宽,但其纵向长度为头鞍之长的1/2,前边缘不见有各种纵脊。面线前支向前向外分歧伸出,但分散角不大,与头鞍中线的夹角约为30°,面线前支的经历是,先向外分歧伸出,转而向内,相遇在前边缘之前的中点上。面线后支平缓向侧斜方伸展。后侧翼略宽,后侧沟宽而浅。

产地层位 京山市惠亭山、宜都市毛湖塯;中—上奥陶统宝塔组。

大截尾虫属 *Megatemnoura* Sun,1977

背壳大。头鞍柱形,中部收缩,前部略扩大。眼叶长肾形。固定颊很窄。前边缘很宽。唇瓣大,后缘有深的内凹。胸部8节。尾部亚方形,中轴窄,肋部宽,均较多分节,后侧有一对大而短的尾刺。尾部饰有"V"字形、"W"字形两种纹线装饰。

分布与时代 湖北;中奥陶世。

大型大截尾虫 *Megatemnoura magna* Sun
(图版30,1、2)

壳体大,长约135mm,宽约85mm。头部及胸部特征见属的描述。尾部中轴窄,向后收缩,后端尖圆,分10节及1个末节。肋部宽。边缘宽,无边缘沟,后侧伸出一对粗短的刺,其末端尖圆。两刺之间的后缘内凹。尾部壳面布有宽"V"字形及"W"字形的两种纹线装饰。

产地层位 宜都市灵龟桥、房县清泉;中—上奥陶统庙坡组。

彷栉虫属 *Opsimasaphus* Kielan,1959

头部与尾部具宽而低平的边缘。面线前支向头部前缘收敛很甚。头鞍前区长,为头部全长的1/3～1/4。眼大,在头盖中线位置扩展。颊角长出颊刺。胸部8节。尾部宽,中轴窄,凸起,轴后区长,肋叶节宽而无间肋沟。

分布与时代 欧洲,中国华中、西南;中—晚奥陶世。

纺锤形彷栉虫 *Opsimasaphus fusiformis* Xia
(图版35,4)

尾部外形呈纺锤形。尾轴较长,中轴上的横沟纵向长度大于轴节。尾轴节与肋节的交角为70°。

产地层位 秭归县新滩下滩沱;中—上奥陶统庙坡组。

西陵峡彷栉虫 *Opsimasaphus xilingxiaensis* Xia

（图版35,3;图版36,12）

虫体中等大小。尾部呈短纺锤形,宽度大于长度。轴部显著凸起,高出于肋部之上。背沟深而宽,甚为明显;中轴分10～11节,前8节较为清楚;肋叶分6～7节,其上有浅细的间肋沟。尾缘颇宽,位于尾部前侧者,其宽度大于后侧缘。

产地层位 秭归县新滩下滩沱、宜昌市夷陵区分乡、房县清泉;中—上奥陶统庙坡组。

扁平褶尾虫属 *Platyptychopyge* Xia,1978

此属以下列特征区别于褶尾虫类中已知各属:（1）方形的头鞍前半部;（2）头鞍前缘略作165°的钝角尖凸前伸;（3）有一对向后交汇成150°夹角的横越头鞍沟;（4）十分细小的眼叶;（5）眼叶之后有一柱状纵脊;（6）比较宽大的后侧翼。

分布与时代 中国;中奥陶世。

方形扁平褶尾虫 *Platyptychopyge quadrata* Xia

（图版37,1～3）

头盖呈人头靶形,前部呈方形。头鞍前部呈钝角状向前突出。头鞍后部有一中瘤。眼叶小,半圆形,位于头鞍中部稍偏后。面线为后颊型之等称虫型,其前、后支长度相等。在眼叶之后,有一柱状纵脊与眼叶相连。

产地层位 宜昌市夷陵区分乡;中—上奥陶统庙坡组。

等称虫亚科 Isotelinae Angelin,1854
大壳虫属 *Megalaspides* Brogger,1866

头部具清楚的平的边缘,前边缘中等长度。头鞍微弱显现,两侧大致平行。眼中等大小,位于头盖中后部。后边缘沟缺失或微弱。颊角具颊刺。胸部中轴比肋部窄。尾部中轴不清晰。肋部光滑,无边缘。

分布与时代 中国,欧洲;早奥陶世。

大宁大壳虫 *Megalaspides taningensis*（Weller）

（图版33,8、9;图版38,1～3）

头部有一平的边缘,头鞍至前缘尚有一段距离。背沟相当显著,头鞍后部有一中疣。眼相当大,稍靠头部中缘之后。尾部中轴微显。肋部光滑,分节模糊,无明显的边缘。腹边缘宽。

产地层位 湖北西部和中部;下—中奥陶统大湾组。

相似大壳虫　*Megalaspides similis* Lu

（图版38,4、5）

头鞍较宽。固定颊较窄。尾部较宽,尾部的后缘宽而圆润。

产地层位　湖北西部;下—中奥陶统大湾组。

光大壳虫属　*Liomegalaspides* Lu,1966

头部次三角形。背沟后段极微弱,在眼之前,背沟消失,无头鞍前沟。头鞍外形不明显。中疣位置较靠后。眼叶位于中后部,紧靠头鞍。后侧翼和后边缘不分界。面线为标准等称虫型。胸部8节。尾部背沟浅而宽,中轴和肋节在外壳上分节都不显著。

分布与时代　华中、西南;早奥陶世。

臼井氏光大壳虫　*Liomegalaspides usuii*（Yabe）

（图版38,6～9）

头部前边缘沟极浅,颊刺短。背沟较清楚。尾部光滑,中轴极不明显。

产地层位　湖北西部;下—中奥陶统大湾组。

湖北光大壳虫　*Liomegalaspides hupeiensis*（Sun）

（图版38,10、11）

头部及尾部背沟都不明显。头部边缘稍下凹。眼小,位于中部。头鞍的中疣较靠前方。尾部边缘窄,中轴较窄。

产地层位　湖北西部和中部;下—中奥陶统大湾组。

小栉虫属　*Asaphellus* Callaway,1877

头鞍长,伸达前边缘之后,略凸出。背沟不显著,无头鞍沟及颈沟。眼小。后边缘沟相当明显。活动颊具颊刺。面线前支在中轴线前端相遇向下穿切。尾部宽而平,中轴窄而长,中轴及肋部分节极不明显或不分节。

分布与时代　亚洲、欧洲、北美洲、南美洲;早奥陶世早期。

平滑小栉虫　*Asaphellus inflatus* Lu

（图版3,1～4）

头盖宽度大于长度。头鞍微显,向前端下斜,后部具一小中疣。无头鞍沟及颈沟。背沟极微弱。眼叶小,位于头盖中部稍靠前方,前边缘向前尖出。尾部半圆形,中轴微显,较窄,分节不显,在表皮脱落后可见微弱分节。肋部分节也不显。

产地层位　湖北西部;下奥陶统南津关组。

美丽小栉虫 *Asaphellus bellus* Lu

（图版3,5）

头鞍窄而较长,后部具中疣。眼叶小,约位于头盖中部。后侧翼长三角形。后边缘沟清楚。前边缘沟微显,前边缘较短,前缘中部向前尖出。

产地层位 宜都市灵龟桥;下奥陶统南津关组。

女儿虫亚科 Niobinae Jaanusson,1959
女儿虫属 *Niobe* Angelin,1854

头鞍长,边缘短。眼中等大小,位于中部,接近头鞍。颊角圆润。尾部边缘宽而平坦或下凹,肋沟外缘强。

分布与时代 中国南部,欧洲;早奥陶世。

扬子女儿虫 *Niobe yangtzeensis* Lu

（图版32,12、13）

尾部长方形或次半圆形,前侧边和后侧边圆润。中轴作有规则的向后收缩,末端伸至边缘的内缘,分为7节及1个末节,轴节沟作"M"字形的曲线。肋部分6节,边缘平坦,其上有疏松分布的不连续的线纹。肋节上有与肋沟垂直的密集线纹。

产地层位 宜昌市夷陵区棠垭盘古砦;下—中奥陶统大湾组中部。

小女儿虫属 *Niobella* Reed,1931

头鞍长,两侧近于平行。前边缘窄。眼中等大小,位于头盖中部而靠近头鞍。颈沟及后边缘沟相当清楚。活动颊大,颊角圆润。尾部边缘及腹边缘不甚宽,肋节平,分节沟可略伸至边缘的内部,肋节多数具有浅的肋沟。

分布与时代 亚洲、欧洲、北美洲(?);寒武纪芙蓉世—早奥陶世。

慈利小女儿虫 *Niobella ciliensis* Liu

（图版23,1）

尾部近圆形。中轴较窄,向后徐徐收缩,分5～6节及1个末节。肋部宽,肋节微弱,但可见到伸至边缘内。边缘极宽,具明显的同心圆纹线。

产地层位 通山县留咀桥;下奥陶统。

小型小女儿虫 *Niobella minor* Liu

（图版23,2、3）

尾部近椭圆形。中轴短,向后急剧收缩,末端圆润,分5节及1个末节。肋部宽,隐约可见4对肋节,并有间肋沟。腹边缘宽,具有微弱的同心圆细纹。

产地层位　通山县留咀桥;下奥陶统。

后玉屏虫属　*Metayuepingia* Liu,1974

头鞍大而明显,近长方形,中部收缩,无头鞍沟。无颈沟和颈环。前边缘窄,前端翘起。眼叶中等大小,半圆形,固定颊狭。后边缘略长方形。面线为 Isoteliform 型。活动颊宽,颊角圆润。胸部8节。尾部半椭圆形,肋部光滑不分节。边缘宽平凹下。

分布与时代　湖北东南部、湖南;早奥陶世。

中间型后玉屏虫　*Metayuepingia intermedia* Liu

（图版20,4）

本种与模式种 *M. angustilimbata* 比较:头鞍短、横宽;头鞍基底两侧向外凸度大;前边缘较宽,并在头鞍前端两侧有一条凸起的脊线,这条脊线向内延伸至中间消失。这条脊线很可能是一种初期的内边缘。

产地层位　崇阳县黄茆桥;下奥陶统下部。

宽缘后玉屏虫　*Metayuepingia latilimbata* Liu

（图版20,5）

本种与模式种以及 *M. intermedia* 的区别是:它的头鞍更长,宽度较窄,头鞍基底向外的凸度较小;前边缘较宽;虽然头鞍前沟有些模糊,但仍可以辨认出内边缘已开始形成。

产地层位　崇阳县黄马冲;下奥陶统下部。

棠垭虫亚科　Tangyaiinae Lu,1975
棠垭虫属　*Tangyaia* Lu,1975

头鞍强烈向前扩大,头鞍的后部有一横越头鞍的头鞍沟和靠近颈沟的中疣。颈沟中部平伸,两侧向后斜伸。后侧翼窄长。后边缘沟深。眼大,靠近后缘,眼沟明显。面线为等称虫型(Isoteliform)。胸部8节,尾部半圆形,边缘平,具一末刺。

分布与时代　鄂西;中奥陶世。

楯形棠垭虫　*Tangyaia scutelloides* Lu

（图版35,7、8）

头鞍强烈向前扩大,后部具横越头鞍的头鞍沟,中疣再位于其后。背沟深而窄,呈开展的双凹曲线。前边缘极短。眼叶大,作新月形,眼沟极为明显。面线为等称虫型。胸部8节。尾部半圆形,平凸,中轴分为7～8节。尾部末刺长而纤弱。

产地层位　宜昌市夷陵区棠垭、宜都市灵龟桥、神农架林区清泉;中—上奥陶统庙坡组。

龙王盾壳虫亚科？ Ogygiocaridinae? Raymond,1937
裸头虫属 *Psilocephalina* Hsü,1948

头鞍不显，与固定颊分界不清，仅后端有一浅沟与后侧翼分开。头鞍中部有一小的小疣。无头鞍沟和颈环。固定颊狭。眼叶小，靠前部。尾部半卵形或半圆形，中轴及肋部光滑或微弱分节。尾部后缘圆润或略内凹。

分布与时代 华中、西南；早奥陶世。

光滑裸头虫 *Psilocephalina lubrica* Hsü
（图版39,1～7）

头部宽。头盖极凸。头鞍不十分明显，向前扩大，伸至边缘，后半部有一对短沟，此沟在头鞍基部两侧最深（常呈凹陷或陷孔）。眼叶小，位于前部。胸部8节。尾部大，半圆形，宽大于长。中轴宽锥形或"V"字形，末端钝圆。边缘极宽大，具同心圆状细线。

产地层位 湖北西部；下奥陶统南津关组。

内凹裸头虫 *Psilocephalina sinuata* Hsü
（图版39,9、10）

本种与 *P. lubrica* 不同之点在于本种头盖前半部较狭，两眼之间的距离较短。尾部后缘有一宽而浅的锯形内凹。

产地层位 湖北西部；下奥陶统南津关组。

宽裸头虫 *Psilocephalina lata* Lu
（图版39,8）

头盖宽，平缓凸起。头鞍宽大，向前轻微扩大。背沟浅而微弱可见，在靠近后边缘处，背沟呈一深孔。眼叶小，位于头鞍中前部。固定颊极窄。后侧翼纵向较长，横向较短，外侧呈圆滑的曲线。头盖前部较短，基部宽。

产地层位 来凤县茨竹槽；下奥陶统南津关组。

大洪山虫科 Taihungshaniidae Sun,1931
大洪山虫属 *Taihungshania* Sun,1931

头鞍向前扩大，伸至前缘，无前边缘。头鞍沟极浅。颈沟浅。固定颊窄。眼小，位于头鞍中前部。后侧翼三角形。后边缘窄。胸部8节。尾部略作方形或半椭圆形，中轴及肋部明显分节，边缘宽，后侧具一对后伸的尾刺。

分布与时代 中国、法国南部；早奥陶世。

舒氏大洪山虫 *Taihungshania shui* Sun

（图版40,2～4）

尾部半椭圆形。中轴狭小,分14～16节。肋部略宽于轴部,为11个明显的沟所划分,在前部的各沟相隔较宽并较为弯曲,但后部各沟则较短,并变直。后边缘平,宽度相等,其上有不甚明显的平行同心线。尾刺明显,向后并略向外尖出。

产地层位 房县大红场、京山市惠亭山;下—中奥陶统大湾组。

短尾大洪山虫 *Taihungshania brevica* Sun

（图版40,5、6）

尾部次长方形。中轴短,约分10～11节,末端伸达于边缘。肋部有6～7条肋沟,此沟略弯曲。后边缘平,宽度均匀。尾刺短而纤弱。

产地层位 南漳县邓家湾、京山市惠亭山;下—中奥陶统大湾组。

短尾大洪山虫大乘寺变种 *Taihungshania brevica* var. *tachengssuensis* Sheng

（图版40,7）

此变种与 *T. brevica* 不同之点为:尾轴较细,有12～14节,肋部分9节以上,尾刺细长,超过中轴的长度。

产地层位 南漳县邓家湾;下—中奥陶统大湾组。

多环节大洪山虫 *Taihungshania multisegmentata* Sheng

（图版40,1）

尾部长卵形,有一对很长的尾刺。中轴前端宽度约等于尾宽的1/3,中轴向后收缩,轴节及两侧肋节均多。尾部后缘有不明显的同心圆线。两侧尾刺微向外侧直伸。

产地层位 房县九道梁薛家坪;下—中奥陶统大湾组。

中间大洪山虫 *Taihungshania intermedia* Lu

（图版40,8～11）

头鞍平缓凸起,较长,强烈向前扩张,具4对微弱的头鞍沟。无前边缘。颈环狭,颈沟不明显。眼叶中等,略靠前方。尾轴亚四方形,中轴锥形,分11节及1浑圆末节。肋部有7～8条肋沟。边缘宽,有同心圆线纹。两尾刺粗壮。

产地层位 南漳县邓家湾、京山市惠亭山及杨集龚家岭;下—中奥陶统大湾组。

小桐梓虫属 *Tungtzuella* Sheng, in Hsü, 1948

头鞍光滑,无头鞍沟及颈沟,背沟后段明显,头鞍中部有一中疣。眼小。面线前支遇于头鞍中部的前端。尾部宽,具边缘,有一对向后侧伸的尾刺,两尾刺之间的边缘内凹或平直。

分布与时代 华中、西南;早奥陶世。

贵州小桐梓虫 *Tungtzuella kweichowensis* Sheng

（图版41,1～6）

头鞍宽,逐渐向前收缩,距其最前端1/3处略为变窄。眼叶位于头鞍中前部。尾部短。长度略小于宽度的1/2。中轴的宽度等于肋部宽度或略小于肋部的宽度。尾部的后侧刺直向后伸,但略为向后扩张。后边缘宽,两后侧尾刺之间后缘略向内凹。

产地层位 湖北西部;下奥陶统南津关组。

四川小桐梓虫 *Tungtzuella szechuanensis* Sheng

（图版41,7～10）

头鞍比较长,向前扩大,中部收缩。眼叶位于头鞍的中线位置上。尾部较长,其长度大于宽度的1/2。尾部中轴的宽度略大于肋叶的宽度或与肋叶的宽度相等。尾部后侧刺向后外伸,两后侧刺之间的尾部后缘窄,并强烈向内凹入。

产地层位 湖北西部;下奥陶统南津关组。

长小桐梓虫 *Tungtzuella elongata* Lu

（图版41,12、13）

头鞍长,向前徐徐收缩,在距前端1/3处微微收缩。眼叶位于中前部。尾部长度大于宽度的1/2。尾部中轴宽,有宽度大于肋部的宽度。后侧尾刺向后略扩张。两尾刺之间的后缘宽,并向内凹入,其凹入的部分宽。

产地层位 宜昌市夷陵区分乡大湾;下奥陶统南津关组。

直小桐梓虫 *Tungtzuella recta* Lu

（图版41,11）

尾部作次梯形,长度大于宽度的1/2。尾部中轴的宽度和肋部的宽度相等。尾部边缘刺短而粗壮,两刺次平行或略为向后扩张。两侧刺之间的后缘宽度中等,成一直线。

产地层位 恩施市长茶山;下奥陶统南津关组。

宝石虫科 Nileidae Angelin,1854
宝石虫属 *Nileus* Dalman,1827

头鞍宽,略凸,两侧几乎平行。颈沟不明显。眼大,半圆形,靠近头鞍。活动颊窄,颊角圆润无颊刺。胸部8节。尾部半圆形,轴部显或不明显地呈现。肋部不分节。

分布与时代 亚洲、欧洲、北美洲;奥陶纪。

坚质宝石虫　*Nileus armadilloformis* Lu

（图版42,5～8）

头部半圆形。头鞍轻微呈现,极宽,在后部约1/3处有一中疣。固定颊窄而平。眼极大极长,作新月形。活动颊窄,但后部宽,颊角圆润。尾部次半圆形,相当凸起。中轴微显,作短三角形。肋叶光滑,无边缘。

产地层位　湖北西部、崇阳县丁家湾;下—中奥陶统大湾组。

收敛宝石虫　*Nileus convergens* Lu

（图版42,1～4）

头鞍平凸而较窄,前缘向前强烈拱曲,前部向两侧扩张的部分纵长度很大。背沟强烈向前收缩。眼叶长,较靠后。后侧翼极小。尾部大致呈纺锤形至半椭圆形,具一宽而凹陷的边缘,中轴窄,反锥形,微呈现,分4节和1个末节。

产地层位　宜昌市夷陵区分乡;中—上奥陶统庙坡组下部。

宽阔宝石虫　*Nileus transversus* Lu

（图版1,17）

本种头鞍较狭,头部中部略收缩而不扩张,头鞍中疣较靠后。眼叶相对较小,但眼叶非常宽阔。可以区别于*N. armadillo*和*N. armadilloformis*。

产地层位　阳新县荻田;中—上奥陶统宝塔组。

瘦宝石虫　*Nileus petilus* Xia

（图版37,5）

头盖略作正方形,宽度大于长度,最宽处位于两后侧翼之间。头鞍作次腰长方形,较为狭窄。种名由此而来。眼叶较小,半圆形,其长度相当于头鞍长度的1/3,位置靠后。面线后支颊长,几与眼叶的长度相当。头鞍上无中瘤。

产地层位　宜昌市夷陵区分乡;中—上奥陶统庙坡组。

梁山宝石虫　*Nileus liangshanensis* Lu

（图版37,4）

背壳中央宽阔隆起。头部宽,头鞍宽大,在眼叶前强烈向外扩张,使头鞍前端两侧向外呈角状凸出,头鞍中央凸起,向前方下弯,向两侧缓缓倾斜。眼叶大,呈弓形,位置略靠后。后侧翼狭小。颈沟、后侧沟不显。活动颊较宽。

产地层位　神农架林区清泉;中—上奥陶统庙坡组。

粘壳虫属 *Symphysurus* Goldfuss,1843

头部及尾部大小几乎相等。头部短,半圆形至抛物线形。头鞍强烈凸起,向前略扩大。背沟较深。头鞍中部有一中疣。眼大,半圆形,靠近背沟。后侧翼短小。颊角圆润无颊刺。胸部8节。尾部无边缘,中轴明显。

分布与时代 亚洲、欧洲、美洲;早—中奥陶世。

粘壳虫(未定种) *Symphysurus* sp.
(图版23,9)

标本仅有一个保存不好的不完整头盖。头鞍强烈凸起,向前或向后均急剧倾斜。头鞍呈长柱形,向前极轻微地扩大。前端平圆或浑圆。头鞍中部具一小的中疣。背沟窄而浅。眼叶中等,近半圆形,靠近头鞍。其他特征不详。

产地层位 崇阳县刘家沟;下奥陶统下部。

小铲头虫科 Dikelokephalinidae Kobayashi,1936
小铲头虫属 *Dikelokephalina* Brogger,1896

头鞍凸而前缩,具3对深陷的裂隙状的头鞍沟。眼大至中等,位于头鞍中线之后。固定颊大于头鞍宽度的1/2。后侧翼极长。尾部四方形,中轴狭,肋部为轴宽的2倍。边缘中等宽度,在后边缘的中部伸出一对向后伸的短刺。

分布与时代 亚洲东部、欧洲西部;早奥陶世。

粗面小铲头虫 *Dikelokephalina rugosa* Lu
(图版43,9、10)

头盖与 *D. asaphopsoides* 最为相似,不同的是内边缘的纵长度较长,外边缘较短。内边缘的全部壳面上有粗的皱纹。尾部中轴窄而凸,分为8节及1个末节,肋部有6～7个肋节和平坦的边缘。边缘之后伸出两条短刺,尾部壳面上有皱纹。

产地层位 秭归县新滩龙马溪;下奥陶统南津关组。

指纹头虫属 *Dactylocephalus* Hsü,1948

头鞍亚锥形,前端圆润,头鞍较长,具有由长条形小积点组成的指纹状同心细线。头鞍沟不十分清楚。眼叶长,呈新月形,眼脊斜伸。内边缘较短,具有横的波状细线。胸部12节。尾部中轴宽锥形,分节明显,后侧伸出一对三角形后侧刺。

分布与时代 华中、西南;早奥陶世。

指纹形指纹头虫 *Dactylocephalus dactyloides* Hsü

（图版 3,9～12）

头鞍宽,亚锥形,前端圆润。具有 2 对头鞍沟,头鞍上有长条形小积点组成的指纹状同心细线。边缘宽,有横的波纹状细线。眼叶中等,位于后部。尾部半卵形,中轴分 6～7 节。边缘宽而平,后侧伸出一对三角形后侧刺,两刺之间边缘内凹。

产地层位　湖北西部;下奥陶统南津关组。

指纹形指纹头虫柱状变种
Dactylocephalus dactyloides mut. *cylindricus* Hsü

（图版 3,13）

头鞍柱状,两侧平行,仅在接近前端时收缩,前端宽圆。

产地层位　宜都市八字垴;下奥陶统南津关组。

短头指纹头虫 *Dactylocephalus breviceps* Lu

（图版 3,14）

头鞍短、亚梯形,前端圆润。有 3 对头鞍沟。头鞍上具粗的圆形小疱,并互相衔接成连续的同心圆线。颈环宽,具有许多小疱及一小的中疣。前边缘宽,略凸起,平缓向上翘起成一反弓形的外边缘,表面具不规则的横纹线。固定颊狭小。叶状体明显。

产地层位　长阳县让水坪;下奥陶统南津关组。

小眼指纹头虫 *Dactylocephalus mionops* Lu

（图版 43,7）

眼叶小。面线前支近于平行或略向前收缩。除头鞍前部有少量同心状皱纹外,头盖仅在边缘的两侧有粗的皱纹。

产地层位　长阳县让水坪;下奥陶统南津关组。

无沟指纹头虫 *Dactylocephalus obsoletus* Hsü

（图版 43,8）

头盖次方形。头鞍宽,锥形,前端圆润。颈沟狭而浅。颈环狭,中部略宽于两侧。眼叶中等,位于后部。固定颊狭,略凸,侧叶未见到。指纹状的同心圆线只见于头鞍的前部。内边缘表面不具横而曲折的线纹。

产地层位　宜都市八字垴;下奥陶统南津关组。

光滑指纹头虫 *Dactylocephalus laevigatus* Lu

（图版3,15、16；图版28,9、10）

头部及尾部分节沟极不明显或完全无沟，头鞍锥形，头盖上的小疱或同心圆线极为细弱，头盖前边缘强烈向前弯曲。

产地层位 湖北西部；下奥陶统南津关组。

宽形指纹头虫 *Dactylocephalus transversus* Hsü

（图版28,11）

这个种的主要特征为：（1）头盖的外形较宽；（2）头鞍短而宽，上侧方作棱角状，前端尖出；（3）头鞍的壳面饰物主要为小疱，此小疱除在头鞍前部外，极少作同心圆线排列。

产地层位 长阳县让水坪、宜昌市大湾女娲庙；下奥陶统南津关组。

栉壳虫属 *Asaphopsis* Mansuy,1920

头鞍向前轻微收缩，3对头鞍沟，各成小坑，不与背沟相连接。头鞍两旁侧边有一对半圆形的边叶。眼中等大小。固定颊狭。后侧翼宽，似三角形。前边缘大而平。尾部次方形，边缘圆润。中轴窄而凸，分节。肋部亦分节。具一对尾刺。

分布与时代 亚洲、大洋洲；早奥陶世。

粒点栉壳虫 *Asaphopsis granulatus* Hsü

（图版43,1、2）

头鞍宽锥形，前端圆润。3对斜的头鞍沟。具颈疣。固定颊约为头鞍宽的1/3。眼叶中等。后侧翼较长。内边缘宽大而平坦。外边缘窄，向上翘。尾部半圆形，中轴锥形，分9～10节，肋部分9节，尾刺位侧边中部。壳面上有许多斑点。

产地层位 湖北西部；下奥陶统南津关组。

大型栉壳虫 *Asaphopsis immanis* Hsü

（图版43,3、4）

个体大。头盖宽度略大于长度。头鞍之前的内边缘向两侧较扩大，因此头盖两前侧角外缘之间的距离大于两眼叶外缘之间的距离。颈环无颈疣。眼叶较小，位于中部。后侧翼横伸。尾部呈半圆形，尾刺垂直地从边缘向后方伸出。

产地层位 湖北西部；下奥陶统南津关组。

平刺栉壳虫 *Asaphopsis planispiniger* Hsü

（图版43,5、6）

尾极宽,呈椭圆形。中轴锥形,向后急剧收缩,见有7节。肋部内侧凸,向外陡然向下弯曲,外部平并有些下凹,分7节。间肋沟宽,伸达后缘。第3肋节末端伸出一小的平的三角形刺,仅1mm长。

产地层位　宜都市八字垴、宜昌市夷陵区;下奥陶统南津关组。

大刺栉壳虫 *Asaphopsis grandispiniger*（Hsü）

（图版28,7、8）

头鞍宽,锥形。仅见1对头鞍沟。前边缘宽,平坦。固定颊狭。眼叶中等,位于后部。尾部次方形,中轴锥形,末端圆润,分8节。肋部仅略宽于中轴的前部,可见7个肋节。边缘不十分明显。尾刺极壮极长,向后直伸并略向内斜,两刺之间的后缘直。

产地层位　宜都市八字垴;下奥陶统南津关组。

半圆栉壳虫 *Asaphopsis semicircularis* Lu

（图版43,12、13）

头鞍长,前端宽圆。3对头鞍沟。眼叶位于中部。眼脊斜伸。前边缘宽而平,头盖上具有指纹形细线纹。尾部半圆形。中轴14～15节,后部分节不清。肋部分6～7节。有1对极小的尾刺。

产地层位　恩施市;下奥陶统南津关组。

尖头栉壳虫 *Asaphopsis angulatus* Lu

（图版28,1～3）

本种与*Asaphopsis*中所有的其他各种最主要的区别为头鞍前叶成棱角状,眼叶也较任何其他各种为大。尾部前侧角宽而圆润,长度与宽度的比率也很悬殊,约为1:3。

产地层位　宜昌市夷陵区分乡、宜都市毛湖垴;下奥陶统南津关组。

三叉溪栉壳虫 *Asaphopsis sanchaqiensis* Lu

（图版28,4～6）

头鞍有1对强烈向后斜的头鞍沟。内边缘较外边缘宽。尾部宽,半椭圆形,在后侧有一对小的尾刺。中轴及肋部分节沟浅而窄,肋沟不伸达外缘。边缘宽,无边缘沟。

产地层位　恩施市、宜都市毛湖垴;下奥陶统南津关组。

翼形栉壳虫? *Asaphopsis? alata*（Hsü）

（图版43,11）

尾较小,半卵形,侧刺紧贴于尾体如鸟之两翼。中轴锥形,有10节可数。肋部分8节,内部平,外部则平缓向边缘下倾。边缘平。侧刺大而平,三角形,两刺之间的后缘外凸。肋节的前三节汇合成一束并伸向尾刺。

产地层位　宜都市八字垴;下奥陶统南津关组。

拟洪基虫属　*Hungioides* Kobayashi,1936

头鞍适度凸起,向前收缩,前端窄而圆。具4对裂隙状头鞍沟。眼脊窄。眼叶中等大小。前边缘约为头盖长的1/4。固定颊为头鞍宽的1/2。后侧翼与颈环长度不等。尾部半圆形,边缘中等宽,有2对宽而平的后边缘刺。

分布与时代　中国华中、西南,捷克、斯洛伐克、德国、葡萄牙;早奥陶世。

奇异拟洪基虫　*Hungioides mirus* Lu

（图版32,10）

头鞍略作钟形,窄而圆润。3对微弱的头鞍沟。内边缘大于头鞍长度的1/2。眼叶大,新月形。眼脊弱,固定颊窄,具叶状体。胸部11节。尾部次长方形,前侧角宽圆,边缘的后部向后伸出2对宽而平的后边缘刺。

产地层位　宜昌市夷陵区分乡;下—中奥陶统大湾组。

科未定　Family Uncertain
宜都虫属　*Iduia* Sun,1977

头盖强凸,前部向下急剧弯曲。头鞍微显,头鞍基部两侧有一对陷坑。头鞍具一不明显的中脊,后部有一极小的中疣。颈环与后边缘缺失。眼叶中等大小。后侧翼纵向宽度大,横向宽度比头鞍宽略窄。尾部三角形,背沟不显,分节不明显。中轴向后延伸成一强壮的尾刺。

分布与时代　湖北;早奥陶世。

宜都宜都虫　*Iduia iduensis* Sun

（图版39,11～13）

头盖强凸,前部向下急剧拐曲。头鞍微显,后部见到模糊的背沟痕迹。头鞍中部有一不明显的中脊,中部有一极细小的中疣。颈环与后边缘均缺失。眼叶中等。后侧翼纵向宽度大,横向略窄于头鞍。尾部三角形,轴部宽大粗壮,中轴向后延伸成一强壮的尾刺。

产地层位　宜都市毛湖垴;下奥陶统南津关组。

马刀堉虫属 *Madaoyuites* Liu, 1977

本属固定颊宽大，眼脊粗壮，眼沟明显。尾部前侧缘有1对强壮的侧刺。

分布与时代 湖北东南隅、湖南；早奥陶世。

大型马刀堉虫 *Madaoyuites major* Liu
（图版23，4、5）

头鞍宽大，近方形，向前轻微收缩，伸达边缘沟。头鞍沟极微弱。无内边缘，边缘沟深。外边缘窄，脊状凸起。颈沟深。颈环宽度均匀。眼叶宽而短，向外弯曲。眼脊粗长，微斜伸，固定颊宽，后侧翼短小。

产地层位 崇阳县黄马冲、黄茆桥；下奥陶统下部。

鄂东马刀堉虫（新种） *Madaoyuites edongensis* Z. H. Sun（sp. nov.）
（图版23，6～8）

本新种与模式种*M. major*的区别是：头鞍较窄较长，可见到2对头鞍沟，前一对短而平伸，后一对较长，先平伸而后向后斜伸。固定颊也较窄。眼叶较靠后。面线前支较长。头盖壳面布满小瘤点。尾部圆三角形，后缘呈宽的尖圆，向后突出很甚。尾刺也较短小。

产地层位 崇阳县黄茆桥、通山县留咀桥；下奥陶统下部。

圆尾虫超科 Cyclopygacea Raymond, 1925
圆尾虫科 Cyclopygidae Raymond, 1925
圆尾虫属 *Cyclopyge* Hawle et Corda, 1847

头鞍宽，两侧直，向前收缩，具1对向后斜或平伸的头鞍侧沟。眼部极长大，向前下弯。胸部6节，向后变宽，中轴向后强烈收缩。尾部较大，半圆形。尾轴窄而短，肋部宽，具边缘或无边缘。

分布与时代 亚洲、欧洲、北美洲；奥陶纪。

反曲圆尾虫 *Cyclopyge recurva* Lu
（图版36，6、7）

头鞍作卵形，强烈凸起，前端强烈下弯，其前端向后回弯（反曲向后），头鞍上有1对头鞍沟。颈沟不显，已与头鞍融合。头部光滑。尾部作四方形，中轴窄，锥形，其长略大于尾长的1/2。

产地层位 京山市白沙坡；中—上奥陶统宝塔组。

斜视虫亚目　Illaeninae Jaanusson,1959

斜视虫超科　Illaenacea Hawle et Corda,1847

缨盾虫科　Thysanopeltidae Hawle et Corda,1847

盾形虫属　*Scutellum* Pusch,1833

头鞍徐徐向前变宽,颈沟内两侧常具肿瘤状凸起。固定颊向前变窄。面线后支与后缘平行并接近后缘,面线前支向前与背沟接近。常具有斜的眼脊。胸轴多较肋部为窄,尾部分7节及1个不分叉或分叉的中末节。

分布与时代　世界各地;志留纪—晚泥盆世。

盾形虫(未定种)　*Scutellum* sp.
(图版44,12)

尾部近于圆形。均匀而中等的拱凸。尾轴呈半圆形,无明显分节。肋部分为7对肋节及1个分叉的中末节。表皮脱落后,在中末节相对应位置,具一纵槽,并具许多同心状纹线。

产地层位　京山市周湾;志留系兰多弗里统罗惹坪组。

科索夫盾形虫属　*Kosovopeltis* Snajdr,1958

头鞍伸达前边缘,有3对凹坑状头鞍沟。固定颊平缓凸起,前部宽。眼大,靠近头部的后边缘。胸部10节,中轴窄。尾部半椭圆形,中轴三分。肋部有7对肋脊,中脊不分叉。

分布与时代　亚洲、欧洲;志留纪。

宜昌科索夫盾形虫　*Kosovopeltis yichangensis* Chang
(图版44,13)

头鞍向前扩大,直达前缘,有3对浅而模糊、孤立的凹坑状的头鞍沟,头鞍后端中线位置突起高。背沟窄而深。颈沟中线位置向前拱曲。后侧翼极窄而短。眼叶宽而平。面线前支短,向外斜伸较强;后支短而向外斜伸。

产地层位　宜昌市夷陵区分乡大中坝;上奥陶统—志留系兰多弗里统龙马溪组上部。

斜视虫科　Illaenidae Hawle et Corda,1847

斜视虫亚科　Illaeninae Hawle et Corda,1847

斜视虫属　*Illaenus* Dalman,1827

头尾大小约相等,短而宽,无边缘。头部背沟短,在眼的前方向前扩大,不伸达前边缘。无头鞍沟及颈沟。眼中等大小,位于后方。胸部10节,背沟明显。尾部中轴短,光滑,向后变窄,后端与肋部无明显分界。

分布与时代　世界各地;奥陶纪—志留纪。

中华斜视虫 *Illaenus sinensis* Yabe

（图版42,9～11）

头部半圆形,强烈凸起,特别在接近颈部处最高。头鞍略狭于头部的1/3,后部的两侧平行强烈高凸,向后缘隆起。眼中等大小,位于头部中线之后。固定颊小于头鞍宽的1/2。胸部10节,胸轴次柱形。尾部抛物线形,中轴短而狭,尖锥形,占全长的2/5。

产地层位 湖北西部;下—中奥陶统大湾组上部。

平坦斜视虫 *Illaenus leuros* Xia

（图版35,9）

尾部半圆形,无背沟,在前缘中部略向前作弧形凸出,其宽度较大,约为尾宽的1/2。尾部前侧角上关节半环颇为清楚。无尾缘。

产地层位 宜昌市夷陵区分乡;中—上奥陶统庙坡组。

向阳斜视虫 *Illaenus apricus* Xia

（图版35,10）

头盖近方形,宽度略大于长度。头鞍短而宽,头鞍的最宽处位于其基部,中部收缩,前部亦较中部宽阔,故整个头鞍呈葫芦形。眼叶较大,其长度约为头长的1/4。面线前支很长,平行向前直伸;后支极短,垂直于后边缘上。壳面光滑无饰。

产地层位 宜昌市夷陵区分乡;中—上奥陶统庙坡组。

刺斜视虫属 *Spinillaenus* Xia,1978

头部短、宽,半圆形,有浅凹而狭窄的边缘。头部的背沟仅在后半部轻微呈现。无头鞍沟。颈沟极微弱。眼叶大而后位。活动颊上有粗短呈三角形的颊刺。胸部宽短,分10节,肋节末端具后斜的短刺。尾部半圆形,尾轴不显。

分布与时代 中国;中奥陶世。

中华刺斜视虫 *Spinillaenus sinensis* Xia

（图版35,1）

头部半圆形,横宽而短。背沟仅见于头盖的后半部。头鞍呈亚梯形,无头鞍沟,无颈沟。眼叶作半圆形,位于头盖中线之后。固定颊狭窄。活动颊较大,其上具清楚而浅凹的边缘,颊刺向后侧斜伸,粗而短,呈三角形。胸部10节,胸部长度较头尾均短。尾部半圆形,光滑,背沟几无呈现。

产地层位 宜昌市夷陵区分乡;中—上奥陶统庙坡组。

翼斜视虫属 *Ptilillaenus* Lu, 1962

头鞍向前收缩,在眼部向前扩大。背沟中后部明显,向前变浅,并终于消失。无颈沟。固定颊窄。眼中等,距头鞍很近。后侧翼宽。尾部次半圆形至次三角形,中轴窄,作锥形,背沟极浅,边缘平,宽度均匀。

分布与时代 中国南部;志留纪兰多弗里世。

罗惹坪翼斜视虫 *Ptilillaenus lojopingensis* Lu
(图版44,5)

头鞍长而窄,向前后两方扩大,最窄处的宽度约为基部宽的1/2。背沟后半段较清楚,向前变浅,在头盖长的1/3处完全消失。眼中等大小。固定颊在两眼之间向内微倾斜,向前方及后方下斜较急。后侧翼宽三角形。

产地层位 宜昌市夷陵区分乡大中坝;志留系兰多弗里统罗惹坪组。

卵形翼斜视虫 *Ptilillaenus ovatus* Wu
(图版44,6)

头鞍长而宽,向前扩大,为半卵形。背沟长而浅,至头鞍前侧缘逐渐消失。颈环与头鞍融合在一起。固定颊于头鞍后半部,近似亚方形,宽度略小于头鞍最窄部位。眼脊及眼叶不显。后侧翼为三角形。

产地层位 宜昌市夷陵区分乡大中坝;志留系兰多弗里统罗惹坪组。

务川翼斜视虫 *Ptilillaenus wuchuanensis* Wu
(图版44,7)

尾部为亚半椭圆形,后部润圆,中部凸起,宽度大于长度。中轴极短,轴沟浅而模糊。前缘近轴沟两侧的肋部关节点有一浅而宽的沟,向外向后斜伸至侧边缘,此沟向外变宽,形成一个次三角形的长沟,同时分出一对向前倾斜的关节面。尾缘不显,和肋部连成一片。

产地层位 宜都市茶园寺;志留系兰多弗里统罗惹坪组。

塞可夫虫属 *Cekovia* Snajdr, 1956

头部半圆形,纵切面和横切面都相当凸;背沟极明显,有时可伸至头部的前缘;眼小,位置接近后缘;活动颊三角形,具圆润的颊角;胸部10节。尾部半圆形,中轴窄而短。

分布与时代 捷克、英国,中国陕西南部、湖北南部;中奥陶世。

高凸塞可夫虫　*Cekovia elevata*（Lu）

（图版36,1～3）

头盖次三角形,强烈凸起。前部和前侧部垂直下斜,固定颊的两侧也明显地下斜。头鞍长而窄,高于固定颊。背沟下陷,后部深,两侧微向内凹,无颈环。固定颊宽,与后边缘分界处有一不明显的浅沟。眼叶不显。面线短,其长度与头鞍基部宽度相当。

产地层位　崇阳县黄马冲;中奥陶统。宜昌市夷陵区分乡;中—上奥陶统宝塔组。

三角塞可夫虫属　*Trigoncekovia* Xia,1978

头部背视次三角形、前视半圆形、侧视扁球形。背沟深而宽,未达前缘之半即中止。整个头部自背面向两侧及前方强烈拱曲下弯。无眼。头鞍中部向内收缩,前部略扩大。无头鞍沟及颈沟。整个头部边缘有一条微细的边缘沟及极窄的边缘。壳面密布小斑孔及皱纹。

分布与时代　湖北;晚奥陶世。

拱曲三角塞可夫虫　*Trigoncekovia fornicatus* Xia

（图版36,13）

整个头部自背面向两侧及前方强烈拱曲下弯,特别是前头鞍区下曲最甚,超过90°,可达120°。壳面密布小斑孔及皱纹。其他特征同属的特征。

产地层位　秭归县新滩下滩沱;中—上奥陶统宝塔组。

狭颊虫属　*Stenopareia* Holm,1886

眼小,强烈凸起,位于头盖后部。唇瓣短,亚方形,前侧翼窄,呈三角形。胸部9节。尾部比头部略小,中轴短,界线不清晰。

分布与时代　亚洲、欧洲、北美洲;中奥陶世—志留纪文洛克世。

庙坡狭颊虫　*Stenopareia miaopoensis* Lu

（图版37,7～11）

头鞍基部宽,中部向内收缩。背沟后部较深。固定颊宽度小于头鞍宽的1/2。眼叶小,位置很靠后侧。面线前支长,次平行,面线后支短。尾部半圆形,平凸。中轴极不明显,关节面长,急向前下弯。尾部壳面光滑。

产地层位　宜昌市夷陵区棠垭及分乡庙坡;中—上奥陶统庙坡组下部。

外斜视虫亚科　Ectillaeninae Jaanusson,1959
兹柏洛维虫属　*Zbirovia* Snajdr,1956

胸部具10节。尾部比头部小,呈五角形,具狭长的边缘。没有眼。面线绕过头部几乎成直线状。颊角圆。

分布与时代 中国、捷克;奥陶纪。

湖北兹柏洛维虫 *Zbirovia hubeiensis* Xia
（图版36,14）

小型虫体。头鞍凸度颇大,中间形成一条宽阔的纵脊。无头鞍沟及颈沟。头鞍中部向内微收缩。背沟深而宽,后段尤深。无眼。颊部凸度不及头鞍。面线直伸,颊角圆润。

产地层位 秭归县新滩下滩沱;中—上奥陶统宝塔组。

大头虫亚科 Bumastinae Raymond,1916
大头虫属 *Bumastus* Murchison,1839

头部背沟短,在眼部之前的背沟如存在,则向前扩张,常可有1对半月形凹坑在背沟的前末端。眼部一般较大,头鞍和胸部中轴均甚宽。胸部8～10节。尾部中轴不清晰,多数种的尾部有一凹陷的边缘。

分布与时代 世界各地;奥陶纪—志留纪。

湖北大头虫 *Bumastus hubeiensis* Xia
（图版37,6）

头盖半圆形。头鞍短,无头鞍沟,无颈沟,无头鞍中疣。头部的背沟深而宽,平直略向内斜伸,在前后末端处呈陷坑状。眼叶中等,半卵形。面线后支甚短,垂直于后边缘上;面线前支有一小段作平行直线前伸,然后作弧形围绕头盖。

产地层位 秭归县新滩;中—上奥陶统庙坡组。

屈原虫科 Qüyuaniidae Xia,1978
屈原虫属 *Qüyuania* Xia,1978

头鞍前部强烈扩大,作半椭圆形,前缘具一低平狭窄的边,十分圆润。具1对斜浅的头鞍沟。眼叶呈长条形。颈沟细而深。颈环粗而宽,凸度显著,中央有一颗小的中疣。面线后支略向外斜伸,且短。固定颊窄。

分布与时代 湖北;中奥陶世。

秭归屈原虫 *Qüyuania ziguiensis* Xia
（图版2,7、8）

头盖很小,略呈长方形,前缘作抛物线形。头鞍分为扩大的前部和收缩的后部,两者之间无横沟分隔,头鞍前部表面有3～5条同心状细纹。头鞍后部有1对浅短的斜伸的头鞍沟。背沟分前后两段,在交接处特别深陷。颈环具一中疣。固定颊狭长。眼叶长条形,位于中部偏后。眼沟深凹。

产地层位 秭归县新滩下滩沱；中—上奥陶统宝塔组。

深沟虫超科 Bathyuracea Walcott,1886
深沟虫科 Bathyuridae Walcott,1886
西郊虫属 *Agerina* Tjernvik,1956

头部亚半圆形。头鞍次方形，伸至前边缘沟，前端圆润，头鞍凸起。有3对短而微弱的头鞍沟。颈沟窄。固定颊很窄。活动颊有或没有颊刺。眼靠近背沟，位于头鞍中部或稍后。前边缘沟清楚，窄。边缘凸起。面线前支分歧。

分布与时代 中国、瑞典；早奥陶世。

长西郊虫 *Agerina elongata* Lu
（图版32,11）

本种与模式种*A. erratica*的区别为：（1）头鞍长；（2）眼叶位置靠后而不在头鞍的横中线上；（3）后边缘较长较窄；（4）活动颊上的侧边缘沟和头盖上的前边缘沟较浅。

产地层位 宜昌市夷陵区分乡；下—中奥陶统大湾组上部。

蚜头虫超科 Proetacea Salter,1864
蚜头虫科 Proetidae Salter,1864
宽蚜头虫属 *Latiproetus* Lu,1962

头鞍次卵形，中后部较宽，3对极浅的头鞍沟，后一对分叉。颈环具1对三角形侧叶。眼位于后部。内边缘宽，边缘沟浅而宽。外边缘微凸。活动颊具短而粗的颊刺。胸部9节。尾部次半圆形。尾轴及尾肋分节均少。边缘明显，平坦或微凹。

分布与时代 中国南部；志留纪兰多弗里世。

宽边宽蚜头虫 *Latiproetus latilimbatus*（Grabau）
（图版45,1）

头鞍短，次卵形，前端宽圆。有3对极浅并略向后斜的头鞍沟，后一对长而斜伸，沟深而宽，与颈沟相连。颈侧叶三角形。内边缘与外边缘宽度相似。眼叶长而窄，靠近头鞍。面线前支向前并微向外斜伸。胸部9节。尾部近似半圆形，中轴锥形，轴和肋分节少，边缘相当宽，平坦或微凹。

产地层位 宜昌市夷陵区三峡峡区、宜都市茶园寺、长阳县平洛；志留系兰多弗里统罗惹坪组上部。

窄头宽蚜头虫 *Latiproetus tenuis* Chang

（图版45,2、3）

头盖小,长而窄。头鞍亦较长,后部稍膨大。3对头鞍沟,前一对模糊不清,中间一对窄而短,向后斜伸,后一对窄而深。斜伸并与颈沟相连。面线前支向外分散较少。

产地层位 宜昌市夷陵区分乡大中坝、长阳县平洛;志留系兰多弗里统罗惹坪组上部。

模糊宽蚜头虫 *Latiproetus nebulosus* Wu

（图版46,9、10）

头鞍钟形,平滑。背沟浅而窄,较模糊。有3对模糊而不明显的头鞍沟,后一对长,分头鞍基部两侧为一对亚四边形侧叶。颈环窄,两端为一对亚三角形的颈环侧叶。内边缘宽,平坦。外边缘凸。边缘沟宽而浅。固定颊窄而平坦。眼叶与固定颊融合在一起。

产地层位 赤壁市陆水水电站;志留系兰多弗里统坟头组。

川黔蚜头虫属 *Chuanqianoproetus* Wu,1977

本属与*Latiproetus*的区别为:头鞍前缘尖圆,在中间一对头鞍沟处收缩呈长梨形或亚锥形;前边缘沟弯曲,宽而明显;尾部为长三角形或亚三角形,中轴及两肋分节比宽蚜头虫属的多。

分布与时代 扬子地层区;志留纪兰多弗里世。

双河川黔蚜头虫 *Chuanqianoproetus shuangheensis* Wu

（图版46,12;图版47,8、9）

本种的图版46图12即在《中南地区古生物图册（一）》一书中定为*Latiproetus lubricus*（见该书图版72,6）。

本种和川黔蚜头虫属的其他种主要区别在于:头鞍为锥状,前两对头鞍沟不显,后一对窄而浅。背沟也浅。外边缘内侧于中线位置处有一向后突出粗刺状的短棱脊。

产地层位 通山县、赤壁市斗门桥、阳新县干鱼山;志留系兰多弗里统坟头组。

宽额川黔蚜头虫 *Chuanqianoproetus latifrons* Wu

（图版47,10）

头鞍平凸,呈亚梨形,背沟浅而窄。有3对头鞍沟,后一对长并比前两对深,呈抛物线状延至颈沟。颈沟窄而浅。颈环凸起。颈侧沟分割成一对亚三角形的颈环侧叶。内边缘平缓凸起,纵向宽度大。前边缘沟宽而浅,固定颊窄而平坦。眼叶较宽,眼脊不显。面线前支分散角较小。

讨论 这个标本从头鞍形状、前边缘宽考虑,可以归入 *C. latifrons* 种群;但其眼叶宽、面线前支分散角小、后一对头鞍沟不分叉又与 *C. changnongensis* 相似。所以,现暂归入 *C. latifrons* 种群。

产地层位 阳新县蔡家湾;志留系兰多弗里统坟头组。

确实川黔蚜头虫 *Chuanqianoproetus affluens* Wu
(图版46,11)

头鞍后部膨大,长度与宽度相等。背沟窄。有3对头鞍沟。颈环纵向短,颈沟窄而深,颈侧沟浅。颈环侧叶为亚三角形。内边缘平坦。固定颊窄,眼叶细长而平坦。面线前支长,和中线成30°夹角向前扩张,成一角度切于外边缘。

产地层位 大冶市双港口;志留系兰多弗里统坟头组。

蒲圻川黔蚜头虫(新种)
Chuanqianoproetus puqiensis Z. H. Sun(sp. nov.)
(图版47,11、12)

头盖长柱形。头鞍凸起,中线位置隆起较两侧高。头鞍呈长锥形,但中后部稍宽,在中部向前收缩较甚,前端窄圆。背沟窄而浅。有3对头鞍沟,前两对在中前部、浅宽而模糊,并相连,分出头鞍一对前侧叶。后一对头鞍沟宽,向后斜方圆润地斜伸达至颈沟,并分出头鞍一对基底侧叶,呈亚三角形。颈沟宽而浅。颈环中等宽度,两端由一对浅而宽的颈侧沟分割成一对三角形颈环侧叶。前边缘宽度大,内边缘向前徐徐倾斜,外边缘翘起,前边缘极宽而浅。前缘向前突曲很大,两侧向后弯曲也大。眼脊短,伸至头鞍前侧叶处。眼叶曲弧形,中等大小,眼叶与固定颊融在一起。面线前支长,自眼叶前端伸出,始先为相向向内伸,转而圆滑地向外分散伸出,伸至外边缘转而向内切于前缘;面线后支也长,自眼叶后端向后斜伸转而向两侧平斜伸展。后侧翼纵向窄,而横向宽,横向的宽度大于两眼叶之间宽度。

比较 本新种头鞍呈长锥形,头鞍特长,前边缘特宽。头鞍的前两对头鞍沟相连并分出一对头鞍的前侧叶。这些特征可以区别于属群内其他的种。本新种头鞍虽呈长锥形,但中前部收缩较甚,大致还与 *Chuanqianoproetus* 属群一致,因此,将其归入这一属。

产地层位 赤壁市陆水水电站;志留系兰多弗里统坟头组。

珞珈山虫属 *Luojiashania* Chang,1974

背壳长椭圆形。头鞍向前收缩,后部不突然扩大。2对头鞍沟。颈环凸起,基底叶模糊。眼叶长。内边缘窄,前边缘宽。面线前支微向外分散;后支向外并向后斜伸。活动颊长,颊刺向后斜伸。胸部8节,中轴较宽。尾部半圆形,中轴短而凸起,边缘不清楚。

分布与时代 湖北、四川;志留纪兰多弗里世。

武昌珞珈山虫　*Luojiashania wuchangensis* Chang

（图版46,7、8）

头鞍平缓凸起,向前收缩,后部不突然扩大,前端宽圆。2对头鞍沟,前一对短,后一对长而斜伸。颈环凸起,基底叶模糊。眼叶长。内边缘约为前边缘宽度的1/2。前边缘宽。面线前支向前分歧;后支由眼叶后端向外并向后斜伸。胸和尾部特征同属的描述。

产地层位　武汉市珞珈山;志留系兰多弗里统。

伊斯堡虫属　*Isbergia* Warburg,1925

具较宽的头鞍前区,并急剧向下倾斜。颈环窄。面线后支把眼叶到后边缘颊角围成三角形外形,没有颊刺。胸节与尾部不明。

分布与时代　欧洲西部、中国;中、晚奥陶世。

指纹伊斯堡虫　*Isbergia dactyla* Xia

（图版36,8～11）

头鞍凸起中等,无头鞍沟,前边缘沟细而深。内边缘纵向相当宽阔,而外边缘则十分狭窄。颈沟深而清楚,平直延伸。颈环显著,具一小的中疣。眼叶细长,位于头盖中部之后。面线前支近于直伸,后支情况不明。

产地层位　秭归县新滩下滩沱;中—上奥陶统宝塔组。

深沟肋虫科　Aulacopleuridae Angelin,1854
松坎虫属　*Songkania* Chang,1974

头鞍短,前端宽圆。有2对头鞍沟。颈沟直。颈环中部宽。内边缘极宽,外边缘较窄。固定颊约有头鞍宽度的1/3。眼叶较小。面线前支向外并向前斜伸;后支短,向外并向后斜伸。胸部12节。尾部小,宽大于长,中轴短。

分布与时代　贵州、湖北;志留纪兰多弗里世。

韩家店松坎虫　*Songkania hanjiadianensis* Chang

（图版44,9、10）

头鞍短,前端宽圆。2对头鞍沟,前一对短,向内并向后斜伸,后一对长,向后并向内呈圆弧形斜伸。胸部12节,第6节较大,向后伸出一粗大的轴刺。尾部小,宽大于长,中轴短,约有3～4个轴环,肋部有3～4条短而浅的肋沟。

产地层位　宜昌市分乡大中坝、京山市阴坡嘴;上奥陶统—志留系兰多弗里统龙马溪组上部。

深沟肋虫属　*Aulacopleura* Hawle et Corda,1847

头部平缓到中等凸起。头鞍有2对或3对头鞍沟,后一对向后弯曲伸至颈沟。背沟有坑或无坑。眼无柄。眼脊清楚。内边缘较长。胸部12～13节。肋节末端圆。尾部小,无刺,分7节或8节。

分布与时代　中国南部、欧洲、摩洛哥、格陵兰;奥陶纪—中泥盆世。

副深沟肋虫亚属　*Aulacopleura*（*Paraulacopleura*）Chaubet,1937

本亚属与*A.*（*Aulacopleura*）的区别是:头鞍较长,内边缘纵向较短,眼的位置较靠后,而不在头鞍横中线之前,眼脊较斜,胸节数目较少,尾部较长较大,分节较多。前者胸节16～19节,后者胸节19～22节。

分布与时代　中国湖北,欧洲;奥陶纪—中泥盆世。

大湾副深沟肋虫　*Aulacopleura*（*Paraulacopleura*）*dawanensis* Lu
（图版4,18）

头鞍强烈高凸,长度大于头部全长的1/2,头鞍外形略似葫芦形。3对头鞍沟。背沟及头鞍前沟深陷。内边缘的纵长度约为外边缘的1.5倍。颈环中部稍宽,具颈疣。固定颊小于头鞍宽度的1/2。眼叶中等大小,位于中部。眼脊后斜。后侧翼小,次三角形。

产地层位　宜昌市分乡;下—中奥陶统大湾组中部。

菲利普虫科　Phillipsiidae Oehlert,1886
菲利普虫属　*Phillipsia* Portlock,1843,emend.　J.　M.　Wellet,1936

头部在头鞍之前有一平的前边缘。头鞍两侧平行或向前微收缩,直伸至前边缘沟,在基底叶部分最宽。基底叶与头鞍其他部分分界的头鞍沟强烈弯曲。另具2对短头鞍沟。尾部宽略大于长,边缘十分显著,肋部分节沟几乎伸至边缘,中轴低,其凸度均匀。

分布与时代　亚洲（？）、欧洲、北美洲;石炭纪。

菲利普虫?（未定种）　*Phillipsia*? sp.
（图版48,1）

尾部近半椭圆形。中轴凸起较显著,中轴呈柱锥形,伸至后边缘,可分15节。轴环节沟在尾轴凸起的顶端较深而明显,向两侧逐渐减弱而减浅。每个轴环节上有两个小疣,整个尾轴自前至后成两排小疣。肋部凸,与边缘呈陡坡状交接。间肋沟颇深。肋节呈半尖棱状。边缘较窄,也向两侧倾斜。

产地层位　黄石市柳湾;上石炭统黄龙组。

假菲利普虫属 *Pseudophillipsia* Gemmelaro, 1892

头鞍前部膨大,后侧具3对小的隆起的侧叶,两眼之间的头鞍收缩,头鞍不伸达前缘。眼叶新月形,相当大。尾部长,中轴分14节以上,中轴较肋部分节多,两侧各可有一排大瘤,边缘明显。

分布与时代 亚洲、欧洲南部、北美洲;二叠纪。

假菲利普虫(未定种) *Pseudophillipsia* sp.
(图版48,2、3)

尾部呈半椭圆形至圆三角形,后端呈尖圆形。尾轴圆柱锥形,向后变窄,凸起很强。尾轴的两侧至侧部其拱曲度有一转折点,再向下凸度减小。每一个轴环节的凸度的转折点(从整个尾部观察)自前至后,成一纵向浅沟。尾轴可分19节以上。肋部也较凸,向两侧陡斜。间肋沟窄而浅。肋部可分13节。边缘较窄,自前向后逐渐加宽。

产地层位 大冶市西畈李;下二叠统麻土坡段。京山市柳门口;二叠系阳新统茅口组。

双股尾虫科 Dimeropygidae Hupe, 1953
窃头虫属 *Phorocephala* Lu, 1965

头鞍宽度大于长度,强烈凸起,前端圆润。头鞍沟不显著。颈环圆润,甚短。颈沟深陷。固定颊小于头鞍宽度的1/2。眼叶大,脊状,位置极靠后。无明显的眼脊。外边缘狭而凸,内边缘的宽度略等于或大于外边缘。

分布与时代 华中、西南;早奥陶世晚期。

宽颊窃头虫 *Phorocephala genalata* Lu
(图版4,15、16)

固定颊特别宽,其宽度约为头鞍宽度的4/7。内边缘较宽,约为外边缘宽度的1.5倍。眼脊明显、平伸。边缘沟较直。

产地层位 宜昌市夷陵区分乡;下—中奥陶统大湾组中部。

小菲氏虫科 Phillipsinellidae Whittington, 1950
副小菲氏虫属 *Paraphillipsinella* Lu, 1974

虫体小,头鞍前叶膨大,作圆球形,后叶作柱形,但向前微收缩。眼小。无明显的前边缘。尾部略呈四方形,前侧角圆润。背沟浅而宽,故中轴并不十分显现。轴节与肋节均未呈现,光滑。

分布与时代 中国南部;中、晚奥陶世。

翼状副小菲氏虫 *Paraphillipsinella pterphora* Xia

（图版36,4、5）

虫体极小。头盖作次三角形,凸起显著。头鞍分前后两叶,无明显横沟分开。前叶呈次球形。颈沟深而细。颈环较宽,向前拱曲。背沟深而宽。固定颊颇为狭长,呈平行四边形,如翼状,后斜。后边缘沟深而细,后边缘宽度与颈环相当,向外侧有所加宽。

产地层位 秭归县新滩下滩沱;中—上奥陶统宝塔组。

湖北副小菲氏虫 *Paraphillipsinella hubeiensis* Zhou

（图版24,11）

头盖长大于宽。头鞍后部窄,近于柱状,向前微收缩。头鞍前叶大,强烈凸起,较长,其长度大于头鞍后叶的长度,前端宽圆,头鞍前后叶之间的横沟清楚,但微弱。颈沟深,中部微向前弯曲。颈环中等宽度,向前拱曲,两端窄。背沟窄而深。固定颊大于头鞍的宽度。

产地层位 宣恩县红旗坪;中—上奥陶统宝塔组。

镰虫亚目 Harpina Whittington,1959
镰虫科 Harpidae Hawle et Corda,1847
苏格兰镰虫属 *Scotoharpes* Lamon,1948

头鞍凸,两侧次平行。具1对较小的三角形基底叶。眼粒小。眼脊弱。叶状体小,作半圆形,平凸。颊叶光滑。梁脊不伸至颊部的引长部分的尖端,但在颊叶之后弯曲而与后边缘相遇。饰边的上叶板及下叶板的表面为放射状隆起的窄的脊线所横穿,在脊线之间有放射状或分叉状排列的陷孔。

分布与时代 中国南部、英国;志留纪。

中华苏格兰镰虫 *Scotoharpes sinensis*（Grabau）

（图版44,8）

头部大,略作长卵形,具有宽而平的饰边,向后延长成颊刺,边缘上有极多的小孔。面线在边缘。在腹面与饰边相对的下边缘板上亦有许多小孔。头鞍短,锥形,叶状体小而明显。眼的位置与头鞍前缘相对。饰边有放射状脉状线。

产地层位 宜昌市夷陵区分乡大中坝;志留系兰多弗里统罗惹坪组。

似镰虫科 Harpididae Whittington,1950
罗根壳虫属 *Loganopeltis* Rasetti,1943

头鞍短,亚锥形,隆起于固定颊之上,不凹陷。背壳无面线,面线在头部的边缘,眼与面线隔离。眼脊及眼均极明显。颊部的内后端有1对叶状体。胸部20节或更多。尾部长,中轴短,肋部向后收缩、末端有1对平刺。

分布与时代 中国湖北、哈萨克斯坦,北美洲;早奥陶世。

小罗根壳虫 *Loganopeltis minor* Lu

(图版32,9)

个体小,头部半圆形。头鞍锥形,3对头鞍沟。颈沟中部向后拱曲。颈环凸,中部较宽。颊部凸,外缘布满细脊线,颊部外围有一狭而下凹的外边缘。在颊部的后内侧有一叶状体。眼作圆锥形,眼脊强壮。颊角尖锐,颊刺不明。壳面除颊部有放射形细脊线外,头部另具疏松分布的大瘤。

产地层位 宜昌市夷陵区分乡;下—中奥陶统大湾组上部。

三瘤虫亚目 Trinucleina Swinnerton,1915
三瘤虫科 Trinucleidae Hawle et Corda,1847
汉中三瘤虫亚科 Hanchungolithinae Lu,1963
汉中三瘤虫属 *Hanchungolithus* Lu,1954

头鞍棒状,3对头鞍沟,无假前叶节。叶状体明显。饰边平,前部狭,向两侧变宽,具有数目极多的不规则排列的小陷孔。尾部短,中轴有6～7节。后边缘在中轴部分极宽,向两侧变窄。

分布与时代 中国华中、西南、法国南部;早奥陶世。

汉中三瘤虫(未定种) *Hanchungolithus* sp.

(图版49,10)

头鞍强烈凸起,具3对明显的斑坑状头鞍沟。侧眼粒和颊脊明显。饰边的前部窄,向后侧方变宽;在头鞍之前的饰边上,小陷孔很少;在颊叶之前和颊叶两侧的饰边上,小陷孔很多,小而作不规则排列。头鞍及颊叶布满网线纹。因标本保存不完整,故暂定为未定种。

产地层位 宜昌市夷陵区棠垭盘古砦;下—中奥陶统大湾组上部。

宜昌三瘤虫亚属 *Hanchungolithus*(*Ichangolithus*)Lu,1963

本亚属与标准的*Hanchungolithus*的区别为:饰边缘宽;在头鞍之前和颊叶的两侧,饰边上的小陷孔数目增多,侧眼粒微弱;无眼脊。

分布与时代 华中;早奥陶世晚期。

宜昌宜昌三瘤虫 *Hanchungolithus*(*Ichangolithus*)*ichangensis* Lu

(图版49,8)

饰边各部的放射长度大致相等。头部前缘作波纹状。同产的尾部呈半椭圆形,宽为长的

2倍。中轴锥形,伸入边缘,分5节和1个次三角形的末节。肋部分4～5对肋节。边缘窄而平。

产地层位 宜昌市夷陵区分乡;下—中奥陶统大湾组中部。

宜昌宜昌三瘤虫中间亚种

Hanchungolithus(*Ichangolithus*)*ichangensis intermedius* Lu

（图版49,9）

本亚种与 *H.*(*Ichangolithus*)*ichangensis* 的区别是:头鞍并不伸入饰边之内。前缘作均匀地弯曲而不向前突出,头鞍之前的饰边较窄,饰边两侧的放射宽度约为头鞍之前放射宽度的2倍。整个饰边上,小陷孔的数目相对较少。

产地层位 宜昌市夷陵区分乡;下—中奥陶统大湾组中部。

宁强三瘤虫属 *Ningkianolithus* Lu,1954

头鞍作大棒状,3对头鞍沟,叶状体明显。颊叶具侧眼粒及眼脊。颊脊明显。饰边平,饰边前部的小陷孔常分布于放射形陷坑之内;在两侧的小陷孔排列不规则;饰边上侧方陷孔特别大,成蜂窝状构造。颊刺向外后斜。胸部6节。尾部极宽,作宽的半椭圆形。

分布与时代 扬子地层区;早奥陶世。

韦氏宁强三瘤虫 *Ningkianolithus welleri*(Endo)

（图版49,11～15）

头部长方形。头鞍大棒状,3对头鞍沟。颊部具明显的侧眼粒及眼脊。颈环无刺。饰边前端极窄,其前侧角的陷孔极大,内部的陷孔较小。头鞍后侧旁的叶状体及头鞍与侧眼粒之间的颊脊明显。

产地层位 宜昌市夷陵区分乡、房县大红场、京山市惠亭山;下—中奥陶统大湾组上部。

营盘三瘤虫属 *Yinpanolithus* Lu,1974

头鞍作大棒状,伸入饰边上叶板。颈环无刺。在头鞍之前的饰边上有1～2排约五六个小陷孔;颊叶之前的梁脊之外有3排小陷孔;饰边后侧的梁脊之外有2排小陷孔;梁脊之内的区域除头鞍之前只有1排小陷孔外,其余部分都有2排小陷孔;饰边前侧角的小陷孔,作不规则的排列,其他区域的小陷孔大致作放射状排列。

分布与时代 湖北、四川;早奥陶世。

营盘营盘三瘤虫 *Yinpanolithus yinpanensis* Lu

（图版49,1～7）

头鞍具一中瘤,颈环无刺,颊刺细长。其他特征同属的特征的描述。

产地层位　襄阳市小观山、房县大红场、京山市惠亭山；下—中奥陶统大湾组。

南京三瘤虫亚科　Nankinolithinae Lu,1975
南京三瘤虫属　*Nankinolithus* Lu,1954

头部强烈凸起。头鞍有一明显的假前叶节。具3对头鞍沟，后两对较明显。颊叶无侧眼粒和眼脊。饰边分为1个凹陷的内边缘和1个略为凸起的颊边缘。在饰边的上叶板上，内边缘有2～3列小陷孔分布在放射形陷坑之内，颊边缘的前部有放射状排列的小陷孔，侧部有不规则排列的小陷孔。饰边的下叶板上，在梁脊之外有1～2列作同心圆排列的小陷孔。无颈刺。颊刺向外后伸或向后伸。胸部6节。尾部短，作三角形或半椭圆形，中轴狭，分节明显；肋叶有3对深的肋沟。头鞍和颊叶壳面有网形纹。

分布与时代　中国南部；晚奥陶世。

南京南京三瘤虫　*Nankinolithus nankinensis* Lu
（图版24,6）

头部大致作宽的半椭圆形或略呈方形，前缘弯曲较不强烈或较平直。头鞍高凸，尤其假前叶节最为高凸，作梨形，中部有一中疣；具3对头鞍沟，前一对不十分明显，后两对较深；颈环向后拱曲，颈沟极宽。背沟深而宽，由后向前变窄。颊叶无侧眼粒及眼脊。后边缘直伸至颊角，后边缘沟深，在到达饰边时消失。饰边中部较两侧为窄。饰边分为1个凹陷的内边缘和1个稍为隆起的颊边缘。在上叶板上，内边缘有大约3行小陷孔分布在放射形陷坑之内。颊边缘的前中部（头鞍的前方）和头鞍前方的两侧，放射形陷坑之内有2个小陷孔。颊边缘的前侧和侧部小陷孔逐渐增多，最多处在后侧接近后边缘的区域，这些小陷孔作不规则的排列。颊刺在下叶板的后侧颊角上向外后斜。外边缘窄，不甚显著。

产地层位　通山县留咀桥；中—上奥陶统宝塔组。

涧草沟南京三瘤虫　*Nankinolithus jiantsaokouensis* Lu
（图版24,4、5）

本种与模式种*N.nankinensis*不同点在于：本种的饰边较平坦，内边缘和颊边缘的分界不甚明显。本种头鞍之前内边缘上只有2列小陷孔，颊边缘上只有1列小陷孔。此外，本种头部外形作半椭圆形；头鞍和颊部均光滑。以此也可区别于*N.wanyuanensis*。

产地层位　京山市惠亭山、宣恩县沙道沟；中—上奥陶统宝塔组。

万源南京三瘤虫　*Nankinolithus wanyuanensis* Cheng et Jian
（图版24,1～3）

本种与模式种*N. nankinensis*的区别为：（1）本种头部外形呈半圆形；而模式种呈略方形。（2）本种头鞍呈长卵圆形，前部向前尖出，后一对头鞍沟极浅。而模式种头鞍呈梨形，前端圆润,后一对头鞍沟极深。(3)本种颊刺较长,且彼此近于平行;而模式种颊刺较短,且向外延伸。

产地层位 秭归县新滩水府庙、松滋市曲尺河、建始县大转拐;中—上奥陶统宝塔组。

美女神母虫科 Dionididae Gurich,1908
美女神母虫属 *Dionide* Barrande,1847

头鞍次方形,具中疣。内边缘极窄或缺失。胸部6节。胸部及尾部的轴节之前侧角成一对斜沟分成一对独立的前侧叶,各轴节作曲尺形的弯曲。颊部及肋部表面有小斑孔,小斑孔之间有网纹细线。

分布与时代 亚洲、欧洲、北美洲;奥陶纪。

庙坡美女神母虫 *Dionide miaopoensis* Lu
(图版35,2)

头鞍基部有1对极小的侧叶,无前边缘区。饰边和颊叶的分界不清,两者都具有粗的斑坑,各斑坑之间为细脊线所隔。胸部6节。第一个胸节为大肋节,每一个轴环节都有1对三角形的前侧叶和1个很大的中疣。尾部保存不全,中轴向后徐徐变狭,肋部向后极速变狭。

产地层位 宜昌市夷陵区分乡庙坡;中—上奥陶统庙坡组。

带针虫科 Raphiophoridae Angelin,1854
带针虫属 *Raphiophorus* Angelin,1854

头刺长,叶状体小,胸部5节,第一节较其他节长。尾短,边缘宽。

分布与时代 中国南部、欧洲、北美洲(?);中奥陶世—志留纪文洛克世(?)。

宜昌带针虫 *Raphiophorus yichangensis* Xia
(图版1,16)

虫体小,头盖作半椭圆形。头鞍作倒梨形,凸起显著,强烈前伸并扩大,前端十分圆润。头鞍上有2对肌痕,均为圆形的凹坑状。固定颊作卵形,凸度与头鞍相当。背沟深而宽,愈往后愈深。颈沟浅而宽,颈环狭窄。颊角圆润,前刺破损。

产地层位 宜昌市夷陵区分乡;中—上奥陶统宝塔组。

线头虫属 *Ampyx* Dalman,1827

头部及尾部均呈次三角形。头鞍向前扩大,具一向前上弯的长刺,长刺横切面作圆形。颈环凸。无眼。面线沿颊部的外部弯曲,在头部前缘会合。前边缘窄。活动颊具颊刺,横切面圆形。

分布与时代 亚洲、欧洲、北美洲;早、中奥陶世。

异常线头虫 *Ampyx abnormis* Yi

（图版 32,7、8；图版 34,7）

头鞍近菱形或梨形，较凸，后部具 2 对短而浅的头鞍沟，头鞍突出于头部前缘之外，前刺横切面呈圆形。固定颊近等边三角形。胸部 6 节。尾部三角形，尾轴直锥形，达后缘，各节的两侧有 1 对为一横沟连接的小瘤。肋部平，仅见第一肋节，边缘倾斜，具同心线纹。

产地层位　宜昌市夷陵区分乡和棠垭、房县清泉；下—中奥陶统大湾组、中—上奥陶统庙坡组。

易氏线头虫 *Ampyx yii* Lu

（图版 32,6；图版 34,8）

头部次三角形。头鞍菱形，向前扩大，伸出颊部之前，具一长前刺，其横切面为圆形。固定颊等边三角形。后边缘沟宽而浅，其外末端有一对卵形小坑。活动颊颊刺极长。胸部 6 节。尾部呈宽的半椭圆形，尾轴锥形，伸至边缘，分 5 节。肋部平，具 2 对肋沟。

产地层位　宜昌市夷陵区棠垭及分乡、房县清泉；下—中奥陶统大湾组、中—上奥陶统庙坡组。

矛头虫属 *Lonchodomas* Angelin,1854

头部三角形。头鞍高凸，菱形，中部成纵脊，向前伸出一长的头刺，头刺横切面作菱形或次四方形，颊刺细长，横切面作菱形或次四方形。胸部 5 节。尾部作半圆形或三角形，肋部有 2 对浅的肋沟，后缘有一突然下弯的边缘。

分布与时代　亚洲、欧洲、美洲；奥陶纪。

乐氏矛头虫 *Lonchodomas yohi*（Sun）

（图版 34,9、10）

头盖等边三角形。头鞍矛状、凸起，沿中线有一脊梁。头鞍长，横切面菱形。头鞍具 4 对明显的肌肉痕。背沟深，固定颊凸起，作三角形。尾部半椭圆形，宽度大于长度；中轴隐约呈现，平缓凸起；边缘强烈下弯，边缘上饰以和后缘平行的细线纹。

产地层位　宜昌市夷陵区棠垭、房县清泉、宜都市灵龟桥；中—上奥陶统庙坡组。

敏捷矛头虫 *Lonchodomas agilis* Xia

（图版 34,11；图版 37,12）

本种与 *L. yohi* 的区别为：头鞍除头刺外，头鞍的前部较后部长得多，头鞍特别伸长。固定颊显得特别低矮。头鞍也有 4 对肌痕，第一对位于头鞍最宽处之前，并作半圆形。第二、第三对肌痕部分相连。面线在头鞍最宽处强烈内缩，形成极明显的凹刻。

产地层位 宜昌市夷陵区分乡及黄花场；中—上奥陶统庙坡组。

小线头形虫属 *Ampyxinella* Koroleva,1959

头鞍作球状烧瓶形，具极为发育的侧叶，前边缘宽，固定颊上具颊脊，活动颊窄，具长的颊刺。胸部和尾部极似 *Ampyxona*。

分布与时代 中国华中及西南、哈萨克斯坦；中—晚奥陶世。

肋状小线头形虫 *Ampyxinella costata* Lu
（图版50,1）

头盖半圆形，前边缘平而窄。头鞍凸起，其上有16～20条细而窄的"V"字形脊线。头鞍侧叶窄。固定颊上有4对颊脊。

产地层位 京山市惠亭山；中—上奥陶统宝塔组。

美丽小线头形虫 *Ampyxinella gracilis* Lu
（图版35,5）

头盖作宽的半椭圆形。头鞍烧瓶形，由一条深而宽、向后拱曲的横沟分为大的前叶和次矩形的后叶。头鞍的一对侧叶作长的次椭圆形或香肠形。背沟窄而深，围绕侧叶。颈环窄，后缘圆润。固定颊上有3条主脊和2～3条小脊，小脊由主脊分出。后边缘平坦，后边缘沟显著。

产地层位 宜昌市夷陵区棠垭；中—上奥陶统庙坡组。

京山小线头形虫（新种） *Ampyxinella jingshanensis* Z. H. Sun（sp. nov.）
（图版50,2）

头盖呈宽的半椭圆状。头鞍作短矮的烧瓶形，高凸并向前膨大，前端平圆。头鞍被一条极宽的且深的横沟所分割，前部为膨大的前叶，后部为窄条状后叶。头鞍前叶的中后部有纵短脊，此脊之后有2条"V"字形脊线。在头鞍的宽的横沟内，还可见到有1对弧形沟，这对弧形沟在中间相遇，呈宽的"W"字形。头鞍的一对侧叶作凸透镜状，中间宽，两端尖，后端伸至颈环。侧叶与头鞍的分界为一圆弧形深沟。背沟窄，在侧叶之外也呈弧形，伸至侧叶之前则向前直伸，在头鞍之前，背沟的弧度很缓，呈平圆状。颈沟浅，颈环脊状。前边缘不宽，急剧向下倾，外边缘极窄。固定颊平凸而光滑，向前及向两侧缓缓倾斜。

比较 本种与 *A. gracilis* 和 *A. costata* 的区别为：头鞍前叶宽短，前端平圆，前叶的中后部有纵脊及2条"V"字形脊线。头鞍横沟内还有成宽"W"字形的一对弧形沟。头鞍侧叶呈透镜形，后端伸至颈环。固定颊上光滑无饰。

产地层位 京山市汤堰畈；中—上奥陶统宝塔组。

庙坡虫属 *Miaopopsis* Lu, 1965

头鞍作烧瓶状,其上有多对"V"字形细脊及细沟。头鞍向前伸至前边缘之前。头鞍侧叶发育良好。固定颊具颊脊。胸部6节,其中第一节较大。尾部半椭圆形,中轴被波浪形折曲的轴节沟分为11～12节;肋部有2条明显的肋沟。

分布与时代 鄂西;中奥陶世。

韦氏庙坡虫 *Miaopopsis whittardi*(Yi)
(图版35,6)

头鞍烧瓶形,其上有几对"V"字形的脊纹和沟线,并具有极为发育的侧叶。固定颊上有颊脊。胸部5节,其中第一肋节大于其他各节。尾部半椭圆形,中轴具11～12个环节,各环节为波纹状轴节沟所分开。肋叶有2对明显的肋沟。

产地层位 宜昌市夷陵区分乡庙坡、宜都市灵龟桥、房县清泉;中—上奥陶统庙坡组。

九溪虫属 *Jiuxiella* Liu, 1974

头鞍和颊部光滑无纹饰,只有头鞍的一中疣。眼瘤远离头鞍,其后有柄状物相连。活动颊小而细长。尾部肋部只见到1对肋沟。因此与Ampyxinellidae科的各属不同。

分布与时代 湖南、湖北;早奥陶世晚期—中奥陶世早期。

姜田畈九溪虫(新种)
Jiuxiella jiangtianfanensis Z. H. Sun(sp. nov.)
(图版20,6)

虫体小,头盖半圆形。头鞍呈棒形,但较狭长,强烈凸起,无头鞍沟,具一小中疣,中疣所在部位凸起最高。无头鞍侧叶。背沟宽而深,向前窄而深。眼瘤位于头鞍中疣的相对位置,无柄状物,孤立于颊部之上。外边缘窄而平,凹下。内边缘比外边缘略宽,凸起。后边缘窄,向两侧至颊部后缘中点位置,后边缘强烈向后上方凸起,呈凸圆角状。胸部6节。尾部扁三角形,横向极宽,中轴相对较窄,呈倒锥形,分为5节,尾部只见一条不十分明显的肋沟。边缘向下向腹面折下。

比较 本新种与模式种*J.laevigata*的区别是:头盖半圆形,头鞍较狭长,无头鞍侧叶,眼瘤之后无柄状物;外边缘明显;尾部扁三角形,尾边缘向下向腹面折下。

产地层位 崇阳县姜田畈;下奥陶统顶部。

镜眼虫目　Phacopida Salter, 1864

手尾虫亚目　Cheirurina Harrington et Leanza, 1957

手尾虫科　Cheiruridae Salter, 1864

手尾虫亚科　Cheirurinae Salter, 1864

副角尾虫属　*Paraceraurus* Mannil, 1958

头鞍两侧之背沟平行或略微向前扩大。头鞍沟长,并斜伸。颈环宽度均匀。头鞍表面具许多疣点。

分布与时代　中国、欧洲;奥陶纪。

长沟副角尾虫　*Paraceraurus longisulcatus* Lu
（图版50,10）

头鞍两侧次平行,具3对强壮向后倾斜的头鞍沟,其中前二对长而深。头鞍前叶长,头鞍前一对和基部一对侧叶的长度大致相等,都较大。头鞍基底侧叶作次方形。颈沟直,深而显著。背沟宽而深。头鞍及颈环节上的瘤中等大小。

产地层位　宜昌市夷陵区分乡庙坡;中—上奥陶统宝塔组。

刺副角尾虫（新种）　*Paraceraurus spina* Z. H. Sun（sp. nov.）
（图版50,11、12）

现有标本为2个头盖。头鞍两侧向前扩展,凸度中等,中线位置凸度最强,前端圆润或平圆。具3对宽而深的头鞍沟,前二对长而平伸,长度大于头鞍宽的1/3。后一对头鞍沟伸至头鞍宽的1/3处,呈膝状向后折曲,并伸至颈沟。头鞍的3个侧叶大致相等,基部一对被最后一对头鞍沟围成卵圆形。头鞍前叶的长度约相当于2个头鞍侧叶的长。颈沟弧形,向前拱出,颈环也随颈沟呈弧形。背沟窄而细,在头鞍之前变浅,轻微呈现。前边缘窄,向前引伸出一个前刺。固定颊呈平行四边形,颈刺粗壮。眼叶小,靠近头鞍。面线前支贴近头鞍向前伸展;面线后支向上伸出,为前颊类三叶虫。头鞍表面有瘤点装饰,在靠近头鞍沟处瘤点排列整齐。颊面上具点坑。

比较　本新种以其前边缘伸出一个粗壮的前刺,而显示其特殊性。可以区别于其他种。
产地层位　宜都市毛湖堉、蒲圻占家坳;中—上奥陶统宝塔组。

似角尾虫属　*Parisoceraurus* Z. Y. Zhou, 1977

头鞍向前扩大,3对很深的头鞍沟,前两对甚长,后一对膝曲状,末端与颈沟相交,基底叶方形。头鞍前叶宽大。颈环凸起,横向甚剧。眼靠近头鞍,位置与前一对侧叶相当。面线前支贴近头鞍前叶延伸。

分布与时代　江西、湖北、湖南;中、晚奥陶世。

直角似角尾虫 *Parisoceraurus rectangulus* Z. Y. Zhou

（图版50,6、7）

颊部表面具密集的小孔,小孔间有的具小疣。头鞍表面光滑或有极其稀疏的小疣。头部其他特征同属的描述。

1977年《中南地区古生物图册》发表的周志毅的这一属的描述和图版,均只有头部标本。在京山市惠亭山采获保存有头、胸、尾完全的标本,现补充胸部、尾部特征描述如下:

胸部11节,胸部背沟窄而均匀,较深。肋部由次边缘沟(submarginal furrow)分肋叶为主体及肋刺。肋叶的主体部分有一向下斜伸的间肋沟,其宽度与深度和背沟一致。尾部为一顶角向下的等腰三角形,中轴宽呈倒置的螺塔状,由4个轴节组成,后侧缘有3对侧刺,后两对小而短。最前一对长而大,向内钳曲。

产地层位 京山市惠亭山;中—上奥陶统宝塔组。

美丽似角尾虫 *Parisoceraurus decorus* Zhou

（图版50,8、9）

本种与*P.rectangulus*的区别为:头鞍较短和较宽;头鞍前叶纵向较短;头鞍中叶较狭。

产地层位 宣恩县高罗、崇阳县陈家湾;中—上奥陶统宝塔组。

高圆球虫亚科 Sphaerexochinae Opik,1937
高圆球虫属 *Sphaerexochus* Beyrich,1845

头鞍显著,近似圆形,强烈凸起,超越边缘及固定颊之前。后一对鞍沟显著,弯曲,常伸达颈沟。固定颊较头鞍狭。胸部10节,肋刺缺失或极短,肋刺钝圆,无肋沟。尾部具3对短而宽的钝圆侧刺。壳面光滑。

分布与时代 亚洲、欧洲、美洲、大洋洲;中奥陶世—志留纪。

纤沟高圆球虫 *Sphaerexochus fibrisulcatus* Lu

（图版2,9～12）

本种最重要的特征为头鞍沟极为纤弱,尤其是最后一对头鞍沟也和其他两对侧沟一样,极为纤弱。此外,头鞍苹果形也是重要特征之一。

产地层位 宜昌市夷陵区分乡;中—上奥陶统宝塔组。

石阡虫属 *Shiqiania* Chang,1974

头鞍凸起,向前并向下强烈斜伸,呈半圆形,有3对头鞍沟。第一对长,呈曲线状弯曲,颈沟窄而较深。颈环横向很长。后侧翼短而宽,后侧沟向外平伸,然后再转向前伸。后边缘靠近颈环处较窄,向外较宽。头盖上布满瘤点装饰。

分布与时代 贵州、湖北；志留纪兰多弗里世。

罗惹坪石阡虫 *Shiqiania luorepingensis* Wu

（图版44,1、2）

本种与模式种 *S. punctata* 的区别为：最后一对头鞍沟末端达到颈沟。颈环的横向长度较短。

产地层位 宜昌市夷陵区分乡大中坝；志留系兰多弗里统罗惹坪组。

球形石阡虫 *Shiqiania globosa* Yi

（图版44；3、4）

本种与模式种 *S. punctata* 的区别为：头鞍为圆球形，颈沟弧形弯曲，颈环中部宽，两侧窄。

产地层位 宜昌市夷陵区分乡王家冲；志留系兰多弗里统罗惹坪组。

多股虫科 Pliomeridae Raymond,1913
多股虫亚科 Pliomerinae Raymond,1913
茶山虫属 *Chashania* Lu et Sun,1977

本属头鞍前部圆润，前端宽圆，第一对头鞍沟不与背沟相连，眼脊较靠后，向后斜伸也较甚，有一很窄的眼前翼，面线后支向上分歧转而向下斜伸。尾部末一对刺长而大。这些特征不同于 Pliomeridae 的其他属群。

分布与时代 湖北；早奥陶世。

茶山茶山虫 *Chashania chashanensis* Lu et Sun

（图版3,17、18；图版31,12～14）

头鞍长方形，前端圆润。具3对距离相等的头鞍沟。颈环具小的中疣。无内边缘，前边缘呈窄的脊状。眼脊向后斜伸。固定颊宽，近长方形，其上有斑坑。尾部中轴宽，伸至边缘。侧缘有3对尾刺，后一对长大，呈燕尾状，约为尾长的2倍多。

产地层位 湖北西部；下奥陶统南津关组。

纺锤茶山虫 *Chashania fusus* Sun

（图版3,19）

本种与 *C. chashanensis* 的区别在于：头部后边缘向前翘起伸展，与颈环不在同一水平线上，以至使头部外形（不计颊刺）呈纺锤形。

产地层位 宜都市灵龟桥；下奥陶统南津关组。

瘤肋虫科 Hammatocnemidae Kielan，1959

瘤肋虫属 *Hammatocnemis* Kielan，1959 emend. Lu

背壳长卵形。头鞍分为一个大而向前扩张的前部和一个小而窄的前颈环节。4对头鞍沟，其中后一对横越头鞍而成为前颈沟。前颈环节的中部常较窄，两旁各有一小瘤。眼大。胸部10节。尾部短而宽，由3～5节组成。边缘完整无刺，或具短而宽的尾刺。

分布与时代 中国南部、波兰；早奥陶世晚期—晚奥陶世中期。

原始瘤肋虫 *Hammatocnemis primitivus* Lu

（图版20，10～13）

本种为该属最原始的种，前颈环节与头鞍前部的分离现象不十分明显；前颈环沟浅；前三对头鞍沟较长；胸部肋节上的两个瘤疱不太十分显著，连接瘤疱的脊线较粗，较不低凹；尾部有极宽的肋沟，每个肋节都有短而钝的细肋刺。

产地层位 宜昌市夷陵区分乡、京山市惠亭山、宣恩县红旗坪；下—中奥陶统大湾组。

扬子瘤肋虫 *Hammatocnemis yangtzeensis* Lu

（图版2，13～15）

头鞍前部长与宽大致相等，作次五边形至次圆形，前端圆润。有3对头鞍沟。前颈环节两侧各有一小侧瘤。尾部次梯形，尾轴5节，无边缘沟及边缘，后缘成直线，略向内凹。头尾均有中等大小的密集疣点。

产地层位 宜昌市夷陵区分乡、京山市白沙坡及金家店、宜都市毛湖堉、武穴市方家湾；中—上奥陶统宝塔组。

卵形瘤肋虫 *Hammatocnemis ovatus* Sheng

（图版50，5）

本种与该属其他种群的区别为头鞍作卵形，极凸；背沟中段略向外凸；后侧翼横向较窄。壳面的疣点较小。

产地层位 宜昌市夷陵区分乡、崇阳陈家湾、房县卸甲坪；中—上奥陶统宝塔组。

美丽瘤肋虫 *Hammatocnemis decorosus* Lu

（图版50，3、4）

头鞍前侧角较圆润，强烈向外凸曲。前颈环节上的侧瘤较大，作圆润的次三角形。眼较小，位置稍略前。后侧翼较长较窄。胸部肋部上两个瘤疱之间的距离比较小。尾部外形作次梯形，尾部第1节有一对短的侧刺。

产地层位 松滋市曲尺河、京山市惠亭山；中—上奥陶统宝塔组。

彗星虫科　Encrinuridae Angelin,1854

彗星虫亚科　Encrinurinae Angelin,1854

似彗星虫属　*Encrinuroides* Reed,1931

3对头鞍沟。有清楚的头鞍前沟及假头鞍前区。腹边缘极窄。活动颊边缘上无瘤。胸部有11个胸节。尾部宽度大于长度,中轴及肋节分节均少,肋沟宽而深。头部上瘤点细小。

分布与时代　中国;晚奥陶世—志留纪兰多弗里世。欧洲;中—晚奥陶世。

图5为慧星虫亚科属群复原图。

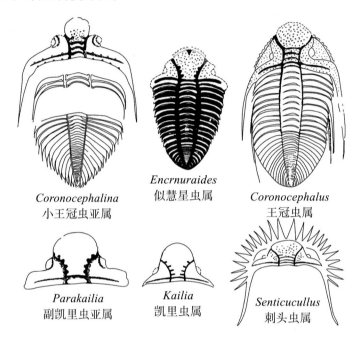

图5　Encrinurinae 亚科属群复原图

湄潭似彗星虫　*Encrinuroides meitanensis* Chang
（图版45,8）

尾部呈三角形。尾轴宽度与肋部宽度近于相等。尾部中轴上有一排小瘤。肋部有8对肋脊。

产地层位　宜都市茶园寺、宜昌市夷陵区分乡大中坝;志留系兰多弗里统罗惹坪组。

奇形似彗星虫　*Encrinuroides abnormis* Chang
（图版46,4、5）

有3对窄而短的头鞍沟,第二、三、四对头鞍叶,沿背沟处呈钩状,其上的小瘤,呈2排或3排分散。头鞍前沟窄,假头鞍前区清楚,其上有瘤点分布。颈沟窄而深,颈环横向长,纵向较宽,光滑。尾部中轴向后收缩,有16～18个轴环,肋部有8个肋节,肋沟深而宽。

产地层位 巴东县思阳桥；志留系兰多弗里统纱帽组。

恩施似彗星虫 *Encrinuroides enshiensis* Chang

（图版46,1～3）

有3对短而清楚的头鞍沟。假头鞍前区窄，其上有一排约10个瘤点。头鞍前叶中沟浅而宽。头鞍叶上的瘤点排列近于对称。背沟深而宽。颈沟较窄。固定颊较宽，其上亦有大而分散的瘤点。尾部宽大于长，中轴有18个轴环节，肋部有8条肋沟。

产地层位 恩施市太阳河、鹤峰县两河口、建始县裕丰口；志留系兰多弗里统纱帽组。

合水似彗星虫 *Encrinuroides heshuiensis* Chang

（图版46,6）

背沟宽深。头鞍前端圆。3对极短的头鞍沟，头鞍前沟略宽，在头鞍前叶侧部及前部均清楚。有头鞍前叶中沟，假头鞍前区窄，具有一排瘤。颈沟深，颈环比后一头鞍叶宽，微向后拱曲。固定颊窄而凸。活动颊宽。

产地层位 宣恩县高罗；志留系兰多弗里统纱帽组。

镇雄似彗星虫 *Encrinuroides zhenxiongensis* Sheng

（图版45,6、7）

头鞍向前扩大，有3对短而深的头鞍沟，均向前斜伸，头鞍前沟围绕头鞍，窄而浅，呈线状，其上有一排大小相间小瘤点，颈沟宽而浅。颈环窄而长，其上没有瘤点。固定颊鼓起，其上瘤点另散。后侧翼宽而短。

产地层位 宜都市茶园寺；志留系兰多弗里统罗惹坪组。

宜昌似彗星虫 *Encrinuroides yichangensis* Yi

（图版45,4、5）

头鞍前沟在头鞍前叶两侧显著，向前逐渐变浅。假头鞍前区窄，其上有一排12～14个瘤状物。固定颊窄。胸部11节。尾部三角形，尾轴15个轴环，肋部8个肋节，肋沟深而宽。

产地层位 宜昌市夷陵区分乡王家冲、宜都市茶园寺；志留系兰多弗里统罗惹坪组。

似彗星虫（未定种1） *Encrinuroides* sp. 1

（图版1,11、12）

仅有一个保存不佳的头盖及夏树芳研究的峡东的一个尾部印模。头盖小，头鞍梨形，凸起甚高，具4对头鞍沟，短而呈凹口状。颈沟窄而深，颈环均匀。背沟较宽而深。假头鞍前区不甚明显。固定颊与头鞍凸起相似。整个壳面布满小的瘤刺。尾部三角形，中轴向后变窄尖，分出20多节，肋部分出11节。

产地层位 宜昌市夷陵区分乡、崇阳县黄马冲;中—上奥陶统宝塔组。

似彗星虫(未定种2) *Encrinuroides* sp. 2

(图版45,9)

仅有头盖标本一块,保存于原定元古宇应山群之火山碎屑轻变质粉砂岩中。头鞍中等凸起,具3对头鞍沟,均呈凹口状,头鞍叶上具瘤状物。头鞍前沟仅两侧呈现,假头鞍前区分异不明显。颈沟窄而明显。颈环较窄,但宽度均匀。背沟宽而深。固定颊凸度与头鞍凸度相当。头盖表面,散布小而稀疏的瘤点。

产地层位 随州市柳林下杨家湾;志留系兰多弗里统(原定为元古宇应山群)。

尖额似彗星虫 *Encrinuroides acutifrons* Wu

(图版45,10)

本种以头鞍前区成尖矛头形,背沟特别宽,与该属其他种有明显区别。

产地层位 宣恩县;志留系文洛克统。

凯里虫属 *Kailia* Chang,1974

头鞍后部收缩,前部扩大,前端圆。头鞍前叶中部有时有一窄的中沟。有4对窄而短的头鞍沟。颈环均匀。活动颊宽,边缘有1排小瘤状突起。胸部11节。尾部大,呈半椭圆形或亚三角形,肋部有15个平而宽的肋节。

分布与时代 贵州、湖北、四川,志留统兰多弗里世。

凯里虫亚属 *Kailia*(*Kailia*)Chang,1974

头鞍前叶平缓。固定颊刺短小。活动颊宽,边缘突起,其上有一排短的瘤刺。有11个胸节,中轴较两肋窄或宽度相等。尾部半椭圆形。轴沟窄,轴环节于中线位置不相连。肋沟窄。

分布与时代 长江中下游;志留统文洛克世。

四沟凯里虫 *Kailia*(*Kailia*)*quadrisulcata* Chang

(图版47,1、2)

头鞍平缓凸起,后部收缩,前部扩大,前端宽圆。4对头鞍沟,窄而短。颈沟深而宽。颈环平缓凸起,宽度均匀。固定颊凸起。眼位于头盖中后部。后边缘沟宽而深。

产地层位 通山县、崇阳县三山;志留系兰多弗里统坟头组。

中沟凯里虫　*Kailia*（*Kailia*）*intersulcata* Chang

（图版47,3～5）

本种与 *K.*（*K.*）*quadrisulcata* 的主要区别是头鞍前叶向前突出较强,前叶的中线位置有一窄的中沟。

产地层位　崇阳县三山、赤壁市斗门桥;志留系兰多弗里统坟头组。京山市汤堰畈;志留系兰多弗里统纱帽组。

窄尾凯里虫　*Kailia*（*Kailia*）*tenuicaudatus* Wu

（图版47,6、7）

本种与凯里虫的其他种的最大区别为:头鞍较长,前叶相对短而宽,头鞍沟相对其他种宽。尾板较窄,轴环节和肋节,分布相对其他种少。

产地层位　宣恩县;志留系兰多弗里统纱帽组。

副凯里虫亚属　*Kailia*（*Parakailia*）Wu,1979

有4对头鞍沟,宽而短并都不横穿头鞍。颈沟宽而浅。背沟深较宽。固定颊窄,平凸,后侧沟宽而浅,后侧翼长,没有颊刺。活动颊为亚三角形,平凸。眼细小,肾形。边缘光滑,无瘤刺。壳体光滑无瘤饰。

分布与时代　湖北、四川;志留统兰多弗里统。

宽副凯里虫　*Kailia*（*Parakailia*）*lata* Wu

（图版51,4）

头鞍呈倒钟形,向前迅速扩大,前叶特宽。有4对极短楔形的头鞍沟,都不横穿头鞍,构成头鞍两侧成锯齿状边缘。前叶无纵沟。颈沟宽而浅。背沟宽而深。固定颊窄,近头鞍一侧有整齐的齿状内缘。后侧沟宽而浅。

产地层位　宣恩县;志留系兰多弗里统纱帽组。

弯曲副凯里虫　*Kailia*（*Parakailia*）*curvata* Wu

（图版51,5、6）

本种与 *K.*（*Parakailia*）*lata* 的区别在于头鞍前叶向前扩张没有后者显著,凸起略高,前叶不扩张,呈半球状。前缘向前并向腹面弯曲。后侧翼也较后者的长大。

产地层位　神农架林区;志留系兰多弗里统纱帽组。

湖北副凯里虫（新种） *Kailia*（*Parakailia*）*hubeiensis* Z. H. Sun（sp. nov.）
（图版 51,1～3）

头部呈亚三角形。头鞍呈扇形,前叶横向特别宽大。头鞍的最大宽度大于长度,前缘呈弧形。有 4 对头鞍沟,头鞍沟均呈三角楔状使头鞍两侧呈锯齿状。后一对头鞍沟平伸,逐次向前,变为向前斜伸。各对头鞍侧叶均呈三角齿状。背沟中等宽度,但较深;背沟呈蛇曲"之"字状延伸,致使固定颊之内侧亦呈锯齿状。颈沟稍窄,但较深。颈环横向宽度大,其宽度几近头鞍基部宽度的 2 倍。颈环纵向宽度均匀,左右等宽。固定颊横向宽,纵向窄。眼叶呈半圆形,眼沟宽而清晰。后边缘沟的深度与宽度同颈沟;后边缘的宽度同颈环的宽度。尾部呈圆三角形,长度与宽度近于相等,中轴长楔形,直伸至后缘,可分出 30 节以上,轴沟仅在两侧显示,在中部并不相连。肋部可分出 11 节。

讨论 伍鸿基在建立副凯里虫亚属 *Kailia*（*Parakailia*）时指出它的主要区别于凯里虫属的特征在于:背沟较宽,头鞍沟宽而短,颈沟和后侧沟宽而浅。从伍鸿基建立的两个种 *K.*（*P.*）*lata* 和 *K.*（*P.*）*curvata* 以及本新种标本观察,副凯里虫亚属,还有一个重要特征,就是头鞍两侧因头鞍沟而呈锯齿状,而固定颊的内侧也呈锯齿状。这一特征是副凯里虫区别于凯里虫的重要特征。

本新种区别于 1979 年伍鸿基建立的两个种的主要特征在于:本种的头鞍特别短而宽,背沟呈蛇曲"之"字形延伸,颈沟较窄较深。

产地层位 建始县裕丰口;志留系兰多弗里统纱帽组。

王冠虫属 *Coronocephalus* Grabau,1924,emend. Wang,1938

头鞍后部收缩较强,3 对头鞍沟,头鞍前叶大而长。头鞍前沟仅在头鞍前叶侧部显示,假头鞍前区与头鞍前叶胶合在一起。颊刺长。活动颊外缘上有一排排规则的齿状瘤。胸部 11 节。尾部三角形或半椭圆形,中轴及肋部分节多,肋节外端没有刺。

分布与时代 中国南部;志留纪兰多弗里世。

王冠虫亚属 *Coronocephalus*（*Coronocephalus*）Grabau,1924

头鞍前叶向前扩大,凸起,有 3 对横穿头鞍的头鞍沟。活动颊上有 9 个大的齿状边缘瘤刺。尾部的肋节末端无肋刺。

分布与时代 中国西南、长江流域;志留纪兰多弗里世。

巴东王冠虫 *Coronocephalus*（*Coronocephalus*）*badongensis* Chang
（图版 52,3、4）

头鞍前叶圆而大。3 对窄的头鞍沟在中线位置不连。头鞍前沟呈窄而短小的凹口状。颈沟窄。颈环凸起、宽。头鞍及固定颊上瘤点少而小。颈环后缘及后边缘的后缘亦有小瘤点装饰。活动颊外缘上有9个排列紧密的外端截切的牙齿状刺。

产地层位　巴东县思阳桥；志留系兰多弗里统纱帽组。

卵形王冠虫　*Coronocephalus*（*Coronocephalus*）*ovatus* Chang
（图版52,6）

本种与 *C.*（*C.*）*rex* 的主要区别是：背壳长而窄，尾部更长，头鞍前叶呈圆卵形，头鞍前沟不显著。胸部中轴窄。

产地层位　来凤县；志留系兰多弗里统。

简单王冠虫　*Coronocephalus*（*Coronocephalus*）*simplex* Zhou
（图版52,5）

本种与 *C.*（*Coronocephalus*）*badongensis* 的区别是头鞍前部光滑无瘤，头鞍叶节窄，其上的瘤少，后两对头鞍沟在中部相连，颈环上仅有一瘤。

产地层位　来凤县老峡、崇阳县七里冲；志留系兰多弗里统。

宣恩王冠虫　*Coronocephalus*（*Coronocephalus*）*xuanenensis* Zhou
（图版52,1、2）

头鞍前部显著扩大，3对头鞍沟，前一对极短，在头鞍两侧呈凹口状，后两对横越头鞍，头鞍前沟短浅。固定颊窄。颊刺极长大。后边缘沟深。后边缘向外变宽。头鞍、固定颊、颈环及后边缘上均有瘤点。

产地层位　宣恩县高罗；志留系兰多弗里统。

黔江王冠虫　*Coronocephalus*（*Coronocephalus*）*qianjiangensis* Wu
（图版51,7～10）

本种的主要特征是头鞍前叶有明显的前侧沟，有的标本还可见到横穿头鞍前叶的模糊的前侧沟，把头鞍前叶与假头鞍前区分开。并在头鞍前叶具有纵中沟。

产地层位　京山市中石门；志留系兰多弗里统纱帽组。

瘤点王冠虫　*Cotonocephalus*（*Coronocephalus*）*granulatus* Wu
（图版51,11、12）

头鞍前叶呈亚球形突起，背沟深而宽。固定颊窄，沿背沟有一排整齐细小瘤点。后侧翼的后缘上有整齐的等距离瘤点分布，每一侧大致为7～8颗。

产地层位　宣恩县；志留系兰多弗里统纱帽组。崇阳县三山七里冲；志留系兰多弗里统坟头组。

横宽王冠虫　*Coronocephalus*（*Coronocephalus*）*transversus* Wu

（图版52,7）

头鞍宽,前叶呈横椭球形,有3对头鞍沟都横穿头鞍后部。3对头鞍叶横向宽而纵向窄,每一对头鞍叶有4～6颗瘤饰。背沟深而宽。头鞍前叶瘤点大,较密集。固定颊凸起,其上布满较小的瘤点。眼叶大,亚圆形,后侧翼大而平伸,伸出一粗大颊刺。后侧沟深。

产地层位　大冶市双港口、崇阳县三山七里冲;志留系兰多弗里统坟头组。

长宁王冠虫（相似种）　*Coronocephalus*（*Coronocephalus*）cf. *changningensis* Wu

（图版52,8、9）

尾部呈三角形,后缘呈角状,中轴分30节以上,在第20节以后轴节沟不横穿,仅在两侧呈凹沟状。肋部分为16节,无间肋沟,侧缘为极窄的平翘的边缘。唇瓣中心体呈卵圆形。中心体还可分为中轴部及两侧部,两侧部上布满纹沟。此纹沟可能为消化腺网纹。

产地层位　蒲圻县斗门桥、大冶县双港口;志留系兰多弗里统坟头组。

小王冠虫亚属　*Coronocephalus*（*Coronocephalina*）Wu,1977

头鞍前叶大,平缓凸起,近似圆形。没有头鞍前沟或不明显,假头鞍前区和头鞍前叶分不开。颊刺长,活动颊宽大,外缘上有排列整齐而规则的齿状短刺。胸节11节。尾部似正三角形,中轴和肋部分节多,肋节末端伸出尖的肋刺。

分布与时代　湖北、安徽、贵州;志留纪兰多弗里世。

高罗小王冠虫　*Coronocephalus*（*Coronocephalina*）*gaoluoensis* Wu

（图版53,1～3）

头鞍长,棒状,前叶近似圆形。3对头鞍沟,前一对不横穿头鞍,后两对横穿头鞍。活动颊外缘有10个齿状短刺,其表面光滑无瘤。其他特征同属的描述。

产地层位　宣恩县高罗、阳新县太子庙;志留系兰多弗里统。

东方小王冠虫　*Coronocephalus*（*Coronocephalina*）*orientalis* Wu

（图版53,4～7）

尾部近似正三角形。中轴向后收缩显著,分节在40～45节。肋节分14节,肋节末端的肋刺细长,中轴轴环节上及肋节上均布有分散的大小约相同的瘤点。后部肋节瘤点少,前部肋节瘤点多。

产地层位　宣恩县高罗;志留系兰多弗里统。

刺头虫属 *Senticucullus* Xia,1974

与王冠虫的区别为:头鞍前叶平凸,头鞍前叶上瘤点较稀或无。头部外缘有12对长刺,其中9对位于活动颊外缘,另外3对位于面线后支之后的固定颊刺的外缘上。尾部肋节末端形成大长刺。

分布与时代 中国南部;志留纪兰多弗里世晚期。

美丽刺头虫 *Senticucullus elengans* Xia
(图版53,8、9)

头部外缘有12对长刺。头鞍沟3对,后两对在中线位置相连,前一对不连。头鞍前沟仅在头鞍前叶后侧部呈一浅而宽的凹口状,此凹沟之后,有一窄而浅的沟,似第四对头鞍沟。胸部11节。尾部呈三角形,中轴分节多至50余个,肋节有14节,末端有长刺伸出。

产地层位 来凤县老峡、赤壁市陆水水电站;志留系兰多弗里统。

赛美虫亚科 Cybelinae Holliday,1942
箭尾虫属 *Atractopyge* Hawle et Corda,1847

头鞍两侧近平行或向前略扩大。3对头鞍沟,头鞍前部有一排瘤或刺。眼有眼柄或没有眼柄。尾部具4对肋脊。

分布与时代 中国湖北,欧洲、北美洲;中、晚奥陶世。

高罗箭尾虫 *Atractopyge gaoluoensis* Zhou
(图版1,8~10)

本种以如下特征,显示出与属群内其他种的不同:头鞍前叶较宽大,头鞍向前较急剧扩大,后部较窄。头鞍及固定颊上疣点少。具5对头鞍沟。眼脊明显。眼呈粒状。尾部较短,尾轴宽,具清楚肋沟和间肋沟,呈肋脊状。肋节弯曲较显著,向后伸延成刺。

产地层位 宣恩县高罗、来凤县三堡岭;中—上奥陶统宝塔组。

强新月虫亚科 Dindymeninae Henningsmoen,1959
强新月虫属 *Dindymene* Hawle et Corda,1847

头鞍向前变宽,突出超过前边缘。面线显现或没有。胸部10节。尾部具2对肋节。

分布与时代 捷克、中国;中—晚奥陶世。

强新月虫(未定种) *Dindymene* sp.
(图版24,12)

个体小。背壳凸起较强。头部呈半圆形。头鞍向前强烈扩大,几呈扇形,头鞍基部甚窄。

颈沟宽而浅,中部具一小疣点。颈环横向宽度约为头鞍基部的2倍。背沟后部宽而深,向前逐渐变窄而浅。颊部宽而凸起。无面线。后边缘极窄。颊部向后伸出一小颊刺。

产地层位 来凤县三堡岭;中—上奥陶统宝塔组。

隐头虫亚目 Calymenina Swinnerton,1915
隐头虫科 Calymenidae Burmeister,1843
隐头虫亚科 Calymeninae Burmeister,1843
隐头虫属 *Calymene* Brongniart,1822

面线切于颊角,头部边缘极狭,有一深沟与头鞍分界。背沟在眼的相对部分强烈向中部收缩。头鞍凸,钟形。3对头鞍叶节,第二对叶节成乳头状,与相对的固定颊伸出部分相接。眼叶于第二叶节相对部位。

分布与时代 亚洲东部、澳洲、欧洲、北美洲;志留纪—中泥盆世。

长阳隐头虫 *Calymene changyangensis* Chang
（图版44,11）

头鞍逐渐向前收缩,前端圆。3对头鞍沟,前一对呈小的凹口状,中间一对短,后一对深而宽,向内并向后斜伸。有3对头鞍侧叶,前一对侧叶呈芽瘤状,第二对侧叶较小,后侧呈钝角形折曲,后一对大呈圆卵形。背沟深而宽。前边缘沟深而宽,前边缘凸起高。

产地层位 长阳县平洛;志留系兰多弗里统上部。

宣恩虫属 *Xuanenia* Zhou,1977

头鞍向前收缩明显,呈钟形,前端尖圆,头鞍前侧无一对深坑。3对微弱的头鞍沟。颈沟窄而深。颈环凸出,中部宽度较均匀,两侧微变窄。背沟深而宽。固定颊凸。眼叶小,半圆形,位于头盖中部。内边缘宽而凸,外边缘极窄,前边缘沟浅而明显。后侧翼宽。壳面具疣点。

分布与时代 湖北;晚奥陶世。

疣点宣恩虫 *Xuanenia granulosa* Zhou
（图版1,14、15）

头鞍强烈凸出,呈钟形,前端尖圆。3对头鞍沟,前一对极微弱,中间一对略显,后一对鞍沟向后斜伸至颈沟。颈沟窄。颈环中部的宽度较均匀,两侧变窄。固定颊约为头鞍宽度的1/2。后侧翼宽。内边缘宽而凸,外边缘极窄,向前拱曲。壳面具疣点。

产地层位 宣恩县高罗;中—上奥陶统宝塔组。

瑞德隐头虫亚科 Reedocalymeninae Hupe,1955,emend. Lu,1975

瑞德隐头虫属 *Reedocalymene* Kobayashi,1951

前边缘向前方伸出一舌状物,中后部隆起,前部延伸呈一轴脊和笔尖状的前刺。头鞍短,截锥形。具3对头鞍沟。尾部作圆形,中轴狭,前部作锥形,后部作次柱形。肋部的外部有一中沟。

分布与时代 华中、云南东部;早—中奥陶世。

宽甲瑞德隐头虫 *Reedocalymene expansa* Yi
（图版30,11）

头鞍凸,近等边三角形,前端钝圆。具3对头鞍沟;第三对极显,并向内端加宽。第三对头鞍叶大,三角形。头鞍前方具一宽平的中央凸起的前边缘,向前伸出一舌状物,中后部隆起,前部延伸呈一轴脊状或笔尖状前刺。背沟极深。眼叶靠近头鞍。

产地层位 宜昌市夷陵区分乡、神农架林区;中—上奥陶统庙坡组。

孙氏隐头虫属 *Calymenesun* Kobayashi,1951,emend. Lu,1966

头鞍切锥形,短,后段急剧扩大,具3对头鞍沟。前一对极弱。眼小,突起。面线切于颊角。边缘隆起,并向前伸出一长刺。

分布与时代 华中、西南;中奥陶世早期—晚奥陶世早期。

斑疣孙氏隐头虫 *Calymenesun granulosa* Lu
（图版24,7、8）

本种与模式种 *C. tingi* 的区别是:头部前缘向前方伸出;外边缘和侧边缘较清楚的呈现;面线前段由眼部向前收缩的程度较差。胸部宽度较窄。尾部呈次六角形。

产地层位 宜昌市夷陵区棠垭旗杆坡、长阳县平洛、宜都市茶园寺;中—上奥陶统宝塔组。

岛头虫属 *Neseuretus* Hicks,1872

头鞍次抛物线形,前端平切。3对或4对头鞍沟,后一对长,其内部有时分出一略向前伸的短支。内边缘宽大,隆起成穹形。眼小,靠前上方。胸部13节。尾部长与宽几乎相等,中轴后伸至肋部之后,分6～7节。

分布与时代 亚洲、欧洲、拉丁美洲、非洲北部;早奥陶世—中奥陶世早期。

膨大岛头虫　*Neseuretus expansus* Lu

（图版38,14）

具4对头鞍沟,头鞍宽而短,头鞍之前的肿疱宽,中等凸起。头鞍前部比较宽。前边缘沟明显。固定颊较狭。尾部呈圆形,肋沟伸到边缘,显得很长。

产地层位　房县九道梁薛家坪;下—中奥陶统大湾组。

中间型岛头虫　*Neseuretus intermedius* Lu

（图版38,12、13）

本种与*N. shensiensis*一样具有3对头鞍沟,前边缘呈直线状。但与后者的不同点在于:本种的后一对头鞍沟伸达颈沟,头鞍的基底侧叶呈卵形。颈环无中疣。

产地层位　神农架林区清泉;下—中奥陶统大湾组。

优隐头虫科　Eucalymenidae Lu,1975

假隐头虫属　*Pseudocalymene* Pillet,1973(=*Eucalymene* Lu,1975)

头鞍长,长方形。具3对显著的头鞍沟,前边缘高凸,与头鞍分界处有一浅而窄的边缘沟。固定颊宽。眼小高耸。眼脊弱,斜伸。胸部10节。尾部半圆形,中轴长,7～8节。肋部具肋沟和显著的间肋沟,无明显的边缘存在。

分布与时代　华中;早奥陶世。

方形假隐头虫　*Pseudocalymene quadrata* Lu

（图版20,7、8）

头鞍呈长方形,3对头鞍沟。背沟窄而深,前端有一对深而圆的前坑。前边缘窄,隆起。眼小。胸部10节。尾部半圆形,尾轴窄,呈反锥形,肋部间肋沟窄,极清楚,无尾边缘。

产地层位　湖北西部、鄂东崇阳县、鄂中京山市;下—中奥陶统大湾组上部。

杨集假隐头虫（新种）　*Pseudocalymene yangjiensis* Z. H. Sun(sp. nov.)

（图版20,9）

头盖亚方形。头鞍较短,作柱状,两侧大致平行,中部略微收缩,前端平直。头鞍强烈高凸,最大凸度在头鞍后方,沿中线向两侧急下斜,向前下倾稍缓。具3对头鞍沟,前一对不很明显;中间一对短而较深,并平伸;最后一对极深,并分叉成两支,前一支短而微向前,后一支长,向后斜伸。颈沟大致平直,但较浅,在两端加深。颈环凸度低于头鞍,中部宽,两端变窄。背沟宽而深,由头鞍及固定颊急剧下倾呈"V"字形凹陷。背沟大致平行,在头鞍前侧角形成一对深于背沟的前坑。前边缘相当宽,向前拱曲,强烈翘起,凸起高度与头鞍一致。无内边缘。前边缘宽度左右均一。边缘沟特别宽,其宽度与前边缘相似,且深。前边缘沟向两侧伸展越过眼前叶，在前边缘之后形成一条宽的沟带。固定颊鼓起很高。眼脊明显，自第一对头鞍沟处向后急斜延伸。眼叶不详，按眼脊向后斜伸情况分析，眼叶可能小而靠后。后侧沟较宽，后边缘细线状。尾部近于半圆形，两侧角圆润。尾轴锥形，向后收缩，可分7～8节，肋部分7节，肋沟宽，其宽度与肋节一致，间肋沟宽而极浅。

比较　本新种与 P. quadrata 的区别比较明显：头鞍较短，头鞍沟后一对分叉，背沟宽而深，前边缘特别宽，并在前边缘之后形成一沟带。外边缘与边缘沟等宽，宽度均一，固定颊鼓起明显。这些特征完全可以区别于后者。

产地层位　京山市杨集；下奥陶统。

镜眼虫亚目　Phacopina Struve, 1959
达尔曼虫超科　Dalmanitacea Vogdes, 1890
达尔曼虫科　Dalmanitidae Vogdes, 1890
小达尔曼虫属　*Dalmanitina* Reed, 1905

头鞍大棒形，向前扩大，各叶节分节明显。头鞍前的边缘狭或缺失，3对头鞍沟，前一对斜，后一对分支。眼小，距后边缘沟远。尾部呈圆润三角形，中轴分节在11节以上，末端具一末刺。

分布与时代　欧洲、亚洲、北美洲、非洲北部；中奥陶世—志留纪。

分乡小达尔曼虫　*Dalmanitina fenxiangensis* Lin
（图版54,1、2、8）

头鞍大棒形，向前扩大，3对深的头鞍沟，后一对略向后伸并明显分叉，头鞍前叶较宽。颈环较窄。固定颊较宽。尾部次三角形，具一末刺。背壳表面具小的粒状构造。

产地层位　宜昌市夷陵区分乡、秭归县下滩沱；上奥陶统—志留系兰多弗里统龙马溪组顶部。

宜昌小达尔曼虫　*Dalmanitina yichangensis* Lin
（图版54,3～6,9～11）

本种与 D. fenxiangensis 相比的不同点在于：本种后两对头鞍沟近于平伸，其中后一对的近轴端分叉不明显。头鞍前叶上的小陷坑，位于中央偏后。眼叶小，位于前两对头鞍沟之间的相对位置。尾部较短，中轴呈锥形。壳面具明显而大的小瘤。

产地层位　宜昌市夷陵区分乡、秭归县下滩沱，上奥陶统—志留系兰多弗里统龙马溪组顶部。

小达尔曼虫（未定种） *Dalmanitina* sp.

（图版 54，7）

仅有一块不完整的头盖。头鞍柱形，向前扩大，但较其他种扩大则缓。背沟和头鞍沟均相对而较宽。3 对头鞍沟，前两对较长，近中轴处相距很近，后一对头鞍沟稍短，具不明显的分叉。颈环极窄，两端与中部均较窄。头鞍前叶的小陷坑，位于中央略偏后。眼叶位于前两对头鞍沟相对的位置。

产地层位 崇阳县黄马冲；上奥陶统。

铁列什斯虫属 *Tiresias* M'Coy，1846

个体小。头鞍呈卵圆形，可见 3 对头鞍沟。颊部较长。颈环宽度较大，约头鞍长度的 1/4～1/5。壳面具指纹状细纹。

分布与时代 中国湖北、美国；中—晚奥陶世。

巨大铁列什斯虫 *Tiresias megistus* Xia

（图版 2，16）

本种与模式种 *T. insculptus* 的区别在于：本种壳体大，产出层位较低。本种头鞍呈五边形，未见头鞍沟。固定颊较短。颈环纵向宽度较短。

产地层位 宜昌市夷陵区分乡；中—上奥陶统宝塔组。

裂肋虫目 Lichida Moore，1959
裂肋虫科 Lichidae Hawle et Corda，1847
眉形裂肋虫属 *Metopolichas* Gurich，1901

头鞍向前强烈向下弯曲，前一对头鞍沟发育，向后引长到达第三对头鞍沟；第二对头鞍沟不显。尾部中轴的后部扩大，肋部有 3 对具有肋沟的肋节，后一对肋节的边缘圆润或成锯齿状，前两对肋节后伸成短刺。壳面具小疣斑。

分布与时代 亚洲、欧洲北部；早—中奥陶世。

眉形裂肋虫（未定种） *Metopolichas* sp.

（图版 43，14）

头鞍近于方形。具 3 对头鞍沟。前一对特别发育，向后引长到颈沟。第二对、第三对头鞍沟短，近于平伸，与前一对头鞍沟后伸部分相交。前边缘极为狭窄。

产地层位 宜昌市夷陵区分乡；下—中奥陶统大湾组。

遵义裂肋虫属 *Tsunyilichas* Chang, 1974

背沟中等宽度及深度。头鞍前侧沟向后与后侧头鞍沟呈尖弧状相连, 并与背沟相连。颈沟平伸, 颈侧叶之后的沟直而斜伸, 侧颈叶呈大三角形。颈环中部前缘平直, 后缘微向前拱曲。眼叶小, 靠近双合头鞍叶。头部上布满瘤点。

分布与时代 华南; 晚奥陶世。

崇阳遵义裂肋虫(新种)
Tsunyilichas chongyangensis Z. H. Sun(sp. nov.)
(图版24,9)

头鞍较大, 强烈凸起, 中线位置凸起最强, 头鞍前中叶及双合头鞍叶强烈向下倾斜。纵沟在头鞍中部, 把头鞍中叶节分成柱棒状。纵沟的后端与后侧头鞍沟呈尖圆状相连, 后侧头鞍沟向外并向前斜伸, 并与背沟相交。纵沟在头鞍的前部(头鞍前侧沟)向外并向前延伸, 与背沟相交于头鞍之前侧角。纵沟与颈沟不相连。头鞍中叶在中部呈柱棒状, 前中叶扩大呈卵圆形。中叶后部与两侧基底叶相连。双合头鞍叶呈长卵形, 两端尖圆。颈沟宽而深、平直, 伸至两端立即变浅, 不伸至背沟。颈侧叶不大, 呈三角形, 其侧上部与头鞍基叶相连。颈侧叶之后的沟与颈沟一样宽而深, 直而斜伸。颈环的前缘向前拱出。背沟后段直, 由后边缘略向内, 并几乎呈平行地向前伸展, 在后侧头鞍沟之前向外扩展延伸, 绕过头鞍, 前段在头鞍之下。前边缘窄而呈线形。眼叶小, 在双合头鞍叶后端之外。固定颊向下急剧倾斜。后侧沟窄, 后边缘细而窄。壳面布满细小的瘤点。

比较 本新种与 *T. pustulosus* 的不同点在于: 头盖横向较窄而纵向较长; 头鞍的前中叶呈卵圆形; 双合头鞍叶呈长卵形, 两端尖圆; 颈沟两端变浅, 并不伸至背沟; 颈侧叶的侧上部与头鞍基叶相连; 颈环横向窄, 中段向前突出明显。

产地层位 崇阳县陈家湾; 中—上奥陶统宝塔组。

齿肋虫目 Odontopleurida Whittington, 1959
齿肋虫科 Odontopleuridae Burmeister, 1843
齿肋虫亚科 Odontopleurinae Burmeister, 1843
狮头虫属 *Leonaspis* Richter et Richter, 1917

头鞍具一中叶及两对互相结合的侧叶, 侧叶小。背沟明显。颈环发育, 无侧叶, 无长中刺, 可具中疣或短刺; 眼大, 位于后部。固定颊窄。面线前支平行, 面线与前头鞍侧叶之间有一三角形区。

分布与时代 中国, 晚奥陶世—早泥盆世。亚洲、欧洲、美洲; 志留纪—早泥盆世。

中华狮头虫 *Leonaspis sinensis* Chang

（图版1,13）

头鞍较宽,有两对呈曲线形的头鞍沟,形成两对清楚的头鞍侧叶。固定颊后部较宽,向前变窄。眼位于后头鞍叶之外相对应的位置。颈沟窄,中部平直,两侧微向后曲。在后侧头鞍叶之后,颈沟向颈环上伸出极短的斜沟。颈环中部宽,无颈刺。侧颈叶不清楚。后侧翼长,后侧沟清楚。

产地层位 宜昌市夷陵区分乡;上奥陶统—志留系兰多弗里统龙马溪组。

宽型狮头虫 *Leonaspis lata* Yi

（图版45,11）

头鞍凸起,由一个中叶和两对侧叶组成。中叶近圆柱形,两侧边平行。颈环宽,具一个横椭圆形的中瘤。眼叶较大。固定颊很窄,呈脊状突起。活动颊宽。头部侧边缘有一排14～16个较短的、向后逐渐变长的、放射状小刺。颊刺短尖,并向后伸出。

产地层位 宜昌市夷陵区分乡大中坝;志留系兰多弗里统罗惹坪组下部。

高滩虫属 *Gaotania* Chang,1974

头鞍呈半椭圆形,有两对头鞍沟及两对头鞍侧叶,后侧头鞍叶大而分离呈长卵形。固定颊呈弧脊状突起。颈环无中瘤或颈刺。活动颊前侧边缘有10～12个小刺。活动颊刺长而粗大。胸部10节。尾部中轴有2个轴环节,有4对尾刺。

分布与时代 贵州、湖北西部、云南东北部;志留纪兰多弗里世晚期。

湖北高滩虫 *Gaotania hubeiensis* Yi

（图版45,12～14）

头部横宽。头鞍具2对头鞍沟,后一对长而深并将头鞍分出一对长卵形的头鞍后侧叶。颈环宽,具一明显的横椭圆形的中瘤。侧颈叶不明显。活动颊宽。侧边缘宽而平,,其外缘有16～20个小刺。胸部10节,肋节有肋沟。尾部短而宽,4对尾刺,中间一对最长,并分出一对支刺。

产地层位 宜都市茶园寺、宣恩县沙道沟;志留系兰多弗里统罗惹坪组。

甲壳纲　Crustacea

似介形虫亚纲　Ostracodoidea

金臂虫目　Bradoriida Raymond，1935

前尖虫科　Alutidae Huo，1956

后龙洞虫属　*Houlongdongella* Lee，1975

壳体前尖后圆，侧视呈切椭圆形或次卵圆形。铰合线平直，较壳长为短，前背角90°或稍小，后背沟为钝角。壳面凸度中等。壳的前背部具槽与背边正交或斜交，单型或双型。槽的前部直到前边为前叶状突起所在，显著。后叶突起在槽的后方。具双型槽的种则同时具有中叶状突起，一般较小，甚至成小瘤，位于相交的双槽之间。自由边缘具缘脊构造。

分布与时代　云南、湖北；寒武纪第二世。

湖北后龙洞虫　*Houlongdongella hubeiensis* Z. H. Sun

（图版55，17、18）

壳体短高，侧视为半圆形或卵形。铰合线直，稍短于壳长。前、后背角钝，前背角为115°，后背角为130°。前端圆，后端微斜圆。腹缘弧形弯曲。壳凸度均匀。壳背部前端1/4处具一"V"字形槽，上宽下窄。前叶状突起长，布满壳体前部。后叶状突起大，显著地向背方外凸。壳体近中部最高。缘脊发育，十分宽，从前背角经自由边缘与背边后端相交。自由边缘与缘脊之间有一条窄的小沟，此沟平行缘脊。湖北后龙洞虫测量数据如表1所示。

表1　湖北后龙洞虫测量数据　　　　　　　　　　　　　　　　　（mm）

图号	壳别	长	高
18	完整	3.52	2.88
17	完整	2.87	2.25

产地层位　房县清泉；寒武系纽芬兰统—第二统牛蹄塘组。

神农架后龙洞虫　*Houlongdongella shennongjiaensis* Z. H. Sun

（图版55，13～16）

壳体侧视为卵圆形。铰合缘直，约为壳长的4/5。背、后背角钝。前端圆。后端微斜圆。腹缘近中部外弯形成120°的圆滑交角。凸度中等。最高处位于壳体中部。壳体在前背部具一"V"字形槽，上宽下窄。前叶状突起长；后叶状突起大，显著地向背方外凸。缘脊发育，从前背部沿自由边缘与背缘两端相交。自由边缘与缘脊之间有条窄的沟，此沟平行缘脊。神农架后龙洞虫测量数据如表2所示。

表2　神农架后龙洞虫测量数据　　　　　　　　　　　　　　　　（mm）

图号	壳别	长	高
13	完整	3.12	2.50
15	完整	2.85	2.31

产地层位 房县清泉;寒武系纽芬兰统一第二统牛蹄塘组。

小马家山虫属 *Majiashanella* Lin,1978

壳体外形为前尖后圆的次卵圆形或次椭圆形。铰合线平直,较壳长为短。前背角尖锐,后背角为钝角。壳面微凸。前瘤大,形状各不相同,位于前背角处,具一小的背瘤。并有明显而均匀的边缘,边缘沟在腹部中央较宽,向前背角和后背角变狭。

分布与时代 湖北;寒武纪第二世。

秭归小马家山虫 *Majiashanella ziguiensis* Lin
（图版55,7～10）

壳为前尖的次卵圆形。铰合线平直而短。前背角约80°,腹边与后边以曲度较大的圆形曲线相联。后背角较大,约150°。壳面向外凸出的程度较小。前瘤大,呈圆形,位于前背角处。在背部近中央,具一很小的瘤。前、腹和后部具有明显而均匀的边缘围绕。边缘沟在腹部中央较宽,向前背角和后背角渐变狭。秭归小马家山虫测量数据如表3所示。

产地层位 秭归县野猫面、长阳县木溪;寒武系纽芬兰统一第二统牛蹄塘组。

表3 秭归小马家山虫测量数据 （mm）

图号	最大长度	高度	铰合线长
7	5.2	3.9	3.5
8	5.3	3.9	3.6
9	4.7	3.5	3.1
10	4.5	3.8	3.9

湖北小马家山虫 *Majiashanella hubeiensis* Lin
（图版55,11）

壳较大,外形为前尖的次长卵圆形,铰合线平直,其长度略小于壳长。前背角尖锐,约为75°,腹边和后边以圆弧相联,后背角为125°。壳面微凸。前瘤大,呈曲尺状,为主瘤,位于前背角处。在背部中央和前端各具一小瘤。前腹和后部有窄的边缘,边缘沟宽而浅。

度量 最大长度为5.8mm,高度为3.9mm,铰合线长为4.6mm。

产地层位 秭归县野猫面;寒武系纽芬兰统一第二统牛蹄塘组。

近似小马家山虫 *Majiashanella vicina* Lin
（图版55,12）

壳呈切卵圆形。铰合线平直,较壳长为短,其与前边所成的前背角大于90°。腹边与后边相连而成圆弧形的曲线,后背角则较大,约为130°。壳面凸出度较小。前瘤较小,位于前背角处。背部近中央处具一小瘤。有窄的边缘及边缘沟。

度量 长度5.3mm,高度3.4mm,铰合线长4.4mm。

产地层位 秭归县野猫面；寒武系纽芬兰统—第二统牛蹄塘组。

扬子小马家山虫 *Majiashanella yangtziensis* Lin

（图版55,1～6）

壳为次椭圆形。铰合线平直，较壳长略短，与前边所成的前背角约为90°。前边大致直立，有壳高的1/2，腹边和后边以圆弧相联，后背角约110°。壳面突出度较低。前背部具有前瘤，前瘤较大，为钩形，位于近前缘。背瘤小，位于背部中央偏前。边缘沟浅而宽，有宽度均匀的边缘。扬子小马家山虫测量数据如表4所示。

表4 扬子小马家山虫测量数据 （mm）

图号	最大长度	高度	铰合线长度
1.2	4.4	3.2	4.1
3	5.6	4.3	4.6
4	5.3	3.7	4.7
5、6	4.7	3.6	4.3

产地层位 秭归县野猫面、长阳县木溪；寒武系纽芬兰统—第二统牛蹄塘组。

鳃足亚纲　**Branchiopoda**

介甲目　Conchostraca Sars,1867

瘤模叶肢介亚目　Estheritina Kobayashi,1972

叶肢介亚目相关构造示意图见图6～图11。

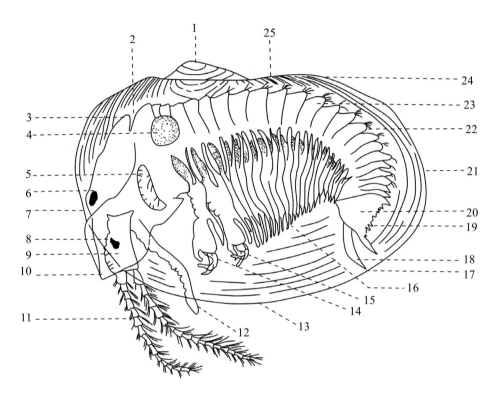

图6　叶肢介雄性个体躯体形态及其构造简图

1.壳顶；　2.头后凹；　3.头后角；　4.闭壳肌；　5.大颚；　6.眼；　7.右瓣前缘；　8.无节幼体眼；

9.柄节；　10.额角；　11.第二触角；　12.第一触角；　13.右瓣腹缘；　14.第一胸足或第一执握枝；

15.第二胸足或第二执握枝；　16.附肢；　17.纤毛；　18.尾爪；　19.尾节刺状背缘；　20.尾节；

21.右瓣后缘；　22.刚毛；　23.体节；　24.右瓣后背角；　25.背缘；　（沈嘉瑞等，1962）

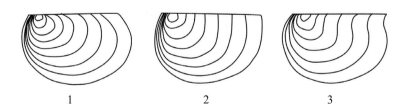

图7　叶肢介壳瓣的外形（均为左瓣）

1.樱蛤形；　2.圆贝形；　3.渔乡蚌虫形

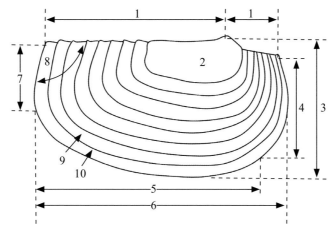

图8 叶肢介壳瓣(右瓣)的各大部构造(非 leaid 类)

1. 背缘； 2. 胎壳； 3. 壳高； 4. 前缘； 5. 腹缘； 6. 壳长；

7. 后缘； 8. 后背角； 9. 生长带； 10. 生长线； (Novojilov, 1960)

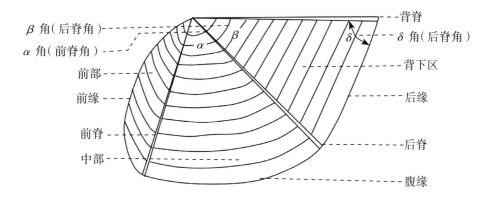

图9 李氏叶肢介(leaid)壳瓣各大部构造(左瓣)

图10 左瓣背缘具刺构造

(*Vertexia taur cornis* Lutkevich)， ×22

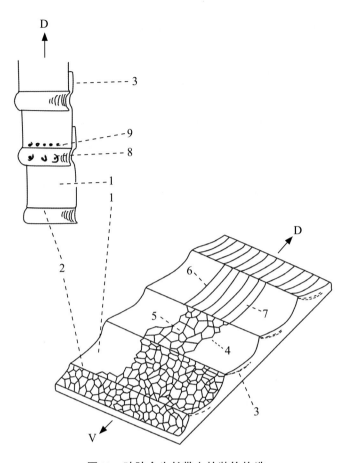

图 11　叶肢介生长带上的装饰构造

1. 生长带；　2. 生长线；　3. 生长带托；　4. 网壁；　5. 网孔；

6. 线脊；　7. 线间；　8. 生长线瘤环；　9. 滨生长线瘤

D. 背部；　V. 腹部

锥顶叶肢介超科　Vertexioidea Kobayashi, 1954

古渔乡叶肢介科　Palaeolimnadiidae Tasch, 1956

古渔乡叶肢介属　*Palaeolimnadia* Raymond, 1946

壳瓣长或圆,有时近方形。胎壳一般比较大。生长带少,生长带上光滑无饰。

分布与时代　中国、澳大利亚、苏联西伯利亚、哈萨克斯坦东部;二叠纪乐平世—中侏罗世。

收缩古渔乡叶肢介　*Palaeolimnadia contracta* Shen

（图版56,1）

壳瓣小,呈圆三角形。长2.6mm,高1.7mm。胎壳大,占背缘长的1/2,占壳高的1/2。前缘较直,与腹缘呈明显的角状转折。后缘向后收缩呈尖圆状。最大高度在前腹缘转折处。

生长带窄而微凹,有8～10条,生长线细而凸起。

产地层位 秭归县香溪镇东公路边;中三叠统巴东组,下紫色页岩段。

马超岭古渔乡叶肢介 *Palaeolimnadia machaolingensis* Shen

(图版56,2)

壳瓣小,呈横圆形。长2.2mm,高1.6mm。背缘长,微拱曲,胎壳大,亦呈横圆形,古背缘长度的4/5,占壳高的2/3。前后缘均甚圆,腹缘比较平,前高几乎等于后高。生长带宽而平,仅3～4条,生长线细。

产地层位 秭归县香溪镇马超岭;中三叠统巴东组,下紫色页岩段。

少线古渔乡叶肢介 *Palaeolimnadia paucilinearis* Shen

(图版56,3)

壳瓣小,呈横圆形。长2.6mm,高1.8mm。胎壳大,呈前大后小的卵形,从背缘前端起占其长度的2/3,约占壳高的2/5。前、后缘及腹缘均甚圆,最大高度通过壳长中央。生长带宽平,仅有3条,生长线较粗而凸。

产地层位 秭归县香溪镇东公路边;中三叠统巴东组,下紫色页岩段。

尖形古渔乡叶肢介 *Palaeolimnadia acuta* Shen

(图版56,4、5)

壳瓣小,呈纺锤形。长4.8mm,高3.3mm。胎壳大而凸,亦呈纺锤形,约占背缘长的1/2,占壳高的1/2。前、后缘均收缩呈尖圆状,最大高度通过壳长的中点。生长带多而密集,并略下凹,有10～20条;生长线粗而凸起。

产地层位 秭归县香溪镇西公路边;中侏罗统千佛崖组。

鄂西古渔乡叶肢介 *Palaeolimnadia exiensis* Shen

(图版56,6、7)

壳瓣短而小、凸起,斜方形。长3.3mm,高2.8mm。胎壳大,呈横圆形,占背缘长的3/4,占壳高约1/3。前缘向后斜伸,后缘宽圆,腹缘向下拱曲,后腹部向后扩张。生长带多而密集,较平,有12～16条,生长线细,微凸。

产地层位 秭归县香溪镇西公路边;中侏罗统千佛崖组。

大古渔乡叶肢介 *Palaeolimnadia grandis* Shen

(图版56,8、9)

壳瓣小而凸起,近圆形。长3.3mm,高2.8mm。背缘短,略向上拱曲,胎壳很大,凸起,呈圆形,占壳高的3/4。前、后缘几乎等圆,腹缘微呈弧形拱曲,前高等于或略小于后高。生长带密集,有7条,生长线细。

产地层位 秭归县香溪镇西公路边;中侏罗统千佛崖组。

湖北古渔乡叶肢介 *Palaeolimnadia hubeiensis* Shen

(图版56,10)

壳瓣小,近圆形或椭圆形。长4.3mm,高2.9mm。胎壳大而凸,近圆形或椭圆形,占背缘长约3/4,占壳高约1/2。前、后缘均甚圆,后缘略呈尖圆状,腹缘呈宽弧状向下拱曲。生长带多而密集,微凹,10～15条,生长线粗而凸。

产地层位 秭归县香溪镇西公路边;中侏罗统千佛崖组。

近中古渔乡叶肢介 *Palaeolimnadia intermedia* Shen

(图版56,11)

壳瓣小至中等,背部凸起,呈椭圆形。长3.7mm,高2.5mm。胎壳大,占壳高的1/3,呈卵形,把背缘分隔成明显的前后两部分。前高略小于后高。后背角148°。生长带多,背部的比腹部的宽,约17条,生长线粗而微凸。

产地层位 秭归县香溪镇西公路边;中侏罗统千佛崖组。

半圆古渔乡叶肢介 *Palaeolimnadia semicircularis* Shen

(图版56,12)

壳瓣短而小,近圆形。长3.4mm,高2.9mm。胎壳较大,呈半圆形,位于背缘的中前部,占其长的3/5,约占壳高的1/4。前高等于或略小于后高,最大高度在壳瓣中部。生长带多而密集,微凹,有13～21条,生长线较粗而凸。

产地层位 秭归县香溪镇西公路边;中侏罗统千佛崖组。

近圆古渔乡叶肢介 *Palaeolimnadia subcircularis* Shen

(图版56,13)

壳瓣小,近圆形。长4.3mm,高3.7mm。胎壳不太大,呈半圆形,位于背缘中前部。前缘较直,与腹缘以角状过渡,后缘和腹缘均呈宽圆状。后背角明显,有146°。背部的生长带较宽,腹部的密集,约24条,生长线细。

产地层位 秭归县香溪镇西公路边;中侏罗统千佛崖组。

扬子古渔乡叶肢介 *Palaeolimnadia yangziensis* Shen

(图版56,14)

壳瓣小而凸,斜卵形。长4.1mm,高2.8mm。胎壳不太大,扁圆形,占背缘长的1/2,占壳高的1/5。前缘呈弧形迅速向后斜伸,后缘圆,腹缘呈弧形,后腹部强烈向后扩张成宽圆状,后背角140°。生长带多而密集,有23～32条,生长线较细。

产地层位 秭归县香溪镇西公路边;中侏罗统千佛崖组。

网渔乡叶肢介属 *Dictyolimnadia* Shen,1976

壳瓣小,近方形。背缘直或微拱,胎壳大。生长带10条左右,其上具有规则多边形小网状装饰。

分布与时代 湖北;中三叠世。

近方形网渔乡叶肢介 *Dictyolimnadia subquadrata* Shen
（图版57,2）

壳瓣小,近方形。胎壳大,近方形,占背缘长的2/5,占壳高的1/3。前、后缘近于平行,前高等于后高,后背角明显,143°。具8～12条宽而平的生长带,生长线细。生长带上具彼此毗邻的规则多边形小网状（外模上为小点粒状）装饰。

产地层位 秭归县香溪镇东公路边,卜庄河公社狮子堡;中三叠统巴东组,下紫色页岩段。

云梦渔乡叶肢介属 *Yunmenglimnadia* Chen,1975

壳瓣椭圆形或近卵形。生长线窄槽状,生长带少。胎壳大,其前部具有一个比较大的、垂直方向伸长的闭壳肌痕及壳腺构造。胎壳及生长带上均分布有浅而拥挤的似蜂窝状装饰。

分布与时代 湖北、甘肃;古近纪。

湖北云梦渔乡叶肢介 *Yunmenglimnadia hubeiensis* Chen
（图版56,15;图版57,1）

壳瓣中等,轮廓近椭圆形。前高略大于后高,胎壳巨大,占全壳的8/10或9/10。其前部有一个大的垂直伸长的闭壳肌痕及壳腺构造,呈椭圆形,壳腺较细。近腹缘处仅有两条较宽平的生长带。胎壳及生长带上布满浅而拥挤的蜂窝状装饰,外模上则呈疹疱状。

产地层位 应城市;古近系始新统荆沙组。

菱形云梦渔乡叶肢介 *Yunmenglimnadia rhombica* Chen
（图版57,3）

这个种与湖北云梦渔乡叶肢介和应城云梦渔乡叶肢介共生,只有壳瓣的外形差别比较明显,其他方面都很相似。它的轮廓近于菱形。

产地层位 应城市;古近系始新统荆沙组。

应城云梦渔乡叶肢介　*Yunmenglimnadia yingchengensis* Chen

（图版57,4）

壳瓣中等,长6～6.5mm,高4mm。壳瓣后端收缩明显,轮廓近长卵形,胎壳大,约占全壳的2/3～4/5,其前部有一个大而垂直伸长的闭壳肌痕及壳腺构造,呈椭圆形。有5～6条宽而平的生长带,胎壳及生长带上布有浅的似蜂巢状装饰。

产地层位　应城市;古近系始新统荆沙组。

锥顶叶肢介科　Vertexiidae Kobayashi,1954
香溪叶肢介亚科　Xiangxiellinae Shen,1976
香溪叶肢介属　*Xiangxiella* Shen,1976

壳瓣小,呈卵形或椭圆形。背缘长,较大的胎壳上面有两条从背部向前后方向分叉的直的短脊,两脊的夹角呈锐角、直角或钝角。生长带多。

分布与时代　湖北、江苏;中三叠世。

锐角香溪叶肢介　*Xiangxiella acuta* Shen

（图版57,5）

壳瓣小而微凸,椭圆形。胎壳较小,位于前部。胎壳上具两条自背缘向前后方向分叉的短脊,脊粗而凸,前脊略短于后脊。α角为103°,β角为60°,两脊夹角小,为43°。前后背角不明显。生长带多而密集,约24条,生长线细。

产地层位　秭归县卜庄河公社狮子堡;中三叠统巴东组,下紫色页岩段。

双脊香溪叶肢介　*Xiangxiella bicostata* Shen

（图版57,6）

壳瓣小而平,长方形。胎壳较大,胎壳上具两条自背缘向前后方向分叉、长度相等的短脊,前后脊分别指向前缘和腹缘中央。α角为133°～138°,β角为54°～63°,两脊夹角为72°～84°:前后背角明显,分别为131°和136°。生长带约7条,宽而平,生长线细。

产地层位　秭归县香溪镇东公路边;中三叠统巴东组,下紫色页岩段。

长形香溪叶肢介　*Xiangxiella elongata* Shen

（图版57,7）

壳瓣小而平,长椭圆形。长3mm,高1.6mm。胎壳较小,在胎壳背部有两条等长的向前后方向分叉的短脊,两脊的分叉点在胎壳上部发生,不与背缘相交。前脊指向前缘上部,后脊指向腹缘后部,两脊夹角很大,为139°。生长带较宽,有12条,生长线细、微凸。

产地层位　秭归县香溪镇东公路边;中三叠统巴东组,下紫色页岩段。

西陵峡香溪叶肢介 *Xiangxiella xilingxiaensis* Shen

（图版57,8）

壳瓣小而平,斜卵形。长1.8mm,高1.3mm。胎壳较大,胎壳上具有两条等长的自背缘向前后方向分叉的短脊。α角为147°,前脊指向前缘中上部,β角为79°,后脊指向腹缘中央,两脊夹角为68°。前背角大于后背角。8条生长带宽而平,生长线较细。

产地层位　秭归县香溪镇东公路边;中三叠统巴东组,下紫色页岩段。

原单脊叶肢介属 *Protomonocarina* Tasch,1962

壳瓣近卵形或椭圆形。背缘直,胎壳较大,胎壳上有一条直的短脊。生长带多。

分布与时代　湖北、江苏;中三叠世。美国堪萨斯州,二叠纪船山世。

卜庄河原单脊叶肢介 *Protomonocarina buzhuangheensis* Shen

（图版57,9）

壳瓣小而平,近圆形。长2.7mm,高2.2mm。胎壳略大,靠近背缘中央。胎壳上具一条短脊,自胎壳背部开始指向腹部迅速加粗,呈卵形,与背缘夹角为47°。前后高近等,最大高度通过壳长中部。14条生长带宽而平,生长线细。

产地层位　秭归县卜庄河公社狮子堡;中三叠统巴东组,下紫色页岩段。

脊状原单脊叶肢介 *Protomonocarina carinata* Shen

（图版57,10）

壳瓣小,长方形。长2mm,高1.2mm。胎壳大,位近中部略偏前,其上有一条粗而凸的胎壳短脊,自胎壳上部向腹缘中央延伸,与背缘夹角为81°。前、后缘对称弯曲,前高等于后高。10条生长带窄而微凹,生长线粗而凸。

产地层位　秭归县卜庄河公社狮子堡;中三叠统巴东组,下紫色页岩段。

湖北原单脊叶肢介 *Protomonocarina hubeiensis* Shen

（图版57,11）

壳瓣小,长扁圆形。长2.2mm,高1.2mm。胎壳略大,靠近中央。胎壳上具一条短而凸的脊,自背部开始向后腹方向逐渐变粗,呈长卵形,与背缘约以46°相交。前、后缘均呈尖圆状。10条生长带略宽而微凹,生长线细、微凸。

产地层位　秭归县卜庄河公社狮子堡;中三叠统巴东组,下紫色页岩段。

长方形原单脊叶肢介　*Protomonocarina oblonga* Shen

（图版57,12）

壳瓣小,长方形。长2.5mm,高1.4mm。胎壳较大,靠近中部,其上有一条粗而凸的短脊,自胎壳背部开始向腹缘中央方向有逐渐变粗的趋势,与背缘以67°相交。前高略大于后高。8条生长带微凹,生长线较粗而凸。

产地层位　秭归县香溪镇东公路边;中三叠统巴东组,下紫色页岩段。

中国原单脊叶肢介　*Protomonocarina sinensis* Shen

（图版57,13）

壳瓣小而平,卵形或长卵形。长2～2.9mm,高1.5～1.8mm。胎壳大,占壳高1/3～1/4,位于背缘前部,其上有一条凸起的短脊,自胎壳前上方开始向后腹方向延伸,短脊与背缘夹角为38°～58°。7～11条生长带宽而平,生长线细。

产地层位　秭归县香溪镇东公路边;中三叠统巴东组,下紫色页岩段。

香溪原单脊叶肢介　*Protomonocarina xiangxiensis* Shen

（图版57,14）

壳瓣小而平,近似菱形。长1.9mm,高1.5mm。胎壳大,位于背缘中前部,其上具一条直而细长的胎壳脊,自胎壳背部开始指向腹缘中部,与背缘夹角为64°。前、后缘直,近乎平行,前高略小于后高。8条生长带窄而平,生长线细。

产地层位　秭归县香溪镇东公路边;中三叠统巴东组,下紫色页岩段。

秭归原单脊叶肢介　*Protomonocarina ziguiensis* Shen

（图版58,1、2）

壳瓣小而短,斜方形。胎壳较大,其上有一条粗而凸的短脊,自上而下逐渐变粗,呈长卵形,从背缘开始向腹部方向延伸,与背缘夹角为60°～78°。生长带较宽而平,10～16条,生长线细、微凸,生长带上具有规则多边形小网状装饰。

产地层位　秭归县香溪镇东公路边;中三叠统巴东组,下紫色页岩段。

光滑叶肢介超科　Lioestherioidea Raymond,1946
真叶肢介科　Euestheriidae Defretin,1965
真叶肢介属　*Euestheria* Deperet et Mazeran,1912

壳瓣一般比较小,椭圆形、卵形、圆形或近方形。生长带上具有小网装饰,印在外模上尽是一些小点粒,排列不规则。

分布与时代　世界各地;中生代。

指纹真叶肢介 *Euestheria dactylis* Shen

（图版57,15）

壳瓣小而平,马蹄形。生长线密集似指纹。长2.5mm,高1.9mm。胎壳呈半月形,位于背缘中部。后背角127°。生长带窄而平,生长线细,分布较特殊,背部的弧度大,腹部的弧度小,前背部分布较疏,后背部密集靠拢。

产地层位 秭归县卜庄河公社狮子堡;中三叠统巴东组,下紫色页岩段。

湖北真叶肢介 *Euestheria hubeiensis* Shen

（图版58,3）

壳瓣小,呈规则椭圆形。长4mm,高2.5mm。背缘直而长,壳顶显著突出于背缘之上。前背角不明显,后背角清楚,为138°。生长带窄、微凹,约30条,生长线细。生长带上具较规则的小网状装饰,网孔小而密集,呈多边形。

产地层位 秭归县香溪镇东公路边;中三叠统巴东组,下紫色页岩段。

精致真叶肢介 *Euestheria lepida* Shen

（图版58,4）

壳瓣小而平,呈不规则的长椭圆形。长3.6mm,高2.1mm。背缘短而直。前缘圆,后缘向后收缩呈尖圆形,前高等于后高,后背角明显,为148°。生长带多,窄而平,有20～30条,生长线很细,生长带上具有小网状装饰。

产地层位 秭归县香溪镇东公路边;中三叠统巴东组,下紫色页岩段。

多线真叶肢介 *Euestheria multilinearis* Shen

（图版58,5）

壳瓣小而凸起,呈不规则卵形。长3.1mm,高1.9mm。背缘直或微拱,壳顶位于中部。前缘呈弧形,向后迅速斜伸,后缘截切状,后背角明显,为140°。腹缘呈宽弧状,后腹缘向后下方扩张。生长带窄而平,近20条,生长线细而密。

产地层位 秭归县香溪镇东公路边;中三叠统巴东组,下紫色页岩段。

狮子堡真叶肢介 *Euestheria shizibaoensis* Shen

（图版58,6、7）

壳瓣小而平,长方形。长3.6mm,高2.4mm。壳顶不突出背缘之上,后缘比前缘弯曲度大,腹缘较平,与前、后缘之间有一不太明显的角状转折,故使壳瓣呈长方形,后背角为130°～140°。生长带宽,12～15条,生长线较细、微凸。

产地层位 秭归县卜庄河公社狮子堡;中三叠统巴东组。

少带真叶肢介 *Euestheria sparsa* Shen

（图版58,8）

壳瓣小,近方形。长2.6mm,高2.2mm,高长之比为0.85。背缘短,壳顶位于背缘中央。前、后缘近于平行,腹缘呈宽弧状拱曲,与前后缘之间有明显的转折,前背角114°,后背角133°。生长带少,宽而平,7～12条,生长线细。

产地层位 秭归县香溪镇东公路边;中三叠统巴东组,下紫色页岩段。

精美真叶肢介 *Euestheria elegans* Shen

（图版58,9、10）

壳瓣中等,壳顶部分凸起,呈规则长椭圆形。长5mm,高2.9mm。壳顶位于背缘中前部,略有突出。后背角较明显,为160°。近30条生长带窄而微凹,生长线较粗、凸起。生长带上具小的网孔状装饰,网壁细弱,网底浅,网形不甚规则。

产地层位 秭归县香溪镇西公路边,中侏罗统千佛崖组。

东方真叶肢介 *Euestheria orientalis* Shen

（图版58,11）

壳瓣小,呈规则椭圆形。长4.2mm,高2.5mm。壳顶位近背缘中部。前、后缘均等圆,腹缘较平,前高等于后高,最大高度位于壳长中部。生长带宽、微凹,18条左右,生长线粗而凸,沿腹缘比较平,向前、后背方向迅速转折靠拢。

产地层位 秭归县香溪镇西公路边;中侏罗统千佛崖组。

宽网叶肢介科 Loxomegaglyptidae Novojilov,1958
尼斯脱叶肢介属 *Nestoria* Krasinetz,1962

壳瓣中等或较大,比较平,椭圆至近圆形。生长线粗而凸。生长带宽而平,其后端与背缘的交角截然而明显,生长带上具大网状装饰,网壁细弱,网底平浅,孔径0.1～0.2mm。

分布与时代 中国、蒙古、外贝加尔;中侏罗世—白垩纪。

归州尼斯脱叶肢介? *Nestoria? kweichowensis*（Novojilov）

（图版58,12）

壳瓣中等偏小,近卵形。长5.8mm,高4mm。胎壳小,位于背缘近前端,前缘上部向外拱凸,前腹缘较直,腹缘宽圆,后缘强烈向外拱凸,并略有收缩。生长线细,生长带平,有22条,生长带上具较大的网状装饰,网壁细弱,网底平浅。

产地层位 兴山县平裕口;中侏罗统千佛崖组。

（二）棘皮动物门　Echinodermata

海百合亚门　Crinozoa

海百合纲　Crinoidea Miller, 1821

本纲为海百合亚门中发育最为完善的一纲。从古生代起,中间经过几度兴衰,直至现代仍大量繁盛。海百合从浅海到深海都可以生活,喜欢群居,具发育的腕,长长的茎固着海底,常构成所谓海底花园。海百合的根、茎、萼和腕均发育完善,常营固着生活,也有一些种类在个体发育的后期发展为浮游的生活方式。海百合的骨骼构造比较复杂,变化也很大。

根　固着生活的海百合以锚状或树枝状根附着海底,也有简单的根插入海底以固着身体。根由很多灰质骨板所组成,直接与茎相连。

茎　长短不一,一般几十厘米至几米,某些中生代的海百合,茎长可达20m。茎用以支持身体,有一定程度的柔软性,有的可卷曲。茎由许多形态相同或不同的茎板迭置所构成。每枚茎板中央有小孔,周围有放射沟,小孔和放射沟为肌肉附着之处。生活时整个茎部均被皮膜所包围。死后皮膜腐烂,茎板则分散保存。茎板为石灰质,其形态随时间的推移而演化。古生代海百合的茎板一般为圆形、椭圆形和方形;中生代海百合的茎板一般为五角形。有些海百合的茎上还生有许多蔓枝(图12、图13、图14)。

萼　动物生活时,主要软体部分包围于萼中,以腕基部着落的位置为界线,分萼为上、下两部分。腕基部以下部分叫背杯,也称为萼杯,以上部分叫作腹盘,或叫萼盖。萼杯由许多石灰质骨板规则地排列成几圈构成;萼盖可以仅是一层膜,或为膜和骨板联合所成。萼及其顶部着生的腕合起来为冠(图15)。

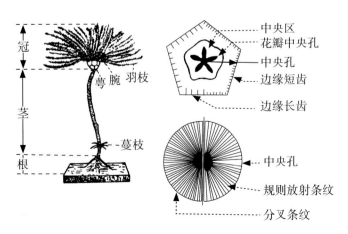

图12　完整的海百合体及茎节面构造图

腕 所有的海百合都有腕,它的数目是5,或5的倍数。腕附着于由辐板构成的萼杯的边缘环上,分支或不分支,通常能自由活动,或至少是柔软的。每个腕的腹面都有食物沟,沟为小的骨板所覆盖。腕的活动所获取的食物颗粒沿食物沟进入口中。

海百合在地层中保存为完整的化石极不容易,通常以茎部保存较好,数量亦多。目前对茎部化石的研究,多采用人为分类法。1956年,苏联叶尔蒂舍娃(P.C.E_{πTbIⅢeBa})曾依茎和中央孔的不同构造组合,提出一分类系统(图16),目前暂用此分类方案。

海百合茎化石,从古生代奥陶纪至中、新生代均有发现,但大量完好的茎化石多产于石炭纪和二叠纪。

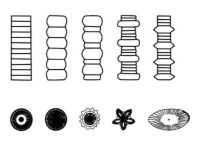

图13 海百合茎板形态图

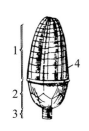

图14 圆圆茎属

1.腕; 2.萼杯; 3.茎; 4.腕板

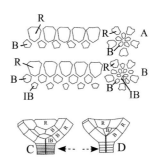

图15 海百合萼板、骨板排列

AD.单环式; BC.双环式; B.底板; IB.下底板; R.辐板; 1.茎

A	▲	■	●	◆	•	•
B	▲	■	●	•	•	•
C	▲	■	●	•	•	
D	▲	■	●	•	•	
E	●	■	●	•	•	
F	•	•	•	•		

图16 海百合茎人为分类表(方框内为自然界已发现者)

花瓣海百合科　Petalocrinidae Davidson,1896
花瓣海百合属　*Petalocrinus* Davidson,1896

此类海百合似一五瓣张开的花朵。腕扇三角形,叶片状,一般弯向背方。背面光滑,腹部具食物沟,食物沟由腕扇基部开始发生,向末端1～2次分叉。始部关节面呈马蹄形。

分布与时代　中国南部、澳大利亚,欧洲;志留纪。

中国花瓣海百合　*Petalocrinus sinensis* Mu et Wu
（图版59,1、2）

腕扇分散角为80°～85°。腹部微凸,背面密布粒状突起,呈鸡皮构造。腕扇末端食物沟14～18条,左右排列不对称。马蹄形关节面有小突起,其腹侧凹沟呈漏斗状。

产地层位　宜昌市夷陵区大中坝;志留系兰多弗里统罗惹坪组。

五角星孔组　Pentagonotremata Yeltyschewa,1956
圆茎亚组　Cyclostylidae Yeltyschewa,1955
星圆茎属　*Pentagonocyclicus* Yeltyschewa,1955

茎节面呈圆形;中央孔五角形或五角梅花形。

分布与时代　中国、苏联、北美洲;奥陶纪—三叠纪。

京山星圆茎(新种)　*Pentagonocyclicus jingshanensis* S. M. Wang(sp. nov.)
（图版59,3）

茎圆形,直径13mm。中央孔为五角梅花形,孔之各角浑圆。节面分3部:边缘具由细到粗的简单不分叉的长齿;中央孔周围具光滑的下凹面;茎由稍凸的一级茎板组成,侧面上生有许多瘤状凸起,茎板高2mm,缝合线清晰。

比较　新种与*P. petatus*极相似,不同点在于茎面边缘部分的长齿简单不分叉,而后者则呈二次分叉。

产地层位　京山市义和;二叠系阳新统茅口组。

卵形孔组　Ellipsotremata Yeltyschewa,1956
卵形茎亚组　Ellipsostylidae Yeltyschewa,1956
星卵茎属　*Pentagonoellipticus* Yeltyschewa,1956

茎的中央孔呈五角星形,节面呈椭圆卵形。

分布与时代　中国、苏联;石炭纪。

宜都星卵茎（新种） *Pentagonoellipticus yiduensis* S. M. Wang（sp. nov.）

（图版59,6）

茎节面椭圆,长茎11mm,短茎7.5mm,中央孔五角梅花形,占茎节面的1/3,茎节面上条纹由细到粗,不规则地二分叉状;中央面不显,茎由一级茎板组成,高2mm,缝合线清晰。

比较 新种与*P. arnulatus*近似,中央孔均为五角梅花形,但后者茎面上无条纹,仅有环状构造,二者极易区别。

产地层位 宜都市毛湖埫;二叠系乐平统吴家坪组。

圆孔组 Cyclotremata Yeltyschewa,1956
圆茎亚组 Cyclostylidae Yeltyschewa,1956
圆圆茎属 *Cyclocyclicus* Yeltyschewa,1955

茎节面与中央孔均呈圆形。

分布与时代 中国、苏联,北美洲;奥陶纪—三叠纪。

平滑圆圆茎（相似种） *Cyclocyclicus* cf. *lubricus* Li

（图版59,5）

茎圆形,中央孔亦圆形,孔约占茎的1/3。茎节面上有规则向外变细的分叉条纹,一般分叉两次,中央孔略向下凹。茎由一级茎板组成,茎板高2mm。

产地层位 咸宁市咸安区;二叠系阳新统栖霞组。

瘤状圆圆茎 *Cyclocyclicus tuberculatus* Li

（图版59,7）

茎圆形,中央孔圆形,约占茎直径的1/4。茎节面上有细密分叉的条纹,一般均二次分叉。茎由凸出的二级或三级茎板组成,一级茎板高约2mm。茎的侧面有5个等距离的蔓枝或瘤状凸起轮生在一级茎板上,蔓枝最大直径2mm。

产地层位 咸宁市咸安区;二叠系阳新统栖霞组。

小孔圆圆茎（新种） *Cyclocyclicus microporus* S. M. Wang（sp. nov.）

（图版59,4）

茎圆形,直径10mm。中央孔圆形,约1mm,约占茎直径的1/10。茎节面上有粗疏的长齿,简单,偶尔由始部分叉。中央面圆形,光滑,不下凹。茎由一级光滑茎板组成,高约2.5mm。缝合线模糊。

比较 新种与*C. chinensis*有些近似;不同点在于茎节面直径较大,中央孔周围无细密短条纹,茎由一级茎板组成。

产地层位 宜都市毛湖埫;二叠系乐平统吴家坪组。

（三）半索动物门　Hemichordata

笔石纲　Graptolithina

笔石纲的结构如图17～图20所示。

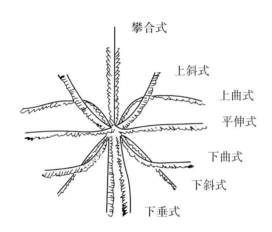

攀合式

上斜式

上曲式

平伸式

下曲式

下斜式

下垂式

笔石枝的生长方向

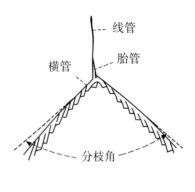

线管

横管　胎管

分枝角

对笔石的笔石体

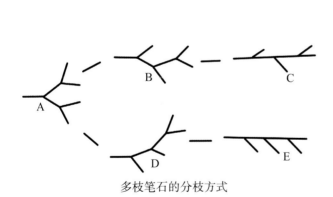

多枝笔石的分枝方式

笔石枝的构造

Ap　Dp

Dw

Vw

Vs　Ob　Co

Ds

Ov

Ia

Pp

图17　笔石的基本构造与形态

由于笔石枝的非等称缩减，从正分枝变向侧分枝：　　　　Vs. 腹侧；　Ds. 背侧；　Pp. 始部；
A．Clonograptid 式；　　　B．Goniongraptid 式；　　　Dp. 末部；　Co. 共通沟；　Ia. 倾斜角；
C．Pterograptid 式；　　　D．Brachiograptid 式　　　Ap. 口缘；　Dw. 背缘；　Vw. 腹缘；
E．Trichograptid 式；　　　　　　　　　　　　　　　　　Ov. 掩盖部分；　Ob. 露出部分

图18　笔石的胎管、胞管以及隐轴笔石头

A.胎管的构造；B.胞管的形状；C.隐轴笔石

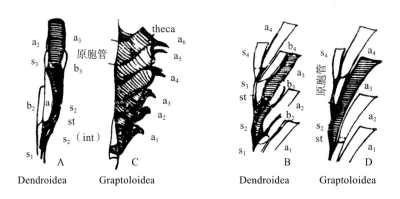

图19　树形笔石和正笔石的比较

A，B.树形笔石；C，D.正笔石；a.正胞管；b.副胞管；st.茎胞管

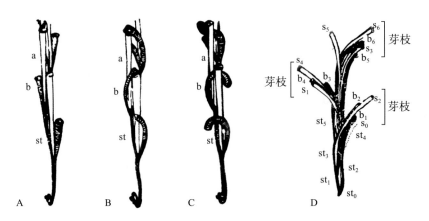

图20　树形笔石胞管的几种类型

A. *Dictyonema flabelliforme*（Eichwald）；　　B. *D. cotyledon* Bulman；

C. *D. inconstans* Bulman；　　D. *Acanthograptus suecicus*（Wiman）

示胞管组合，两个正胞管和两个副胞管组成一个芽枝。

树形笔石目 Dendroidea Nicholson,1872

树笔石科 Dendrograptidae Roemer in Frech,1897

树笔石属 *Dendrograptus* Hall,1858

笔石体始部具有茎和根状构造,呈树形,分枝不规则,枝间无横耙和绞结物连接。胞管排列成锯齿状,正胞管为管状或部分孤立,副胞管形状无定。

分布与时代 世界各地;寒武纪第三世(?)—石炭纪。

许氏树笔石 *Dendrograptus hsui* Mu

(图版60,1)

笔石体小,高20mm。枝宽0.2mm,主枝曲折,分枝角约40°,分枝后两枝稍向内弯,分枝距离为1.3～1.5mm。分枝多,左右相间排列,形成几组笔石枝,是此种笔石特征。10mm内有12～16个胞管。

产地层位 长阳县高家岭;下奥陶统南津关组 *Acanthograptus sinensis* 带上部。

湖北树笔石 *Dendrograptus hupehensis* Mu

(图版60,2)

笔石体细小,高12mm,宽仅2mm许。有一个主枝,侧枝很少,侧枝大都从主枝的一侧生出。主、侧枝均很细,宽约0.2mm,枝直,分枝角20°,分枝距离1～3mm。正胞管细长,倾角小,5mm内有11个胞管。

产地层位 长阳县柑子坪;下奥陶统南津关组 *Acanthograptus sinensis* 带上部。

扬子树笔石 *Dendrograptus yangtzensis* Mu

(图版60,3)

笔石体灌木状,高15mm以上,宽约10mm。从一个很短的茎上伸出2个或多个枝,其中之一成为曲折的主枝,两侧各生出侧枝。始部分枝距离较远;末部则分枝频繁,分枝距离近。主枝和侧枝宽度相等,约0.3mm。2mm内有5个胞管。

产地层位 长阳县高家岭;下奥陶统南津关组 *Acanthograptus sinensis* 带上部。

尹氏树笔石 *Dendrograptus yini* Mu

(图版60,4)

笔石体呈树形,高10mm,和宽度大致相当。从一个很短的茎伸出2～3个主枝,每个主枝又各分枝4～5次,形成很多枝。枝细如线,劲直,分枝角约30°,分枝距离在笔石体始部为2mm,末部1mm。5mm内有10个胞管。

产地层位 长阳县高家岭;下奥陶统南津关组 *Acanthograptus sinensis* 带。

无羽笔石属 *Callograptus* Hall, 1865

笔石体锥形或不规则,常具有齿茎或无齿的茎状构造,笔石枝为规则的正分枝,各枝平行或近于平行,横耙稀少或无横耙。正胞管直管状,副胞管形状无定。

分布与时代　世界各地;寒武纪芙蓉世—石炭纪。

致密无羽笔石(相似种) *Callograptus* cf. *compactus*(Walcott)
(图版60,5)

笔石体漏斗状,高35mm,宽25mm。笔石枝近直,各枝大致平行。始部分枝角80°,笔石体始部分出4个枝,在距始部0.7mm、6mm和9mm处形成较明显的分枝带。10mm内有13～15个枝,枝宽约0.5mm。横耙极少。5mm内有11个胞管。

产地层位　崇阳县黄马冲;下奥陶统留咀桥组。

帚状无羽笔石(新种) *Callograpus coremus* Z. C. Li(sp. nov.)
(图版60,6)

笔石体呈宽而矮的帚状,高仅约8mm,宽11mm,在距笔石体始部约4mm处骤然扩散,始部分枝角达160°。笔石枝微弱弯曲,各枝大致互相平行,排列紧密,5mm内有9～10个枝,枝的宽度为0.30～0.35mm,各枝间的距离约相当于枝的宽度。横耙较少,可见及15～17个。正胞管为直管状,3mm内有3个胞管。

比较　新种在外形上相似于*Callograptus curvithecalis* Mu,但新种笔石体在始部附近骤然扩散,呈宽而矮的帚状,笔石枝排列更为紧密。胞管呈简单直管状。此外,所描述的标本横耙相对较多,亦可与无羽笔石属中其他各种有较大的区别。并就横耙相对较多而言,它可能是无羽笔石和网格笔石间的一种过渡类型。

产地层位　崇阳县黄马冲;下奥陶统留咀桥组。

曲胞无羽笔石 *Callograptus curvithecalis* Mu
(图版60,7)

此标本与*C. salteri* Hall有点相似,但枝纤细,枝间距离为枝宽的2倍。

产地层位　宜昌市分乡黄花场;下奥陶统南津关组底部*Dictyonema flabelliforme*带。

赛氏无羽笔石 *Callograptus salteri* Hall
(图版60,8)

笔石体漏斗状,高40mm稍强,具有根状构造。枝宽均匀,约0.5mm,各枝间距小于枝的宽度。横耙少。胞管口部不清楚,在10mm内有16～18个胞管。

产地层位　宜昌市;下奥陶统南津关组。

中国无羽笔石 *Callograptus sinicus* Mu

（图版60,9）

笔石体长锥形,高26mm,宽13mm,笔石体始端有一个附着盘。笔石枝排列很密,在10mm的宽度中有14～16个笔石枝,枝稍弯曲,宽度为0.25～0.35mm,各枝间距约为0.3～0.5mm,分枝不规则。横耙稀少。胞管仅见直管状。

产地层位 长阳县花桥;下奥陶统南津关组中部。

网格笔石属 *Dictyonema* Hall,1851

笔石体锥形或盘形,胎管露出或包围在根状构造里。笔石枝为正分枝,各枝近于平行,枝间有横耙连接,形成网格状,绞结少或无。正胞管直管状,侧面呈锯齿状,副胞管形状无定。

分布与时代 世界各地;寒武纪芙蓉世—石炭纪。

亚洲网格笔石 *Dictyonema asiaticum* Hsü

（图版60,10）

笔石体为较宽的圆锥形,长宽大致相当,枝宽0.2～0.3mm,各枝大致平行,分枝不规则,各枝间距为0.5mm,10mm内有15～17个枝。横耙细,10mm内有6～9个横耙。5mm内有8个正胞管,每个胞管口部生出1个细长而分叉的口刺。

产地层位 宜都市八字瑙;下奥陶统南津关组 *Acanthograptus sinensis* 带下部。

扇形网格笔石规则亚种（相似种）
Dictyonema cf. *flabelliforme regulare* Lee et Chen

（图版60,11）

笔石体宽锥状。枝宽0.3mm（不计胞管）,各枝间距约为枝宽的2倍,在距笔石枝始部2.1mm、3.3mm和5.6mm处形成"分枝带",10mm内有13个笔石枝。横耙稀少。正胞管交错排列,使笔石枝呈曲折状,5mm内有12～13个胞管。

产地层位 通山县留咀桥;下奥陶统留咀桥组。

扇形网格笔石宜昌亚种 *Dictyonema flabelliforme yichangensis* Wang

（图版60,12）

笔石体长扇形,长40mm,宽约2.5mm,枝宽0.37mm,始部分枝角约80°。分枝较规则,分枝距离在始部为3～5mm,末部达9～10mm,各枝互相平行,10mm内有14～15个笔石枝。横耙发育,呈椭圆形网格,10mm内有10个横耙。

产地层位 宜昌市分乡黄花场;下奥陶统南津关组底部 *Dictyonema flabelliforme* 带。

绞结笔石属 *Desmograptus* Htopkinson, 1873

和 *Dictyonema* 相似枝恒作波形曲折, 但横耙极少, 常为规则的绞结相连。

分布与时代 亚洲、欧洲、北美洲; 早奥陶世—石炭纪。

绞结笔石(未定种) *Desmograptus* sp. Mu

(图版60, 13)

笔石体帚状, 长仅10mm, 宽约2mm。笔石体始端具有一个长2.5mm的茎, 从茎的末端生出几个波状曲折的笔石枝, 枝细, 仅0.3mm, 分枝距离不规则。枝间距大致相当于枝宽, 2mm内有4～5个枝。绞结及横耙少。

产地层位 长阳县高家岭; 下奥陶统南津关组 *Acanthograptus sinensis* 带上部。

刺笔石科 Acanthograptidae Bulman, 1938
刺笔石属 *Acanthograptus* Spencer, 1878

笔石体灌木状, 分枝不规则。胞管细长, 末端孤立, 形成刺状芽枝, 芽枝一般由2个正、副胞管所组成。

分布与时代 亚洲、欧洲、大洋洲、北美洲; 寒武芙蓉世(?)—志留纪普里多利世。

直枝刺笔石 *Acanthograptus erectoramosus* Hsü

(图版61, 1)

笔石体灌木状, 高和宽40～60mm, 由短而粗壮的根部分出2个主枝, 主枝两侧的侧枝再生侧枝或行正分枝, 主枝分枝角60°～70°。主枝宽约1mm, 侧枝粗细从0.5～1mm不等, 芽枝呈刺状, 与枝的夹角多为30°～40°, 10mm内有10～12个芽枝。

汪啸风1978年通过对秭归新滩下滩沱同一层位中完整新型标本的研究, 将 *A. macilentus* Hsü, *A. bifurcus* Hsü 和 *A. intermedius* Mu 三种归并到本种中。

产地层位 宜昌市分乡黄花场; 下奥陶统南津关组 *Acanthograptus sinensis* 带。

曲折刺笔石 *Acanthograptus flexilis* Mu

(图版60, 14)

笔石体小, 长10mm以上, 宽不到10mm。具有1个保存为极其弯曲的主枝和一些侧枝, 侧枝排列的距离不规则。主枝和侧枝都很细, 宽为0.4～0.5mm(芽枝不计算在内), 芽枝长0.9mm, 在5mm内有9个芽枝。

产地层位 长阳县; 下奥陶统南津关组 *Acanthograptus sinensis* 带。

曲枝刺笔石 *Acanthograptus, flexiramiatus* Hsü

（图版60,15）

笔石体大，枝微曲，分枝不规则，侧枝短，分枝角为30°～50°，笔石枝宽0.8～1mm（芽枝不计算在内），芽枝长0.8mm，在5mm内枝的两侧各有8个芽枝。

产地层位 长阳县；下奥陶统南津关组 *Acanthograptus sinensis* 带。

劲直刺笔石 *Acanthograptus rigidus* Hsü

（图版61,2）

笔石体细直，高25mm，宽20mm，枝细，0.4～0.56mm，主枝两侧不规则生有侧枝，间距2.3～6mm，芽枝短，0.4～0.56mm，5mm内有4～5个芽枝。

产地层位 宜昌市分乡黄花场；下奥陶统南津关组 *Acanthograptus sinensis* 带。

中国刺笔石 *Acanthograptus sinensis* Hsü

（图版61,3）

笔石体宽大硬直，高37mm以上。枝宽1～2mm（不计芽枝），最宽达2.6mm。第一侧枝位于主枝10～12mm处，第二至三侧枝间距7.5mm，末端又分枝。分枝角30°～60°。芽枝呈刺状，长1.3～2.8mm，10mm内有10～13个芽枝。

汪啸风1978年对鄂西同一层位较多标本的研究，将该种的分乡变种和宜都变种归并到本种中是适宜的。

产地层位 宜昌市分乡黄花场；下奥陶统南津关组 *Acanthograptus sinensis* 带。

帚笔石属 *Coremagraptus* Bulman,1927

笔石体圆锥形、扇形，枝的结构复杂，胞管组合的性质与刺笔石相同，但笔石枝和芽枝不规则绞结在一起。

分布与时代 亚洲、欧洲；早奥陶世—中泥盆世。

帚笔石？（未定种） *Coremagraptus*? sp.

（图版61,4）

笔石体长6mm，宽3.5mm。枝弯曲，极其曲折，宽0.3～0.4mm（芽枝不算），枝间偶然似有绞结相连。芽枝稍微伸出，在5mm内有5～7个芽枝。笔石枝分枝以侧分为主，在笔石体末部偶见有正分枝。胞管性质和刺笔石相同。

产地层位 长阳县柑子坪；下奥陶统南津关组 *Acanthograptus sinensis* 带。

羽笔石科　Ptilograptidae Hopkinson,1875
羽笔石属　*Ptilograptus* Hall,1865

笔石体为树状,主枝直,常分枝,但多为侧分枝,很少正分枝。主枝及侧枝均具左右交错排列的侧枝(或称羽枝)。胞管的性质同树笔石。

分布与时代　亚洲、欧洲、大洋洲、北美洲;早奥陶世—志留纪拉德洛世。

羽状羽笔石　*Ptilograptus plumosus* Hall
(图版61,5、6)

笔石体长35mm,主枝为正分枝,两个主枝间的交角约35°,主枝两侧互相交错排列有侧枝(羽枝),排列紧密,呈直而长的细线状,宽仅0.12～0.24mm,长达13～16mm,5mm内有5个侧枝,主枝与侧枝交角为20°～35°。主枝宽度0.6mm,次一级的主枝稍窄,为0.3～0.35mm。胞管直而小,略突出侧枝外。

产地层位　宜都市毛湖埫;下奥陶统南津关组*Acanthograptus sinensis*带。

宜都羽笔石(新种)　*Ptilograptus yidouensis* Z. C. Li(sp. nov.)
(图版62,1～3)

笔石体长达40mm,主枝正分枝,两个主枝间的交角为35°～45°,主枝两侧均有相互交错紧密排列的侧枝(羽枝),呈羽毛状。侧枝宽0.06～0.11mm,长多为1～1.7mm,少数长达2.5mm,最短为0.4mm,与主枝间的交角45°～55°,在次一级主枝上,交角增大,为60°～70°。5mm长度中有10～11个侧枝。主枝宽度为0.6～0.8mm,次一级主枝为0.2～0.5mm。胞管未突出于枝外。

比较　新种与*P. geinitzanus* Hall较近似,但我们标本主枝宽,侧枝细,主枝与侧枝交角较大。

产地层位　宜都市毛湖埫;下奥陶统南津关组*Acanthograptus sinensis*带。

分类位置未定的树形笔石、管笔石、腔笔石、茎笔石

简单笔石属　*Haplograptus* Ruedemann,1933

恒为简单的较大的锥形胞管,芽生数次,分枝不规则。

分布与时代　亚洲、北美洲;寒武纪第三世—早奥陶世。

加拿大简单笔石　*Haplograptus canadensis* Ruedemann
(图版61,7)

笔石体仅保存一个圆锥形的管子,呈角状,长11mm,始端宽度小,仅0.3mm,向上迅速

加宽,最大宽度在管子的上部,约1mm,此宽度其后保持至管子的口部。

产地层位 秭归县新滩龙马溪;下—中奥陶统大湾组*Azygograptus suecicus*带。

中国简单笔石 *Haplograptus sinicus* Mu et al.
（图版61,8）

笔石体由几个简单的胞管组成。原始的胞管较长大,并生出次级胞管,次级胞管又生出第三级胞管。各级胞管均为细长的圆筒形管。始部弯曲,长可达8mm,宽1.2mm。

产地层位 巴东县思阳桥;下奥陶统南津关组。

群扇笔石属 *Syrrhipidograptus* Poulson,1924

笔石体类似绞结笔石,可能为圆锥形,分枝不规则,相邻的枝绞结在一起,枝间无横耙。胞管呈管状,常孤立;副胞管和茎胞管的情况不明,几个笔石体从一个平卧的芽茎向上生长。

分布与时代 中国,欧洲;奥陶纪。

扬子群扇笔石? *Syrrhipidograptus*? *yangtzensis* Mu
（图版62,4）

笔石体不完整,长13mm,宽8mm。正分枝,分枝距离始部为1～3mm,末部增加。枝弯曲,但枝间大致平行,枝宽1mm。正胞管长约1mm,为稍向腹部弯曲的长管,末部大部分孤立。横耙稀少。10mm内有16个胞管。

产地层位 长阳县;下奥陶统南津关组*Acanthograptus sinensis*带。

正笔石目 Graptoloidea I. Lapworth,1875
无轴亚目 Axonolipa Frech,1897,emend. Ruedemann,1904
均分笔石科 Dichograptidae Lapworth,1873, emend. Mu,1950
均分笔石属 *Dichograptus* Salter,1863

笔石体平伸至上斜生长,仅正分三次,具有5～8个末枝,一级和二级枝短,末枝长。胞管为简单的直管状。

分布与时代 世界各地;早—中奥陶世。

八分均分笔石 *Dichograptus octonarius*（Hall）
（图版62,5）

笔石体较大,有6个粗壮的末枝,2个水平伸展的原始枝,形成1.8mm长的"横索"。次级枝仅1.5mm宽,分枝角100°。末级枝最长达23mm,分枝角90°。原始枝较细,宽约0.3mm,末枝始端窄,0.4mm,向末部迅速增宽达2.8mm。胞管直管状,有些末枝胞管因受挤压,腹缘弯曲,胞管长相当于宽的4倍,胞管倾角约45°掩盖4/5,10mm内有11～10个胞管。

产地层位 房县卸甲坪;下—中奥陶统大湾组 *Azygograptus suecicus* 带。

全笔石科 Holograptidae Mu,1956
裂隙笔石属 *Schizograptus* Nicholson,1876

笔石体平伸,横索短,有4个主枝,主枝一侧具有侧枝,侧枝很少再分枝。

分布与时代 中国、西北欧、大洋洲;早奥陶世。

中国裂隙笔石 *Schizograptus sinicus* Geh
（图版62,6）

笔石体大,横索短,长1.5mm。具4个平伸的长大主枝,长达26～60mm以上,侧枝位于主枝的一侧,主枝的第一个侧枝离横索6～7mm不等,两个主枝间的交角为100°～110°,主枝与侧枝交角为60°,两者的宽度近于相等,0.5～0.7mm,最大达1.6mm。胞管倾角25°～30°,掩盖2/3,10mm内有9～10个胞管。

产地层位 兴山县古夫;下—中奥陶统大湾组下部 *Didymograptus deflexus* 带。

四笔石科 Tetragraptidae Mu,1950
四笔石属 *Tetragraptus* Salter,1863

笔石体两边对称,具有4个主枝,生长方式从下垂至上斜或近于直立。

分布与时代 世界各地;早—中奥陶世。

阿氏四笔石 *Tetragraptus amii* Lapworth
（图版61,9）

笔石体水平伸展,枝长8mm,始端狭窄,宽仅0.3～0.5mm,向上迅速加宽,最大宽度达1.6mm。胎管圆锥形,长约1.6mm。原始枝长2mm,宽0.3～0.4mm。胞管长为宽的4倍,掩盖2/3～3/4,倾角45°,在10mm内有10个胞管。

产地层位 宜昌市分乡;下—中奥陶统大湾组 *Azygograptus suecicus* 带。

毕氏四笔石 *Tetragraptus bigsbyi*（Hall）
（图版62,7）

笔石体小,由4个主枝组成,枝先上斜生长,其后稍向内屈,始端狭窄,最大宽度在笔石体中部约2mm,末端又逐渐缩小;胞管掩盖约2/3或更多,胞管口缘凹和倾斜,具显著口尖,胞管排列紧密,10mm内有12～14个。

产地层位 宜昌市分乡;下—中奥陶统大湾组 *Azygograptus suecicus* 带。

锯状四笔石 *Tetragraptus serra*（Brongniart）
（图版 61，10）

笔石体由 4 个上斜的主枝组成，枝长 26mm，始端宽度较小，向上迅速加宽，最大宽度达 2.5～3.2mm，但至最末端宽度又骤然缩小；胞管直管状，长为宽的 4 倍，掩盖 2/3～3/4，倾角 40°，10mm 内有 11～12 个胞管。

产地层位 宜昌市分乡；下—中奥陶统大湾组 *Azygograptus suecicus* 带。

上斜四笔石 *Tetragraptus reclinatus* Elles et Wood
（图版 61，11）

笔石体由 4 个上斜的主枝组成，枝长 12mm，始端狭窄，向上迅速加宽，最大宽度 2mm；胎管长 1.7mm，胞管长为宽的 3 倍，掩盖 2/3，10mm 内有 12～13 个胞管。

产地层位 宜昌市分乡；下—中奥陶统大湾组 *Azygograptus suecicus* 带。

对笔石科 Didymograptidae Mu，1950
对笔石属 *Didymograptus* McCoy，1851

笔石体仅有 2 个枝，下垂至上斜生长，胞管为简单的直管状，均分笔石或等称笔石式发育方式。

分布与时代 世界各地；早—中奥陶世。

平坦对笔石 *Didymograptus aequus* Ni
（图版 63，10）

笔石体始端宽平，以 180° 的分散角自胎管处伸出 1.2mm 后再各自弯曲向下，两枝下斜。笔石枝始端宽 1mm，距胎管 5mm 处达最大宽度 1.5mm，并保持至末端。始部第一对胞管弯曲呈钳状，胞管腹缘微弯，口缘直，掩盖 3/4～2/3，倾角 30°～40°，10mm 内有 12～15 个胞管。

产地层位 恩施市太阳河；下—中奥陶统大湾组下部 *Didymograptus deflexus* 带。

相等对笔石 *Didymograptus aequabilis* Chen et Xia
（图版 63，11）

笔石体两枝下斜，长 15mm，始部微微平缓弯曲，倒"V"字形不明显，宽度均匀，1mm 左右。胞管直，倾角小，掩盖 1/2～2/3，10mm 内有 14 个胞管。

产地层位 房县桥上两河口；下—中奥陶统大湾组下部 *Didymograptus deflexus* 带。

紧靠对笔石 *Didymograptus approximatus* Ni

（图版62,8）

笔石体下垂,枝长14～17mm,始部浑圆,两枝以120～130°的分散角自胎管两侧分出,呈拱形,随即两枝转为向下弯曲,并平行下垂。笔石枝宽度变化均匀,始端宽0.7mm,在10～15mm处,宽为2mm。胞管为简单直管状,腹缘及口缘均直,倾角30°～40°,掩盖2/3～3/4,10mm内有13～14个胞管。

产地层位 京山市孙桥;下—中奥陶统大湾组下部*Didymograptus deflexus*带。

粗糙对笔石 *Didymograptus asperus* Harris et Thomas

（图版62,9）

笔石体两枝平伸,分枝角180°,枝长7mm,始端狭窄,约0.5mm,至第四个胞管迅速增宽达1mm。始端胞管倾角约20°,向末端增大达30°,胞管向口部稍扩大;长度为宽度的4倍,掩盖1/3～1/2,5mm内有5个胞管。

产地层位 宜昌市分乡,下—中奥陶统大湾组*Azygograptus suecicus*带。

两分对笔石（相似种） *Didymograptus* cf. *bifidus*（Hall）

（图版62,10）

笔石体两枝下垂,始部分散角90°。笔石枝长22mm,始部宽1mm,最大宽度在末部达3.2mm。胞管为直管状,口缘微凹,倾角40°～50°,掩盖1/2～3/4,胞管排列紧密,10mm内,在始部达16个胞管,末部12个胞管。

产地层位 京山市惠亭山;下—中奥陶统大湾组下部*Didymograptus deflexus*带。

音叉对笔石 *Didymograptus diapason* Chen et Xia

（图版63,1、2）

笔石体两枝以100～120°。的分散角自胎管两侧分出,随即转而向下垂伸,两枝末部分散角为15～20°。笔石枝较直,枝长16～19mm,始端宽度0.7～0.8mm,向末部逐渐增宽至2mm。胞管为直管状,掩盖2/3,胞管倾角40°,10mm内有13～14个胞管。

产地层位 京山市孙桥;下—中奥陶统大湾组下部*Didymograptus deflexus*带。

恩施对笔石 *Didymograptus enshiensis* Ni

（图版64,1）

笔石体始部呈拱形,两枝以150°。的分散角自胎管处分出后,各弯曲向下,分散角缩小为100°,随后两枝近于平伸。始端宽1mm,末部达1.5mm。胞管直管状,腹缘弯曲,口尖明显,掩盖1/2,倾角35°～45°,10mm内有13～14个胞管。

产地层位 恩施市太阳河;下—中奥陶统大湾组下部 *Didymograptus deflexus* 带。

始两分对笔石 *Didymograptus eobifidus* Chen et Xia
（图版62,11、12）

笔石体较细小,两枝下垂。长10～20mm,两枝始端以90°～100°的分散角分出,但随即弯曲向下垂。始端细,宽0.6～0.7mm,向末部逐渐增至1.7mm最大宽度。始部自第三至四个胞管转为下垂。胞管直管状,掩盖2/3,10mm内有14个胞管。

产地层位 京山市孙桥;下—中奥陶统大湾组下部 *Didymograptus deflexus* 带。

微曲对笔石 *Didymograptus inflexus* Chen et Xia
（图版63,12、13）

笔石体两枝始部微向下曲,成一宽缓的弧形,末部转向下斜。枝长在13mm左右,枝宽0.9～1mm。始部胞管腹缘微弯,口缘微突,向外斜,此后随着枝转向下斜,胞管变为直管状,胞管倾角30°左右,掩盖1/2～2/3,10mm内有13～14个胞管。

产地层位 京山市陈集;下—中奥陶统大湾组下部 *Didymograptus deflexus* 带。

乐埠对笔石 *Didymograptus lofuensis* Lee
（图版64,4）

笔石体细小,两枝平伸。始端较窄,其后逐渐加宽,最大宽度在末端,约1mm;胎管圆锥形,长1.2mm,胎管刺纤细,胎管尖顶伸出一条纤细的线管;胞管直管状,掩盖1/2,倾角25°～30°,口缘平,在5mm内有5个胞管。

产地层位 宜昌市分乡;下—中奥陶统大湾组 *Azygograptus suecicus* 带。

微小对笔石 *Didymograptus minutus* Törnguist
（图版63,8、9）

笔石体细小,两枝平行下垂,枝长一般不超过5mm,两枝始部分散角120°～130°,始部宽0.6～0.7mm,向末部增宽缓慢,最大宽度为0.8～0.9mm。胞管倾角30°～40°,掩盖1/2,在5mm内有7个胞管。

产地层位 京山市惠亭山;下—中奥陶统大湾组。

著目对笔石 *Didymograptus nobilis* Chen et Xia
（图版63,3）

笔石体两枝下垂,微分散,始端较浑圆,枝长达27mm。始部宽0.7～0.9mm,向末部缓慢增宽,最大宽度为2.2mm。胞管腹缘微曲,口缘较直,具口尖,胞管倾角40°～45°,掩盖3/5,在10mm内有12～14个胞管。

产地层位 京山市惠亭山;下—中奥陶统大湾组下部 *Didymograptus deflexus* 带。

平行对笔石细瘦亚种(新亚种)
Didymograptus parallelus macilentus Z. C. Li(subsp. nov.)
（图版63,5）

笔石体两枝下垂,始端两枝以70°～80°的分枝角自胎管两侧分出,随即转而向下平行垂伸。枝长23mm,始端宽0.7mm,向末端缓慢增宽,最大宽度为1.5mm。两枝十分紧靠,间距约为1mm,至末部略为分开。胎管长1.3mm,胞管倾角30°～40°,掩盖2/3,10mm内有12～13个胞管。

比较 新亚种相似于*D. parallelus* Chen et Xia,但后者笔石枝宽达2～2.2mm,胞管排列较密,在10mm内有12～15个胞管。

产地层位 京山市孙桥;下—中奥陶统大湾组下部*Didymograptus deflexus*带。

平行对笔石肥厚亚种 *Didymograptus parallelus pinguis* Jiao
（图版63,4）

笔石体大,两枝下垂、平行,长达41mm以上。始部宽0.9mm,在中部达3mm最大宽度,两枝几乎互相靠拢,至末部又略微分开。胞管直管状,倾角30°～40°,掩盖2/3～3/4,在10mm内有11～15个胞管。

产地层位 京山市汤堰;下—中奥陶统大湾组下部*Didymograptus deflexus*带。

原直节对笔石(相似种) *Didymograptus* cf. *protoartus* Decker
（图版63,6）

笔石体下垂,两枝呈拱形,分散角100°左右,始端枝宽0.8mm,向末部渐增至1.7mm,胞管直管状,倾角40°～50°,相邻胞管掩盖1/2～3/4,10mm内有13～14个胞管。

产地层位 京山市和尚寨;下—中奥陶统大湾组下部。

原两分对笔石 *Didymograptus protobifidus* Elles
（图版62,13）

笔石体小,保存长度为7mm,两枝近于下垂平行或稍微分开,始端分散角为80°～90°。笔石枝始端宽0.6mm,向末部逐渐增宽至1.2mm。胞管为简单直管状,相邻胞管掩盖1/2～2/3,10mm内有14个胞管。

产地层位 京山市孙桥、竹山县老码头;下—中奥陶统大湾组下部*Didymograptus deflexus*带。

相似对笔石 *Didymograptus similis*（Hall）

（图版64,5）

笔石体两枝平伸,分枝角180°,长22mm,始端宽度较小,约0.7mm,第四个胞管处迅速加宽达1.1mm,并保持至末端。胎管清楚,具有胎管刺。胞管直管状,长为宽的3倍,掩盖1/2,倾角30°,10mm内有10～11个胞管。

产地层位 宜昌市王家湾;下—中奥陶统大湾组。

平铺对笔石（相似种） *Didymograptus* cf. *stratus* Chen et Xia

（图版63,14）

笔石体两枝始部下曲,枝长20mm,始部分散角110°,枝宽均匀,为0.9mm,胞管直管状,但始部胞管腹缘微向内凹,倾角20°～25°,掩盖2/3,10mm内有14个胞管。

产地层位 京山市陈集;下—中奥陶统大湾组下部。

微凸对笔石 *Didymograptus subconvexus* Chen et Xia

（图版64,2、3）

笔石体两枝始部弯曲,成为微向上凸的宽缓弧形,两枝下曲后随即转向水平伸出。始部分散角150°～160°,枝宽均匀,为1mm。胞管腹缘及口缘较直,倾角30°～40°,掩盖1/2左右,10mm内有12～13个胞管。

产地层位 京山市陈集;下—中奥陶统大湾组下部 *Didymograptus deflexus* 带。

波状对笔石 *Didymograptus undatus* Ni

（图版63,15）

两枝呈波状下曲,始部分枝角90°左右,5mm后分枝角增至150°以上,始端形成不明显倒"V"字形。枝长16mm,宽1mm左右。胎管斜居两枝之间,长1.9mm。胞管腹缘微弯,口缘微凸,掩盖1/2～2/3,10mm内有12～14个胞管。

产地层位 竹山县老码头;下—中奥陶统大湾组下部 *Didymograptus deflexus* 带。

微波对笔石 *Didymograptus vacillans* Tullberg

（图版63,16）

笔石体两枝始部微下曲,然后向外斜伸,始部分散角为100°。笔石枝宽度较均一,为1mm,始端较窄为0.7mm。胞管倾角25°～30°,胞管间掩盖2/3,10mm内有12～13个胞管。

产地层位 京山市陈集;下—中奥陶统大湾组下部 *Didymograptus deflexus* 带。

甲种对笔石 *Didymograptus* sp. A

（图版63,7）

笔石体两枝下垂,近于平行,枝长17mm。始端分散角120°～130°,始端浑圆,枝宽仅0.6mm,最大宽度为1.7mm。胞管直管状,10mm内有16～17个胞管。

产地层位 京山市城畈;下—中奥陶统大湾组下部 *Didymograptus deflexus* 带。

箭翎对笔石 *Didymograptus sagitticaulis* Gurley

（图版64,6）

笔石枝波状起伏,长达70mm以上,枝宽1.9～2.1或2.3mm。胎管未保存。胞管直管状,腹缘近直,口缘微凹,倾角30°,掩盖2/3,10mm内有6～7个胞管。

产地层位 秭归县新滩下滩沱;中—上奥陶统庙坡组 *Glyptograptus teretiusculus* 带。

断笔石科 Azygograptidae Mu,1950
断笔石属 *Azygograptus* Nicholson et Lapworth,1875

只有一个枝,像断落的对笔石。笔石枝下斜至平伸生长,胞管为简单的直管状。

分布与时代 亚洲、欧洲;早奥陶世。

起伏断笔石 *Azygograptus fluitans* Ge

（图版64,7）

笔石体只有一个下斜的枝,枝的倾斜度较平缓,约为35°。枝宽0.7～0.8mm,由于胞管的始部弯曲,致使笔石枝的背缘呈微波状起伏,胞管细长为2.4mm,倾角小20°,掩盖2/5,胎管长度仅1mm,10mm内有6～7个胞管。

产地层位 房县清泉;下—中奥陶统大湾组 *Azygograptus suecicus* 带。

拉普渥斯断笔石 *Azygograptus lapworthi* Nicholson

（图版64,8）

笔石枝下曲,长13mm,枝的背缘平滑或微波状。笔石枝最初向下斜伸展,随后枝体逐渐向背侧弯曲,末部向外平伸。始端宽0.2mm,末端最大宽度达0.85～0.90mm。胞管长管状,倾角20°,掩盖1/3～1/2,10mm内有7～9个胞管。

产地层位 宜昌市分乡;下—中奥陶统大湾组 *Azygogtraptus suecicus* 带。

瑞典断笔石 *Azygograptus suecicus* Moberg

（图版64,9）

笔石体由一个直而下斜的枝组成,枝长10mm余,始端窄,向末端逐渐加宽到0.7mm左右。

胎管长1.4mm,有纤细的线管伸出。胞管长相当于宽的7倍,倾角小,10°～15°掩盖1/3～2/5,在10mm内有7～8个胞管。

产地层位 长阳县花桥;下—中奥陶统大湾组*Azygograptus suecicus*带。

波形断笔石 *Azygograptus undulatus* Mu et al.

（图版64,10）

笔石体由一个下斜笔石枝组成,枝长17mm,宽度从始部0.74mm逐渐增至0.93mm。胎管窄锥状,长1.9mm。胞管始部隆起,致使笔石体背缘呈明显波状,是此种的特点。胞管腹缘直,口缘平,掩盖1/2,10mm内有6～8个胞管。

产地层位 秭归县新滩龙马溪;下—中奥陶统大湾组*Azygograptus suecicus*带。

假断笔石属 *Pseudazygograptus* Mu,Lee et Geh,1960

仅有一个笔石枝,和*Azygograptus*相似,但笔石枝呈上斜至上曲式延伸,胞管纤笔石式。

分布与时代 亚洲、欧洲、北美洲(?);中奥陶世。

纤细假断笔石 *Pseudazygograptus tenuis* Geh

（图版64,11）

笔石体细小,一枝向上斜伸而弯曲。枝与胎管交角130°～140°。枝长3.5mm,始端宽0.12mm,末端宽0.25mm。胎管长锥状,线管长0.4mm,胎管刺长约0.1mm。胞管细长,腹缘直或微凹,口缘平,掩盖1/6～1/8,2.5mm内仅有2个胞管。

产地层位 宜昌市棠垭;中—上奥陶统庙坡组*Nemagraptus gracilis*带。

棒笔石科 Corynoididae Bulman,1944
棒笔石属 *Corynoides* Nicholson,1876

笔石体由胎管和2～3个胞管组成,胞管具宽薄片形的轴,两个侧面胞管口刺粗,第二个胞管小且孤立。

分布与时代 中国,西北欧、北美洲、大洋洲;中—晚奥陶世。

杯状棒笔石 *Corynoides calicularis* Nicholson

笔石体细长,微有弯曲,由胎管及3个胞管组成。笔石体始端尖削,具线管;末端胞管相互迭复。始端宽仅0.6～0.7mm,末端最大宽度为1.2～1.35mm。胎管细长,向口部增宽,口缘内凹,口尖呈刺状。胞管特征和胎管相似。（图21,a～c）

产地层位 宜昌市分乡及棠垭;中—上奥陶统庙坡组*Nemagraptus gracilis*带。

逗点棒笔石（相似种） *Corynoides* cf. *comma* Ruedemann

只有一个幼年标本。笔石体小而弯，长仅2.4mm，始端细而末端宽，在近末端的最宽达0.8mm。胞管细而弯曲，胞管长2～2.7mm，宽为0.15mm。此种笔石以其短宽而弯曲的笔石体和其他各种易于区别（图21，f）。

产地层位 宜昌市分乡；中—上奥陶统庙坡组 *Nemagraptus gracilis* 带。

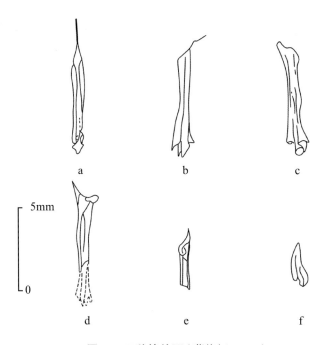

图21 三种棒笔石（葛梅钰，1963）

a ～ c. *Corynoides calicularis* Nicholson；d ～ e. *C. pristinus* Ruedemann；f. *C.* cf. *comma* Ruedemann

原始棒笔石 *Corynoides pristinus* Ruedemann

笔石体长柱形，由胎管和3个胞管叠排组成。体长7.8mm，体宽0.9mm。笔石体始部尖端偏靠一侧，在另一侧有一弯曲的小胞管如同突出的圆瘤。胎管和胞管皆为直或略弯的细长管。笔石体顶端有一小而弯曲的胞管，和笔石体成40°～50°夹角，小胞管末端略向上弯近似烟斗状（图21，d、e）。

产地层位 宜昌市棠垭；中—上奥陶统庙坡组 *Nemagraptus gracilis* 带。

纤笔石科 Leptograptidae Lapworth，1879
纤笔石亚科 Leptograptinae Lapworth，1879
纤笔石属 *Leptograptus* Lapworth，1879

两枝平伸或上斜，枝细微曲，胞管作波形折曲，口缘平或微向内斜，即纤笔石式胞管。

分布与时代　亚洲、欧洲、北美洲、大洋洲；奥陶纪。

扬子纤笔石　*Leptograptus yangtzensis* Mu

（图版64,12）

笔石体纤细易曲折，两枝从始端分叉向上斜伸，分散角310°～340°，枝长达50mm以上，宽度均匀，约0.4mm（通常不大于0.5mm）。胞管细长，为纤笔石式，腹缘波形，口尖不显，倾角20°，掩盖1/3～1/4，在10mm内有8～9个胞管。

产地层位　宜昌市棠垭；中—上奥陶统庙坡组*Nemagraptus gracilis*带。

微小纤笔石　*Leptograptus macer* Elles et Wood

（图版64,13）

两枝上斜，枝极细，长20～30mm以上，宽0.3～0.5mm。第一对胞管下斜，具两个纤细底刺。分枝角240°。胎管长锥状，长达2mm。胞管纤笔石式，倾角小，掩盖少，10mm内有6～8个胞管。

产地层位　宣恩县高罗；上奥陶统—志留系兰多弗里统龙马溪组*Dicellograptus szechuanensis — Tangyagraptustypicus*带。

扁平纤笔石　*Leptograptus planus* Chen

（图版64,14）

此种与*L. macer*相似，但枝更纤细，宽仅0.2～0.3mm。主要不同的是始部两个胞管自胎管近口部生出后水平展开，始端平坦，具细小胎管刺和两个底刺，轴角小，仅80°。

产地层位　宣恩县高罗；上奥陶统—志留系兰多弗里统龙马溪组*Dicellograptus szechuanensis*带。

肋笔石亚科　Pleurograptinae Mu,1950
肋笔石属　*Pleurograptus* Nicholson,1867

两主枝稍微弯曲，两枝不规则生有次生枝，胞管为纤笔石式。

分布与时代　中国、西北欧、大洋洲、北美洲；晚奥陶世—志留纪兰多弗里世。

卢氏肋笔石　*Pleurograptus lui* Mu

（图版64,15）

两个主枝平伸，或在末部呈缓反"S"字形弯曲，每个主枝具有一个次生枝；一个位于腹部，向下垂伸，另一个位于背部，向上伸出；两个次生枝与胎管的距离近等。主枝与次枝的性质相似。胞管为纤笔石式，10mm内有9个胞管。

产地层位　来凤县三堡岭；上奥陶统—志留系兰多弗里统龙马溪组*Dicellograptus*

szechuanensis 带。

丝笔石属 *Nemagraptus* Emmons, 1855

两个主枝从胎管中部伸出，与胎管构成十字形；主枝上斜或弯曲呈"S"字形，从主枝的外侧规则地生有次枝。

分布与时代 亚洲、欧洲、大洋洲、北美洲、南美洲；中奥陶世。

纤细丝笔石 *Nemagraptus gracilis* Hall
（图版64,16）

笔石体保存不完整。主枝宽0.2mm，弯曲呈半圆形，次枝较密，宽0.2～0.5mm，放射状排列在主枝外侧，间距0.9～1.3mm。胞管纤笔石式，5mm内有4个胞管。

产地层位 秭归县新滩下滩沱；中—上奥陶统庙坡组 *Nemagraptus gracilis* 带。

纤细丝笔石稀疏变种 *Nemagraptus gracilis* var. *distans* Ruedemann
（图版65,1）

笔石体较小，直径20～25mm，两个主枝呈"S"字形弯曲。次枝稀少，只有3～5对，最初的次枝从第一对胞管生出，呈放射状排列，和主枝交角向末端略有减少，最末一个次枝和主枝交角为70°～80°，次枝间距为1.4～1.7mm。主枝宽0.2mm，次枝宽0.1～0.15mm，末端增至0.4～0.5mm。胞管纤笔石式，掩盖1/5～1/3，5mm内有3～4个胞管。

产地层位 神农架林区大岩屋；中—上奥陶统庙坡组 *Nemagraptus gracilis* 带。

双头笔石科 Dicranograptidae Lapworth, 1873
双头笔石亚科 Dicranograptinae Lapworth, 1873
叉笔石属 *Dicellograptus* Hopkinson, 1871

两枝上斜呈叉状，胞管呈"S"字形弯曲，口部外转，口穴显著。

分布与时代 亚洲、欧洲、大洋洲、北美洲、南美洲；中—晚奥陶世。

分开叉笔石劲直变种 *Dicellograptus divaricatus* var. *rectus* Ruedemann
（图版64,17）

笔石体和胞管特征与 *D. divaricatus* 相同。两枝劲直而上斜，分枝角310°～320°。枝长17mm以上，始端宽0.45～0.5mm，末端增至0.78mm。胞管腹刺显著，掩盖2/5～1/2，在5mm内有6个胞管。

产地层位 宜昌市棠垭；中—上奥陶统庙坡组 *Nemagraptus gracilis* 带。

扭转叉笔石 *Dicellograptus intortus* Lapworth

（图版64,18）

笔石体小，始端圆形，两枝向上近于平行。枝长4.6～5mm，宽0.43～0.70mm。胎管细长，紧靠第二枝背侧。胞管腹缘直，口部稍向内转，口缘向内斜，口穴呈袋形，占体宽的2/5～1/2，掩盖1/2，5mm内有7～8个胞管。

产地层位 宜昌市棠垭；中—上奥陶统庙坡组 *Nemagraptus gracilis* 带。

楔形叉笔石 *Dicellograptus sextans* Hall

（图版64,19）

笔石体两枝向上斜伸，微弯，分枝角310°。长15mm，宽度均匀0.9mm，始部略窄为0.56mm。胎管长近于1mm，具纤细底刺和胎管刺。胞管腹缘呈"S"字形弯曲，口穴斜深，占体宽的1/2，具腹刺，掩盖1/3，10mm内有10～11个胞管。

产地层位 宜昌市分乡；中—上奥陶统庙坡组 *Nemagraptus gracilis* 带。

楔形叉笔石细小变种 *Dicellograptus sextans* var. *exilis* Elles et Wood

（图版64,20）

笔石体始端钝圆，两枝上斜，分散角320°～330°，枝长9mm以上，始端枝宽0.45mm，末端最大宽度约0.6mm。胎管刺不显著，胞管特征与 *D. sextans* 相同，袋形口穴占枝宽的2/5，常具腹刺，掩盖1/2，5mm内有6个胞管。

产地层位 宜昌市棠垭；中—上奥陶统庙坡组。

双头叉笔石 *Dicellograptus anceps*（Nicholson）

（图版65,2）

笔石体始端呈楔形，两枝劲直向上斜伸。枝宽1.1mm。胞管弯曲，具有细小的腹刺，口缘平或微向内斜，10mm内有9个胞管。

产地层位 保康县马良；上奥陶统—志留系兰多弗里统龙马溪组。

双刺叉笔石 *Dicellograptus binus* Chen

（图版65,3）

笔石体始端平而窄，近方。具两个短小底刺。两枝始部直，近于平行，然后迅速交叉，枝宽在始部略有扩大，由0.65mm逐渐增加到0.84～0.93mm。胞管腹缘微凸，口缘内卷，口穴小而近方，掩盖1/3，10mm内有8～10个胞管。

产地层位 秭归县新滩龙马溪；上奥陶统—志留系兰多弗里统龙马溪组 *Dicellograptus szechuanensis* 带。

卡氏叉笔石 *Dicellograptus carruthersi* Toghill

（图版65,4）

笔石体两枝上斜,微弯,始部尖,分枝角330°,宽度逐渐增至0.8mm左右。腹缘内弯明显,口缘内卷,掩盖1/2,10mm内有10～12个胞管。

产地层位 秭归县新滩龙马溪;上奥陶统—志留系兰多弗里统龙马溪组*Dicellograptus szechuanensis*带。

扁平叉笔石 *Dicellograptus complanatus* Lapworth

（图版65,5）

两枝上斜,长62mm,至末部两枝略为对向弯曲,分枝角310°。始部平,和胎管形成山字形,两个底刺短小。枝的始部宽0.3mm,向末端逐渐增至1mm。胞管腹缘上部平直,口缘平,造成方形口穴,口穴占枝宽1/3～1/4,10mm内有9～10个胞管。

产地层位 来凤县三堡岭;上奥陶统—志留系兰多弗里统龙马溪组*Dicellograptus szechuanensis*带。

扁平叉笔石阿尔干萨斯变种

Dicellograptus complanatus var. *arkansasensis* Ruedemann

（图版65,6）

两枝上斜,枝宽0.4～0.7mm。枝的轴角为340°左右,始部特点与*D. ornatus*相似,但两个底刺不发育。胞管膝上腹缘直或微弯,口缘内卷,掩盖1/2,10mm内有8～10个胞管。

产地层位 宜昌市分乡;上奥陶统—志留系兰多弗里统龙马溪组。

双角叉笔石 *Dicellograptus deceratus* Wang

（图版65,7）

笔石体两枝先上斜,分枝角305°,10mm后骤然靠拢,似牛角状,枝宽0.6mm。胎管细小,始部第一对胞管水平伸展,具两个纤细底刺。第二对胞管向上向外转,胞管腹缘内弯,掩盖1/3,10mm内有10个胞管。

产地层位 宣恩县高罗;上奥陶统—志留系兰多弗里统龙马溪组*Dicellograptus szechuanensis*带。

凹穴叉笔石 *Dicellograptus excavatus* Mu

（图版65,8）

笔石体很小,两枝上斜,长4mm,宽0.9mm,胎管清楚,笔石体始部成方形,两枝向上分出后构成30°的夹角。胞管长达1.7mm,为栅笔石型,但其口缘内屈,口穴斜深,掩盖1/3,在

4mm内有5个胞管。

产地层位 崇阳县黄马冲；上奥陶统—志留系兰多弗里统龙马溪组。

细枝叉笔石 *Dicellograptus graciliramosus* Yin et Mu
（图版65，9）

两枝向上斜伸，分枝角210°～220°。笔石体始部呈桃形，枝细，宽0.2mm，向末端逐渐增至0.4mm。胎管小，具线管。胞管细长，口部窄，腹缘平，倾角小，掩盖少，口缘微向内屈，在10mm内有7～8个胞管。

产地层位 房县桥上两河口；上奥陶统—志留系兰多弗里统龙马溪组。

半圆叉笔石 *Dicellograptus hemirotunaus* Wang
（图版65，10）

笔石体两枝弯曲上斜呈半圆形，始部宽0.28mm，逐渐增加到0.74mm。始部两个胞管先略下斜，后平伸且微向上，构成心尖形。此后的胞管圆滑上斜，腹缘微突，口缘内转，口穴小而浅，掩盖1/2，10mm内有9～10个胞管。

产地层位 宜昌市分乡；上奥陶统—志留系兰多弗里统龙马溪组 *Dicellograptus szechuanensis* 带。

巨大叉笔石 *Dicellograptus magnus* Mu et Chen
（图版65，11）

两枝上斜，长大于20mm，枝宽从始部0.2～0.3mm逐渐增至0.75mm。始部两个胞管水平，具两个细长底刺，常为膜状体所包裹。轴角30°～40°，笔石枝的背缘弯曲呈弧形。胞管内卷，口穴近方，掩盖约1/2，10mm内有10个胞管。

产地层位 宜昌市分乡；上奥陶统 –志留系兰多弗里统龙马溪组。

装饰叉笔石（相似种） *Dicellograptus* cf. *ornatus* Elles et Wood
（图版65，12）

两枝上斜生长，笔石体始部平，与胎管形成山字形。在两枝向上转折处，生出两个底刺。枝的始部宽0.5mm，至末部近0.8mm。胞管末部腹缘直，口缘平，形成方形口穴，在10mm内有10个胞管。

产地层位 房县坪堑；上奥陶统—志留系兰多弗里统龙马溪组 *Dicellograptus szechuanensis* 带。

装饰叉笔石短刺亚种（未刊） *Dicellograptus ornatus brevispina* Chen（MS）

（图版65，13）

两枝向上斜伸，长24mm，两枝背缘分散角80°，笔石体始部呈桃形，枝纤细，始部宽0.2mm，向末部逐渐增至0.6mm。胎管小，胞管末部腹缘直，口部窄，口缘微向内转，底端宽度为1.7mm，底刺短小，10mm内始部有10个胞管，末部8～9个胞管。

产地层位 阳新县荻田桥；上奥陶统—志留系兰多弗里统龙马溪组。

装饰叉笔石直立亚种（未刊） *Dicellograptus ornatus erectus* Chen（MS）

（图版66，1）

两枝直立向上生长，体长约40mm，底端平，宽1.5mm，呈明显山字形，两个底刺短小。在始部向上5mm内，两枝近于平行，其后缓缓分开。始部枝宽0.4mm，最大宽度为0.8～1mm。胞管口缘向内转曲，口穴浅，约占枝宽的1/3，掩盖1/3，10mm内始部有10个胞管，末部8个胞管。

产地层位 兴山县古夫；上奥陶统—志留系兰多弗里统龙马溪组 *Dicellograptus szechuanensis* 带。

上曲叉笔石 *Dicellograptus reflexus* Wang

（图版66，2）

笔石体两枝上曲，长大于20mm，始部宽0.47mm，逐渐增至0.84mm。始部分枝角280°底部具纤细胎管刺，第一对胞管平伸微下斜，具细小腹刺。胞管膝状内弯，口缘内卷，口穴袋状，倾角小，掩盖1/3，10mm内有8～10个胞管。

产地层位 宜昌市分乡，上奥陶统—志留系兰多弗里统龙马溪组 *Tangyagraptus typicus* / *Paraorthograptus typicus* 带。

拉氏叉笔石（相似种） *Dicellograptus* cf. *russomi* Ruedemann

（图版66，3）

两枝近于平行，保存长度17mm。胎管短小，始部具两个小底刺。胞管内卷，膝上腹缘微弯，掩盖1/2，10mm内有10～12个胞管。

产地层位 秭归县新滩下滩沱；上奥陶统—志留系兰多弗里统龙马溪组 *Dicellograptus szechuanensis* 带。

四川叉笔石 *Dicellograptus szechuanensis* Mu

（图版66，4）

两枝先上斜，然后交叉呈"8"字形。始端平，呈"山"字形，具两个短小底刺。枝宽0.6mm，在两枝第一个交叉处,甲枝压在乙枝之上,而在第二个交叉处,乙枝则压在甲枝之上。胞管口部内卷,口穴深,10mm 内有 10 个胞管。

  产地层位 赤壁市羊楼洞;上奥陶统—志留系兰多弗里统龙马溪组 *Dicellograptus szechuanensis* 带。

四川叉笔石尖锐亚种 *Dicellograptus szechuanensis acutus* Wang

(图版 66,5)

  此亚种与典型种相似,但始端尖,枝稍宽,达 0.8～0.9mm,易于区别。

  产地层位 秭归县新滩龙马溪;上奥陶统—志留系兰多弗里统龙马溪组 *Dicellograptus szechuanensis* 带。

四川叉笔石秀丽亚种(未刊)
Dicellograptus szechuanensis pulchellus Mu et al.(MS)

(图版 66,6)

  两枝始部先平行以至几乎紧靠向上生长,然后骤然向外扩张对向弯曲,形成不完整的"8"字形。笔石体始端呈明显"山"字形,两个底刺短小。枝宽均匀 0.6mm,胞管口部向内卷曲,造成很深的口穴,在 5mm 内有 5 个胞管。

  产地层位 赤壁市羊楼洞;上奥陶统—志留系兰多弗里统龙马溪组 *Dicellograptus szechuanensis* 带。

四川叉笔石 U 形亚种(未刊) *Dicellograptus szechuanensis u-formalis* Chen(MS)

(图版 66,7)

  笔石体呈始部尖削的不完整的"8"字形,枝宽约 0.6mm。始部两枝相互平行向上生长,呈"U"字形。因保存关系,两枝貌似攀合。分叉部分的两枝背缘分散角为 25°～30°。底端具一清晰胎管刺,并仅保存一个细小底刺。胎管刺长 0.6mm。笔石枝末部胞管强烈弯曲,致使枝的背缘和腹缘均呈波状起伏,口缘内转,口穴显著,掩盖 1/3,5mm 内有 5 个胞管。

  产地层位 赤壁市羊楼洞;上奥陶统—志留系兰多弗里统龙马溪组 *Dicellograptus szechuanensis* 带。

细小叉笔石 *Dicellograptus tenuis* Mu et al.

(图版 65,14)

  笔石体大小、胞管性质和 *D. excavatus* 相似,但枝宽变化大,0.3～0.74mm。底端转角较浑圆,始部两个胞管微微下斜,以示区别。

  产地层位 宜昌市分乡;上奥陶统—志留系兰多弗里统龙马溪组。

膨胀叉笔石　*Dicellograptus tumidus* Chen

（图版66,8）

两枝上斜,枝宽0.5mm左右,始部轴角小,25°左右,7～8mm后,轴角骤然增大,达50°左右,笔石枝相应弯曲,弯曲处宽度略增,达0.7mm。始端及胞管特点与*D. ornatus*相似,但两个底刺细小,5mm内有5个胞管。

产地层位　宜昌市分乡;上奥陶统—志留系兰多弗里统龙马溪组*Dicellograptus szechuanensis*带。

双角笔石属　*Diceratograptus* Mu,1965

两枝最初平伸,很快急剧向上,离始端不远,两枝骤然膨胀,相互攀合,造成三角形的轴隙。胞管为叉笔石式,发育型式与*Dicellograptus*相同。

分布与时代　中国南方;晚奥陶世。

奇特双角笔石　*Diceratograptus mirus* Mu

（图版66,9）

笔石体的始部部分攀合,末部两枝分开,呈双角状。笔石体底部平,具有2个小的底刺,两枝上斜,近始部膨胀,局部攀合,形成三角形的轴隙。攀合部分的胞管特长。胞管具有方形口穴,属于扁平叉笔石类型的胞管。

产地层位　宜昌市棠垭;上奥陶统—志留系兰多弗里统龙马溪组。

新叉笔石属　*Neodicellograptus* Mu et Wang,1977

笔石体两枝上斜呈叉状,始部两枝攀合,但胎管尖露出背缘之外,有线管伸出。胞管性质似叉笔石,但弯曲更强烈,扭呈麻花状,背缘波形,口缘内弯。

分布与时代　湖北、广东、四川、贵州、江西等地;晚奥陶世—志留纪兰多弗里世。

宽形新叉笔石（新种）　*Neodicellograptus latus* Z. C. Li（sp. nov.）

（图版66,10）

笔石体小,保存长8mm,呈叉状,分枝角35°。始端有两对胞管互相攀合,单列枝最大宽度达1mm,枝的背缘略有波状起伏。胎管顶端露出于攀合胞管之上。胞管为叉笔石式,膝上腹缘微向外凸,始部具两个短小底刺,由一个胎管刺和一个胞管腹刺组成。5mm内有4个胞管。（图22,A）

比较　本属目前多发现于志留纪,出现于奥陶纪少,国内仅在江西武宁见及,尚未正式描述,其笔石枝较窄。苏格兰南部上奥陶统"*Dicellograptus anceps*"的插图与本种较接近,但前者笔石枝分枝角小,始部近于平行上斜生长。本种与*N. superstes* Chen et Lin也十分相似，但后者笔石枝较窄，仅具一个底刺（胎管刺），分枝角略大，且层位较高。

产地层位 保康县寺坪铺湾；上奥陶统—志留系兰多弗里统龙马溪组。

双头新叉笔石 *Neodicellograptus dicranograptoides* Mu et Wang
（（图版66，11）

笔石体小，呈音叉状。长3～5mm，枝宽0.50～0.65mm，始部3对胞管攀合，以后分开，两枝近于平行，末端相互靠拢。胎管底部具底刺，尖端有线管。胞管扭呈麻花状，背、腹缘均呈波状起伏，5mm内有7～8个胞管。

产地层位 宣恩县高罗；志留系兰多弗里统新滩组。

志留新叉笔石 *Neodicellograptus siluricus*（Mu et al.）
（图版66，12）

笔石体小，呈叉状。始端有3对胞管相互攀合，两枝向上斜伸，背缘夹角20°～50°。枝保存长度约5mm，枝宽0.5mm。胎管尖端具线管。胞管强烈弯曲，扭呈麻花状，背、腹缘均呈波状起伏，3mm内有4～5个胞管。（图22，C）

产地层位 恩施县太阳河；志留系兰多弗里统新滩组 *Demirastrites convolutus* 带。

湖北新叉笔石（新种） *Neodicellograptus hubeiensis* Z．C．Li（sp．nov．）
（（图版66，13）

笔石体小，呈音叉状。始端有两对胞管相互攀合组成。枝长约3mm，枝宽0.5mm，双列部分宽约0.6mm。攀合后的两枝近于平行向上生长。胎管尖锥状，长约1.2mm，线管隐约可见。胞管强烈弯曲，扭呈麻花状，背、腹缘均呈波状起伏。口缘内转，口穴半圆形，掩盖1/3，3mm内有5～6个胞管。（图22，B）

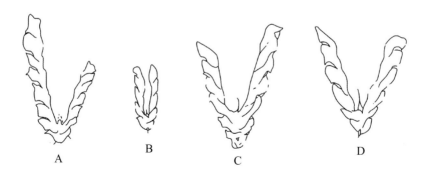

图22 四种新叉笔石

A．*Neodicellograptus latus*（sp.nov.），正型，GR0158，×5，O_3；B．*N.* hubeiensis（sp.nov.），正型，GR0058，×6，S_1；C．*N.* siluricus Mu et al.，×7，S_1；D．*N.* superstes Chen et Lin，×7，S_1

比较 新种在外形、枝宽及胞管等特征均与 *N. dicranograptoides* Mu et Wang 十分相似，但后者的模式种标本笔石体始端是由 3 对胞管攀合而成，胞管排列较稀疏，而且层位较低，在龙马溪组底部。新种始端由两对胞管相互攀合的特点，相似于 *N. superstes* Chen et Lin，但后者笔石体呈音叉状向上斜伸。

产地层位 恩施市太阳河；志留系兰多弗里统新滩组 *Demirastrites convolutus* 带。

双头笔石属 *Dicranograptus* Hall, 1865

笔石体由两枝组成，始部攀合，末部分开为两个单列的枝，笔石体为"Y"字形，胞管的性质和 *Dicellograptus* 相同。

分布与时代 亚洲、美洲、欧洲、大洋洲；中—晚奥陶世。

短茎双头笔石 *Dicranograptus brevicaulis* Elles et Wood
（图版 67，1）

笔石体双列部分长 2～2.1mm，宽约 1mm，具有 4 对胞管。单列部分枝长 45mm 以上，枝宽由 0.6mm 增至末端为 1mm，两枝夹角 40°，至末部两枝近于平行。始部胞管具腹刺，腹缘微凸。单列部分则较平直，10mm 内有 10 个胞管。

产地层位 房县清泉；中—上奥陶统庙坡组 *Nemagraptus gracilis* 带。

短茎双头笔石扬子亚种 *Dicranograptus brevicaulis yangtzensis* Lee et Geh
（图版 67，2）

笔石体双列部分短，仅 1.3mm，宽约 0.8mm。单列部分长 18mm 以上，宽约 0.6mm，两枝上斜生长，夹角 30°～50°，具短小底刺，胎管顶端伸至第三对胞管。双列部分有 3 对胞管，胞管腹缘呈"S"字形弯曲，口缘内转，10mm 内有 10 个胞管。

产地层位 房县清泉；中—上奥陶统庙坡组 *Nemagraptus gracilis* 带。

棠垭笔石亚科 Tangyagraptinae Mu, 1963
棠垭笔石属 *Tangyagraptus* Mu, 1963

两主枝向上斜伸，每枝背侧具有不对称的次枝，胞管叉笔石式，发育型式与 *Dicellograptus* 相同。

分布与时代 中国南方；晚奥陶世。

直立棠垭笔石 *Tangyagraptus erectus* Mu
（图版 67，3）

笔石体由 2 个彼此近于平行的主枝和 1～2 对次枝组成，主枝和次枝均较直立，枝宽 0.65mm 左右。轴角 20°～30°。胞管特点与标准棠垭笔石相似。其与后者的区别是主、次枝均较直立,轴角小。

产地层位 秭归县新滩下滩沱;上奥陶统—志留系兰多弗里统龙马溪组 *Tangyagraptus typicus* 带。

标准棠垭笔石 *Tangyagraptus typicus* Mu
(图版67,4)

笔石体瓶形,具方形底端,两主枝宽0.55mm,始部稍窄。第一对胞管平伸,具底刺。主枝背侧生有次枝。主、次枝胞管均与扁平叉笔石相似,膝上腹缘直,口穴方形,10mm内有10个胞管。

产地层位 宜昌市分乡;上奥陶统—志留系兰多弗里统龙马溪组 *Tangyagraptus typicus / Paraorthoggraptus typicus* 带。

中国棠垭笔石 *Tangyagraptus zhongguoensis* Wang
(图版67,5)

本种特征与标准棠垭笔石相似,但次枝排列稀疏,第二次枝与第一次枝距离甚长,达10mm。

产地层位 宜昌市分乡;上奥陶统—志留系兰多弗里统龙马溪组 *Tangyagraptus typicus / Paraorthoggraptus typicus* 带。

隐轴亚目 Axonocrypta Mu et Zhan,1966
叶笔石科 Phyllograptidae Lapworth,1873
叶笔石属 *Phyllorgraptus* Hall,1858

笔石体有4个攀合的枝组成,横切面呈十字形,胞管简单,掩盖大,发育型式属等称笔石式。

分布与时代 世界各地;早—中奥陶世。

安娜叶笔石 *Phyllograptus anna* Hall
(图版66,14)

笔石体呈卵形,长8～10mm,最大宽度在笔石体中部或稍靠末端,宽3.7～5.7mm,一般为4mm左右。胞管微弯,基部较窄,向口部加宽,倾角大,口缘凹,具口尖,胞管几乎全部掩盖。5mm内有7～8个胞管(图23)。

产地层位 宜昌市分乡、棠垭;下—中奥陶统大湾组。

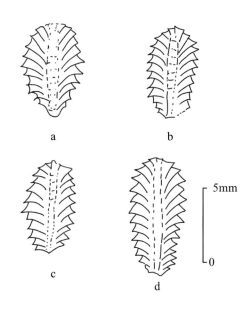

图 23 *Phyllograptus anna Hall*（李和金,1961）

安娜叶笔石长型异种 *Phyllograptus anna* mut. *longus* Ruedemann

（图版 66,15）

笔石体小,长椭圆形,长 8~10mm,宽度在笔石体的中部最大为 4mm,胞管性质和安娜叶笔石相似,仅笔石体较为细长。

产地层位 宜昌市;下—中奥陶统大湾组。

狭窄叶笔石 *Phyllograptus angustifolius* Hall

（图版 67,6）

笔石体细长,长 22mm,最大宽度在笔石体中部,为 4.6mm,向两端逐渐收缩,约 4mm。胞管长约为宽的 3 倍,长 2.5~2.7mm,口部宽 0.9mm,管身大部被掩盖,倾角 40°~50°,口缘略凹,具短小口尖,10mm 内有 11~12 个胞管。

产地层位 武穴方家湾;下—中奥陶统大湾组。

橡叶叶笔石 *Phyllograptus ilicifolius* Hall

（图版 66,16）

笔石体长 14~16mm,最大宽度在笔石体中部或稍靠末端,宽约 3.6~5.0mm。胞管直或稍弯,基部较窄,向口部微微加宽,几乎全部掩盖,口缘凹,胞管口缘下侧向外突出,形成口尖,10mm 内有 13 个胞管。

产地层位 宜昌市;下—中奥陶统大湾组。

标准叶笔石 *Phyllograptus typus* Hall

（图版67，7）

笔石体长纺锤形，长29mm，最大宽度位中部，达9～10mm，始端尖圆形，末端浑圆。始部胞管先向外，末端向下弯，往上逐渐变为近水平方向生长；末部胞管上斜而略向外弯，口缘平，口尖明显，几乎全部掩盖。10mm内始部有15个胞管，中末部11～12个胞管。

产地层位 京山市陈集；下—中奥陶统大湾组。

心笔石科 Cardiograptidae Mu et Zhan，1966
鄂西笔石属 *Exigraptus* Mu，1979

两枝向上攀合，呈双肋式。发育型式较原始，始部胞管呈"L"形，开口向外。胞管为长大的直管，口部膨大，口尖发育，常具口刺。

分布与时代 湖北西部、贵州北部；早—中奥陶世。

棒槌鄂西笔石 *Exigraptus clavus* Mu

（图版67，8）

笔石体棒槌形，长约6mm，始端平，始部膨大，最大宽度约3.5mm，末部收缩约2mm。胎管刺向下垂伸。第一对胞管大致对称，造成笔石体的平底。胞管细长，口部呈喇叭形，口刺发育，长1mm以上。掩盖从始部2/3到末部4/5，5mm内有9个胞管。（图24）

产地层位 宜昌市分乡；下—中奥陶统大湾组上部 *Glyptograptus sinodentatus* 带。

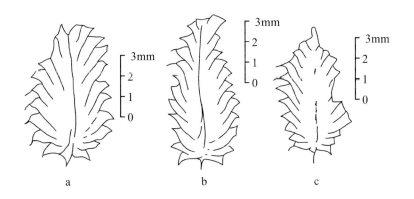

图24 *Exigraptus clavus* Mu（据穆恩之等，1979）

短小鄂西笔石 *Exigraptus nanus* Mu

（图版67，9）

笔石体长3～4mm，宽3mm（不计口刺）。胎管长大。胞管直管状，口部膨大，在压扁的标本上表现为鸟嘴状。口刺发育，长约0.5mm。胞管间掩盖在1/2左右。在3mm长度内有

4～5个胞管。

产地层位 宜昌市分乡；下—中奥陶统大湾组上部*Glyptograptus sinodentatus*带。

均一鄂西笔石 *Exigraptus uniformis* Mu
（图版67，10）

笔石体长5mm以上，宽度均一为3mm。胎管顶端到达第五对胞管口部。第一对胞管与胎管一起造成三角形轮廓。具胎管刺。第一对胞管水平伸出，造成笔石体的平底。胞管喇叭形，具极细的口刺。胞管掩盖1/2，5mm内有7个胞管。（图25）

产地层位 宜昌市分乡；下—中奥陶统大湾组上部*Glyptograptus sinodentatus*带。

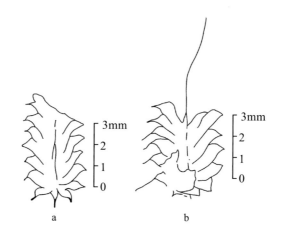

图25 *Exigraptus uniformis* Mu（穆恩之等，1979）

有轴亚目 Axonophora Frech，1897，emend. Ruedemann，1904
双笔石科 Diplograptidae Lapworth，1873
雕笔石属 *Glyptograptus* Lapworth，1873

两枝向上攀合，横切面近于圆形；胞管腹缘波形曲折，口部有时稍向内屈，口缘通常呈波形弯曲。

分布与时代 世界各地；早奥陶世—志留纪兰多弗里世。

澳大利亚齿状雕笔石美洲变种（相似种）
Glyptograptus austrodentatus cf. *americanus* Bulman
（图版67，11）

笔石体长近7mm，底端方形。胎管刺粗壮，第一对胞管的口刺粗短。笔石体始端宽不到1.5mm，向上逐渐增宽为2mm。胞管腹缘呈"S"字形弯曲，腹缘的末部近于直立为此变种的特点。始部5mm内有6～7个胞管。

产地层位 宜昌市黄花场；下—中奥陶统大湾组顶部*Glyptograptus austrodentatus*带。

齿状雕笔石　*Glyptograptus dentatus*（Brongniart）

（图版67,12）

标本为一幼年笔石体,胎管较大,使他有点相似与 *G . austrodentatus* Harris et Keble,但始端较浑圆,可能是介于 *G . austrodentatus-dentatus* 之间而偏向后者的过渡类型。

产地层位　宜昌市分乡;下—中奥陶统大湾组顶部 *Glyptograptus austrodentatus* 带。

中国齿状雕笔石　*Glyptograptus sinodentatus* Mu et Lee

（图版67,13）

笔石体长10mm以上,宽2.5mm,最大宽度在中部,但宽度变化不大。笔石体始端平。胞管弯曲,始部胞管口部向内转,形成深斜的口穴,向末部口穴逐渐消失,胞管近于直管状,胞管间的掩盖也向末端逐渐增大,5mm内有6个胞管。

产地分层　宜昌市分乡;下—中奥陶统大湾组上部 *Glyptograptus sinodentatus* 带。

中国齿状雕笔石小型亚种　*Glyptograptus sinodentatus minor* Mu

（图版68,1）

笔石体小,长12mm,宽2.8～3.2mm,向上逐渐缩小。始端呈四方形。胎管十分细长,顶端伸至第三对胞管口部或第四对胞管基部,胎管刺相当粗壮。胞管长,第一对胞管口缘下侧具斜伸的腹刺,掩盖1/3,10mm内有12个胞管。（图26）

产地层位　宜昌市分乡、棠垭;下—中奥陶统大湾组上部 *Glyptograptus sinodentatus* 带。

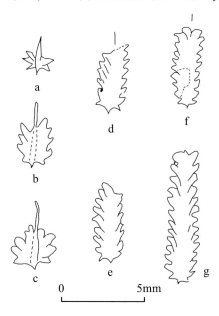

图26　*Glyptograptus sinodentatus minor* Mu（据李积金,1961）

中国齿状雕笔石美观亚种 *Glyptograptus sinodentatus vennustus* Mu
（图版68,2）

笔石体长7mm,宽2.5mm,宽度均一,两侧平行。笔石体始端平,胎管刺不发育。第一对胞管先顺沿胎管向下至胎管口部向外平伸,形成平底。始部胞管变形较剧,口向内弯,末部胞管渐直,掩盖约1/2,5mm内有6个胞管。

产地层位 宜昌市分乡;下—中奥陶统大湾组上部 *Glyptograptus sinodentatus* 带。

圆滑雕笔石（相似种） *Glyptograptus* cf. *teretiusculus*（Hisinger）

笔石体长20mm以上,始端圆形,最大宽度在末端,达2.7～3.3mm。中轴不显,底刺不十分显著,胎管刺较长,达3.5mm。有时在紧靠胎管刺有棒状附连物。胞管口缘清楚,微向上凸,10mm内有8～9个胞管。（图27,a）

产地层位 宜昌市分乡;中—上奥陶统庙坡组 *Glyptograptus teretiusculus* 带。

维卡别雕笔石 *Glyptograptus vikarbyensis* Jaanusson
（图版68,3）

笔石体两侧近平行,长19.5mm以上,始端宽2.1mm。胞管雕笔石式,口微波形或微凹,口穴清楚,占体宽的1/4,掩盖1/3～1/2,10mm内有11～12个胞管。此种笔石始端钝圆,胞管向两侧斜生,有细小底刺和短粗胎管刺为其特征。（图27,b）

产地层位 宜昌市棠垭;中—上奥陶统庙坡组 *Nemagraptus gracilis* 带。

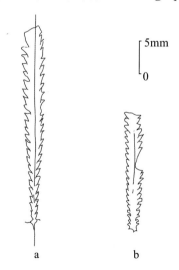

5mm

0

图27 两种雕笔石（葛梅钰,1963）

a. *Glyptograptus* cf. *teretiusculus* Hisinger; b. *G. vikarbyensis* Jaanusson

营盘雕笔石（未刊） *Glyptograptus yingpanensis* Ge（MS）

（图版68,4）

笔石体长14mm，最大宽度为2mm，向始端逐渐变尖削，始端具有一个细小的胎管刺。胞管腹缘弯曲，口缘平，口尖明显，相邻胞管掩盖1/2，10mm内有11～12个胞管。

产地层位　房县坪堙；上奥陶统—志留系兰多弗里统龙马溪组。

分乡雕笔石 *Glyptograptus fenxiangensis* Wang

（图版68,5）

笔石体小，长7～8mm，始部宽0.93mm，宽度逐渐增加，末端达2mm。胞管腹缘微弯，口缘有内卷之势，口尖明显，掩盖1/3，5mm内有5～6个胞管。中轴伸出末端之外4mm以上。两侧具两条不明显之纵线。

产地层位　宜昌市分乡；志留系兰多弗里统新滩组*Demirastrites convolutus*带。

可疑雕笔石 *Glyptograptus incertus* Elles et Wood

（图版68,6）

笔石体长13～22mm，始部尖，宽度从0.74mm，较快增至1.5～1.9mm，此后两侧近于平行。胎管长1.9mm，有细长的底刺伸出，胞管腹缘呈"S"字形弯曲，口缘内凹，口尖显著，掩盖1/2，10mm内有12～14个胞管。

产地层位　宜昌市分乡；志留系兰多弗里统新滩组*Demirastrites convolutus*—*Monoclimacis arcuata*带。

中间雕笔石 *Glyptograptus intermedius* Geh

（图版68,7）

笔石体长15～20mm，宽2.5mm，始端尖削，具有相当发育的胎管刺。胞管变形，口穴显著，近似栅笔石式，10mm内有11～12个胞管。

产地层位　恩施市；志留系兰多弗里统新滩组。

高家边雕笔石 *Glyptograptus kaochiapienensis* Hsü

（图版68,8）

笔石体长25mm，始部宽0.7mm，迅速增至2.2～2.4mm，两侧近于平行。底刺和中轴发育，均远伸笔石体之外。胞管腹缘呈"S"形弯曲，口缘内凹，口尖明显，掩盖1/3～1/2，10mm内有8～10个胞管。

产地层位　宣恩市高罗；志留系兰多弗里统新滩组*Demirastrites triangulatus*带。

龙马雕笔石　*Glyptograptus lungmaensis* Sun

（图版68,9）

笔石体长20mm左右,始部宽1.1mm,迅速增宽至2.1mm最大宽度。底刺明显,中轴伸出末端之外。腹缘圆滑外突,口缘倾斜,掩盖1/2,10mm内有10～12个胞管。

产地层位　宜昌市分乡;上奥陶统—志留系兰多弗里统龙马溪组*Glyptograptus persculptus*—*Demirastrites triangulatus*带。

雕刻雕笔石　*Glyptograptus persculptus* Salter

（图版68,10、11）

笔石体保存长度20～30mm,始部宽1mm,迅速增至2.1～2.3mm最大宽度,此后两侧近于平行。胞管腹缘呈"S"形弯曲,口缘内弯,掩盖1/2,10mm内有9～10个胞管。

产地层位　宜昌市分乡;上奥陶统—志留系兰多弗里统龙马溪组*Glyptograptus persculptus*—*Akidograptus acuminatus*带。

褶皱雕笔石　*Glyptograptus sinuatus*（Nicholson）

（图版68,12）

笔石体长18mm,始部宽0.74mm,最初四对胞管宽度增加快,最大宽度达2mm。胞管明显呈"S"字形弯曲,胞管始部几乎与轴平行,口缘内斜,口尖明显,掩盖1/3～1/2,10mm内有9～11个胞管。底刺长4.5mm,中轴伸出体外20mm。

产地层位　宜昌市分乡;志留系兰多弗里统新滩组*Demirastrites convolutus*带。

褶皱雕笔石宽形亚种　*Glyptograptus sinuatus latus* Wang

（图版68,13）

该亚种与褶皱雕笔石胞管相似,但笔石体长而宽,长大于27mm,宽2.6～3mm。该亚种与高家边雕笔石亦相似,但胞管弯曲明显,排列密,笔石体宽度大。

产地层位　宜恩县高罗;志留系兰多弗里统新滩组*Demirastrites convolutus*带。

褶皱雕笔石宜昌亚种　*Glyptograptus sinuatus yichangensis* Ni

（图版68,14）

笔石体长27mm,始端尖削,宽0.7mm,最大宽度2.2mm。中轴伸出体外20mm。胎管刺细长达9mm。始端两对胞管细小,腹缘弯曲不直,其余胞管腹缘弯曲甚直,并沿轴向轻微扭曲。口缘凹,口尖发育,掩盖1/2～1/3,10mm内有8～10个胞管。

产地层位　宜昌市王家湾;志留系兰多弗里统新滩组*Demirastrites convolutus*带。

柽柳雕笔石　*Glyptograptus tamariscus*（Nicholson）

（图版68,15）

笔石体细长,长25mm以上,宽从0.5mm逐渐增加到1mm左右。胎管长约1.1mm,口部宽0.3mm,具底刺。胞管交错排列,腹缘呈"S"字形弯曲,膝上腹缘倾斜,口缘平、微斜,口穴斜深。掩盖1/3,10mm内有10～12个胞管。

产地层位　宣恩县高罗;志留系兰多弗里统新滩组 *Pristiograptus leei* － *Demirastrites convolutus* 带。

柽柳雕笔石分开亚种　*Glyptograptus tamariscus distans* Packham

（图版68,16）

笔石体细长,始端宽0.5mm,最大宽度为1mm,两侧近于平行。始部胞管腹缘近直,膝角不显,膝上腹缘直,与轴近于平行。末部胞管腹缘圆滑,两侧胞管口部显著交错排列,掩盖少,口缘平或微凹,10mm内有9～10个胞管。

产地层位　宜昌市王家湾;志留系兰多弗里统新滩组 *Demirastrites convolutus* 带。

柽柳雕笔石线状亚种　*Glyptograptus tamariscus linearis*（Perner）

（图版68,17）

笔石体细长,始端尖削,两侧近于平行,最大宽度为1.5mm,中隔壁完整,中轴伸出体外。始部三对胞管腹缘较直,倾角很小,其余胞管腹缘波状起伏,掩盖少,胞管明显交错排列,口缘微凹,口尖发育,10mm内有9～11个胞管。

产地层位　宜昌市王家湾;志留系兰多弗里统新滩组 *Demirastrites convolutus* － *Monograptus sedgwickii* 带。

假栅笔石属　*Pseudoclimacograptus* Pribyl,1947

外形似栅笔石,但胞管弯曲更甚,形成齿状折曲的中间缝合线(中沟),有的转折处具小横沟。

分布与时代　亚洲、欧洲、大洋洲、北美洲;早奥陶世—志留纪兰多弗里世。

垂唇假栅笔石　*Pseudoclimacograptus demittolabiosus* Geh

（图版68,18）

笔石体长18mm以上,宽1～1.1mm。始端圆,底刺清楚。胎管刺长0.4mm。胞管剧烈折曲,外露腹缘折成膝状,转折处的下缘具有下垂的唇状构造。掩盖1/3～2/5,10mm内有12～14个胞管。中间缝合线呈显著的齿状曲折,并具小的横沟。

产地层位　宜昌市分乡;中—上奥陶统庙坡组 *Nemagraptus gracilis* 带。

垂唇假栅笔石棠垭亚种 *Pseudoclimacograptus demittolabiosus tangyensis* Geh

（图版69,1）

此亚种与垂唇假栅笔石相似，但此亚种3个底刺清楚，胞管膝部唇形构造较小，始部最初的胞管很快向上，因而笔石体始端较尖削，第一对胞管口部宽0.7mm（压扁后宽达0.95mm），末端宽度较大，为1.75mm。

产地层位　宜昌市棠垭；中—上奥陶统庙坡组 *Nemagraptus gracilis* 带。

长形假栅笔石 *Pseudoclimacograptus longus* Geh

（图版69,2）

笔石体呈棍状，两侧近于平行，长30mm以上。始端圆形，宽0.8mm，向上宽度稍微增大，在距始端7mm处宽度最大，为1.3～1.4mm。胞管口缘平而向内微斜，口穴清楚，占体宽的2/5～1/2，掩盖1/3，10mm内有9～12个胞管。

产地层位　宜昌市棠垭；中—上奥陶统庙坡组。

夏氏假栅笔石 *Pseudoclimacograptus scharenbergi*（Lapworth）

（图版68,19）

笔石体大，长25mm以上，两侧近平行，始端圆形，宽1mm，最大宽度在中、末端，达2.4mm。胞管呈明显"S"字形弯曲。缝合线锯齿形，中隔板、小隔板清楚发育。胞管口缘平或波形，口穴呈裂隙形，占体宽的2/5～1/2。10mm内有9～11个胞管。

产地层位　宜昌市棠垭；中—上奥陶统庙坡组。

湖北假栅笔石 *Pseudoclimacograptus hubeiensis* Mu et al.

（图版69,3、4）

标本为幼年体，长3.2～4.2mm，始端宽约0.5mm，向末端增宽至1.1mm，中轴伸出体外。中间缝合线作齿状折曲。胎管刺短小。胞管膝角极其发育，膝上腹缘直，微向内倾斜，口缘近平，口穴半圆形，占体宽1/4，4mm内有5～6个胞管。

产地层位　大冶市樟山；志留系兰多弗里统新滩组。

休斯假栅笔石 *Pseudoclimacograptus hughesi*（Nicholson）

（图版69,5）

笔石体短小，长约10mm，始端浑圆，宽度均一，为1mm，中轴伸出体外。胎管刺短，中隔壁波状起伏，胞管膝上腹缘近直，具膝缘。口穴短而深，占体宽的1/3，口部微内卷，胞管交错排列，10mm内有12～13个胞管。

产地层位　宜昌市王家湾；上奥陶统—志留兰多弗里统龙马溪组 *Demirastrites riangulatus*—

*Monograptus sedgwickii*带。

反转假栅笔石 *Pseudoclimacograptus retroversus* Bulman et Rickards
（图版69,6）

笔石体长10～20mm,宽约1～1.3mm。胞管强烈折曲,膝角发育,膝上腹缘向内倾斜,作先凸后凹式弯曲,口缘外翻,口穴半圆,掩盖约1/2,10mm内有12～14个胞管。中隔板始部波状弯曲,末部近直。

产地层位 宜昌市分乡;上奥陶统—志留系兰多弗里统龙马溪组*Pristiograptus leei ～ Monoclimacis arcuata*带。

反转假栅笔石宽形亚种 *Pseudoclimacograptus retroversus latus* Wang
（图版69,7）

该亚种与*P. retroversus*胞管特征相似,但笔石体长而宽,长17mm以上,宽度不小于1.5mm,二者易于区别。

产地层位 宜恩县高罗;上奥陶统—志留系兰多弗里统龙马溪组*Demirastrites triangulatus*带。

精雕假栅笔石 *Pseudoclimacograptus sculptus* Chen et Lin
（图版69,8）

笔石体短小,长不到10mm,宽1mm。胎管口部宽0.25mm,中隔壁完整,作棱角状折曲。胞管膝角发育,膝上腹缘直,向内倾斜。口缘微凹,口穴占笔石体宽度1/3强,5mm内有7个胞管。

产地层位 宜昌市大中坝;志留系兰多弗里统新滩组*Monograptus sedgwickii*带。

栅笔石属 *Climacograptus* Hall,1865

笔石体直,双列,横切面呈卵形,胞管作强烈"S"字形折曲,形成方形口穴和平行于轴的膝上腹缘。

分布与时代 世界各地;奥陶世—志留纪兰多弗里世。

古老栅笔石(相似种) *Climacograptus* cf. *antiquus* Lapworth
（图版69,9）

笔石体长25mm,始部宽0.9mm,逐渐增至2.4mm,此后宽度变化不大。始部可见较明显胎管刺和两个底刺。中轴伸出体外。胞管腹缘直,口缘平或微凹,10mm内有8～10个胞管。与典型种差别在于胎管刺不及其长且粗壮。

产地层位 宜昌市分乡;中—上奥陶统庙坡组*Glyptograptus teretiusculus*带。

古老栅笔石线形变种 *Climacograptus antiquus* var. *lineatus* Elles et Wood
（图版69,10、11）

笔石体细长,长30mm以上,始部宽1.1～1.3mm,较快增至1.9～2.2mm。始端具3个明显底刺,中轴伸出体外。胞管腹缘直,口缘平或微凹,口穴长方形至半椭圆形,占体宽约1/4,掩盖1/3～2/5,10mm内有8～12个胞管。

产地层位 宜昌市分乡;中—上奥陶统庙坡组*Nemagraptus gracilis*带。

短栅笔石 *Climacograptus brevis* Elles et Wood
（图版69,12）

笔石体细小,两侧平行,长7.7mm,始端钝圆,宽仅0.29mm,在距始端1mm处宽0.79mm。缝合线完整,呈波形。胎管刺细直。胞管波形弯曲,外露腹缘近直,口穴清楚,占体宽1/3～2/5,掩盖1/4～1/3,5mm内有6～7个胞管。

产地层位 宜昌市分乡;中—上奥陶统庙坡组*Nemagraptus gracilis*带。

哈定氏栅笔石 *Climacograptus haddingi* Glimberg
（图版69,13）

笔石体细长圆柱形,长30mm以上,宽仅0.1～0.3mm,中轴微波形,伸出体外4mm。有的标本上中轴及缝合线呈现3条清楚的纵线。胎管刺劲直。胞管呈"S"字形曲折,膝上腹缘直,口穴半圆或近方形,占体宽1/3～1/2,10mm内有8～12个胞管。

产地层位 宜昌市分乡;中—上奥陶统庙坡组*Nemagraptus gracilis*带。

微小栅笔石 *Climacograptus parvus*（Hall）
（图版69,14）

笔石体长30mm以上,中部体宽最大为3.1mm,始端长楔形,末端收缩为2.2mm。中轴伸出体外达8.9mm,局部膨胀。胞管显著方形,外露腹壁直,于腹壁转折处呈尖角状,口穴裂缝状,占体宽1/3,掩盖1/3～1/2,10mm内有9～12个胞管。

产地层位 宜昌市棠垭;中—上奥陶统庙坡组*Glyptograptus teretiusculus*带。

矛状栅笔石 *Climacograptus hastatus* T. S. Hall
（图版69,15）

笔石体长纺锤形,长13mm以上,宽度从始端逐渐增宽到2.2mm。胞管栅笔石式,10mm内有10个胞管。始部尖削,具1个下垂的胎管刺和4个平伸的胞管腹刺,是该种的特点。

产地层位 保康县虫蚁沟余家场;上奥陶统—志留系兰多弗里统龙马溪组。

矛状栅笔石小型亚种 *Climacograptus hastatus minor* Wang

（图版 69,16）

亚种始端特点与 *C. hastatus* 相似。但笔石体小，呈楔形，长仅 10mm 左右，最大宽度在笔石体末部，2mm 左右，胞管排列稍密，5mm 内有 5～6 个胞管。

产地层位　宜昌市分乡；上奥陶统—志留系兰多弗里统龙马溪组 *Tangyagraptus typicus* / *Paraorthograptus typicus* 带。

宽型栅笔石 *Climacograptus latus* Elles et Wood

（图版 69,17）

笔石体呈楔形，长 36mm，最大宽度为 2.5mm，始端宽仅 1mm。胎管小，具有胎管刺和两个底刺。始部胞管交错排列，胞管长 1.5mm，掩盖 1/3～1/2，腹缘略向内斜，口穴半圆形，占体宽的 1/5～1/4，10mm 内有 10～13 个胞管。

产地层位　五峰县；上奥陶统—志留系兰多弗里统龙马溪组。

纤笔石式栅笔石 *Climacograptus leptothecalis* Mu et Geh

（图版 69,18）

笔石体长 10～15mm，始部宽 0.56～0.7mm，向末端逐渐增加到 1.9mm。始部具 2 个向外斜伸的底刺。胞管接近纤笔石式，膝上腹缘显著外斜，膝下腹缘倾斜，口缘近平，口穴小，半圆形，掩盖 1/3，10mm 内有 10～12 个胞管。

产地层位　宜昌市分乡；上奥陶统—志留系兰多弗里统龙马溪组 *Tangyagraptus typicus* / *Paraorthograptus typicus* 带。

纤笔石式栅笔石狭窄亚种 *Climacograptus leptothecalis angustus* Wang

（图版 69,19）

笔石体长 20mm，始部宽 0.74mm，逐渐增加到 1.5mm，此后两侧平行。始端具两个外弯的底刺。胞管膝下腹缘倾斜，始端向内急转，构成与轴垂直的横线；膝上腹缘明显外斜，口缘平或外斜，掩盖 1/2，10mm 内有 10 个胞管。

产地层位　宜昌市分乡；上奥陶统—志留系兰多弗里统龙马溪组 *Tangyagraptus typicus* / *Paraorthograptus typicus* 带。

细瘦栅笔石 *Climacograptus macilentus* Wang

（图版 69,20）

笔石体细长，长 15～25mm，宽 1.5mm，始部具 2 个纤细底刺。胞管腹缘直，微凸，口缘平,口穴长方形,5mm内有5～6个胞管。

产地层位 宜昌市分乡;上奥陶统—志留系兰多弗里统龙马溪组 *Tangyagraptus typicus* / *Paraorthograptus typicus* 带。

四川栅笔石 *Climacograptus sichuanensis* Geh
（图版70,1）

笔石体长20mm,始部宽0.74mm,较快增至1.7mm最大宽度。膝上腹缘直,口穴小,半椭圆形,仅占体宽1/4,掩盖1/3,10mm内有12～14个胞管。从始端第一对胞管膝角处音叉状伸出底刺。胎管常为始部胞管及膜状体所盖。

产地层位 宜昌市分乡;上奥陶统—志留系兰多弗里统龙马溪组 *Dicellograptus szechuanensis* 带。

高层栅笔石 *Climacograptus supernus* Elles et Wood
（图版70,2）

笔石体长10mm左右,始部宽0.7mm,末部增至1.3～1.5mm,膝上腹缘直立,口穴方形,10mm内有12～14个胞管。始端宽度增加快,具2个平伸而略下弯的底刺,是该种的特点。

产地层位 宜昌市分乡;上奥陶统—志留系兰多弗里统龙马溪组。

高层栅笔石长形亚种 *Climacograptus supernus longus* Geh
（图版70,3）

笔石体长20mm左右,宽1.5～1.9mm。10mm内有12～14个胞管,始部2个底刺向两侧斜伸且略下弯。胞管特征与 *C. supernus* 相似。

产地层位 宜昌市分乡;上奥陶统—志留系兰多弗里统龙马溪组 *Tangyagraptus typicus* / *Paraorthograptus typicus* 带。

棠垭栅笔石 *Climacograptus tangyaensis* Geh
（图版70,4）

笔石体长10～20mm,始端尖圆,宽度从始端0.93mm较快增至2mm。始部具1个胎管刺和2个细小底刺。胞管栅笔石式,5mm内有5个胞管,中轴伸出体外达15mm以上,先弯曲,近末端膨胀呈纺锤状是该种的特点。

产地层位 宜昌市分乡;上奥陶统—志留系兰多弗里统龙马溪组 *Dicellograptus szechuanensis* 带。

细尾栅笔石　*Climacograptus tenuicaudatus* Wang

（图版70,5）

笔石体长14mm,宽度从始部0.56mm逐渐增加到1.3mm最大宽度,向末端又略微减少。胞管膝上腹缘直,口缘平,口穴长椭圆形,10mm内有10～14个胞管。始端有1个长12mm以上细长的底刺是此种的特点。

产地层位　宜昌市分乡;上奥陶统—志留系兰多弗里统龙马溪组 *Tangyagraptus typicus* —*Paraorthograptus typicus* 带。

蹼状栅笔石　*Climacograptus textus* Geh

（图版70,6）

笔石体变化大,长35～40mm,短者约15mm,始部宽0.7mm,逐渐增宽至2.2～2.5mm,最大宽度。始端具2个音叉状的底刺,长5～6mm,底刺基部下侧有明显的带状薄膜。胞管栅笔石式,10mm内有10～12个胞管。

产地层位　恩施市太阳河,上奥陶统—志留系兰多弗里统龙马溪组 *Dicellograptus szechuanensis* 带。

蹼状栅笔石宜昌亚种　*Climacograptus textus yichangensis* Geh

（图版70,7）

笔石体长32mm以上,始端宽0.7mm,向末端逐渐加宽,末部为2mm,2个底刺自第一对胞管膝角生出后,弧形弯曲向下,长3mm,在底刺基部下侧,有比刺更宽的条带状囊膜。胞管栅笔石式,10mm内有11～14个胞管。

产地层位　宜昌市;上奥陶统—志留系兰多弗里统龙马溪组。

管形栅笔石　*Climacograptus tubuliferus* Lapworth

（图版70,8）

笔石体长27～30mm,始部宽0.9mm,较快增加到2.2～2.4mm,始端具1个长2mm以上胎管刺和2个细小底刺,胞管腹缘直,口缘微内凹,口穴半椭圆形,10mm内有8～12个胞管。中轴显著伸出体外,呈管状薄膜,是该种的特点。

产地层位　宜昌市分乡;上奥陶统—志留系兰多弗里统龙马溪组。

美丽栅笔石　*Climacograptus venustus* Hsü

（图版70,9、10）

笔石体长11～16mm,始端宽0.6mm,向上逐渐增加至1.2mm。胞管栅笔石式。始端具有2个弧形弯曲的粗壮底刺,在底刺上侧,各向上生长2～4个芽状附刺,是为该种的特点。

附刺长1～2.5mm,10mm内有10～11个胞管。

产地层位 长阳县汪家湾;上奥陶统—志留系兰多弗里统龙马溪组。

中间栅笔石 *Climacograptus medius* Törnquist
（图版70,11、12）

笔石体长10～30mm不等,宽度在始部10mm内逐渐增加到2～2.6mm。始端圆,可见细小底刺。胞管腹缘直,口缘平,口穴次椭圆形,占体宽的1/3～1/2,10mm内有10～12个胞管。中隔板明显,中轴伸出末端之外。

产地层位 宜昌市分乡和王家湾;上奥陶统—志留系兰多弗里统龙马溪组 *Glyptograptus persculptus*—*Pristiograptus leei* 带。

小型栅笔石 *Climacograptus minutus* Carruthers
（图版70,13、14）

笔石体小,长5～6mm,宽1mm左右,胞管腹缘直,口缘平或微凹,口穴半椭圆形,掩盖1/3,5mm内有6～7个胞管。

产地层位 宜昌市分乡;上奥陶统—志留系兰多弗里统龙马溪组 *Pristiograptus leei* 带。

正常栅笔石 *Climacograptus normalis* Lapworth
（图版71,1）

笔石体细长,一般长30～40mm以上,始部宽0.74mm,最大宽度不超过2mm,笔石体两侧平行。始部圆,具细小短刺,中轴伸出末端之外。胞管腹缘直。口缘平,掩盖1/3,10mm内有9～10个胞管。

产地层位 宜昌市分乡;上奥陶统—志留系兰多弗里统龙马溪组 *Glyptograptus persculptus*—*Orthograptusvesiculosus* 带。

巴索郝瓦栅笔石 *Climacograptus posohovae*（Chaletzkajia）
（图版70,15）

笔石体长30～45mm,始部尖,10～15mm长度中增至2～2.5mm。始部具纤细底刺,中轴粗,伸出体外。胞管倾角大,腹缘直,口尖钝圆,掩盖1/2,10mm内有8～10个胞管。胞管口缘和间壁线局部增厚,常在轴的两侧具两条纵线。

产地层位 宜昌市分乡;上奥陶统—志留系兰多弗里统龙马溪组 *Orthograptus vesiculosus*—*Demirastrites convolutus* 带。

直角栅笔石 *Climacograptus rectangularis*（McCoy）

（图版70,16）

笔石体长25～44mm，在15mm长度中宽度从始部0.8mm，增加到2.2mm，此后两侧平行。始端圆，具细小底刺，隔板发育完全，有中轴伸出。胞管呈典型栅笔石式，掩盖1/2，10mm内有7～10个胞管。

产地层位 宜昌市分乡；上奥陶统—志留系兰多弗里统龙马溪组 *Orthograptus vesiculosus—Demirastrites triangulatus* 带。

梯形栅笔石 *Climacograptus scalaris*（Hisinger）

（图版71,2）

笔石体小，长15mm，宽1.1mm，两侧近于平行。始端圆、对称，胎管为始部胞管所盖，底刺短。胞管腹缘直，口缘平，口穴长椭圆形，掩盖1/3，5mm内有5个胞管。此种特点是笔石体短小，始部底刺短，以此和 *C. normalis* 相区别。

产地层位 宜昌市分乡；上奥陶统—志留系兰多弗里统龙马溪组 *Pristiograptus lee—Monoclimacis arcuata* 带。

次直角栅笔石 *Climacograptus subrectangularis* Wang

（图版70,17）

笔石体长大，长30mm以上，宽度一直增加，末端最宽达3.4mm。始端圆，有细小底刺伸出。胞管膝上腹缘直，口缘平，微内凹，口穴半椭圆形，占体宽的1/4，掩盖1/3，10mm内有6～8个胞管。中轴伸出末端之外。

产地层位 宣恩县高罗；上奥陶统—志留系兰多弗里统龙马溪组 *Demirastrites triangulatus* 带。

遗留栅笔石（未刊） *Climacograptus superstes* Ge（MS）

（图版71,3）

笔石体长约18mm，宽约1.3mm，始部尖削，具有长约7mm的细长胎管刺。末部两侧近于平行，中轴伸出体外10mm。胞管为栅笔石式，10mm内有10～11个胞管。该种相似于 *C. tenuicaudatus*，但后者胎管刺更长，胞管排列紧密。

产地层位 京山市汤堰；上奥陶统—志留系兰多弗里统龙马溪组。

围笔石属 *Amplexograptus* Elles et Wood,1907

两枝向上攀合，横切面呈凹凸形或新月形，胞管膝状折曲发育，膝上腹缘微向外倾斜或平行于轴，膝下腹缘弧形弯曲，膝边明显，口穴深长。

分布与时代 亚洲、欧洲、美洲、大洋洲；奥陶纪—志留纪兰多弗里世。

孙氏围笔石 *Amplexograptus suni*（Mu）

（图版71,4）

笔石体较粗壮,长50mm以上,始部宽约0.74mm,逐渐增至2.8～2.9mm。始端具3个细小底刺。胞管围笔石式,愈向末端愈明显,膝上腹缘微向外倾,膝下腹缘倾斜,口穴呈斜扁圆形或近长方形,掩盖1/3,10mm内有10～14个胞管。

产地层位 宜昌市分乡；上奥陶统—志留系兰多弗里统龙马溪组*Dicellograptus szechuanensis*带。

精美围笔石 *Amplexograptus elegans* Mu et al.

（图版71,5）

笔石体长约8mm,始端较圆,具纤细胎管刺,始端宽0.8mm,逐渐加宽到1.2mm。胞管围笔石式,膝上腹缘直,间壁线始部平,垂直于轴,向上斜伸,膝角明显,有纤细的膝刺。口穴大,半透镜状,掩盖1/3,5mm内有8个胞管。

产地层位 来凤县；上奥陶统—志留系兰多弗里统龙马溪组。

双笔石属 *Diplograptus* McCoy,1850

（=*Mesograptus* Elles et Wood,1907）

笔石体两枝攀合,横切面呈卵形或似长方形,始部胞管强烈弯曲,具围笔石式宽圆形口穴；往后弯曲渐弱,胞管作雕笔石式弯曲；末部胞管直笔石式。

分布与时代 世界各地；奥陶统—志留纪兰多弗里世。

小刺双笔石 *Diplograptus spinulosus* Sundberg

（图版71,6）

笔石体大,长30mm以上,始端钝圆,宽1.5mm,向上缓慢增宽,末端宽3.2mm。始部胞管弯曲剧烈并生有腹刺,末部胞管腹缘近直,口穴三角形,占体宽的1/5。始部胞管口部稍孤立,掩盖1/3～1/2,10mm内有9～12个胞管。

产地层位 宜昌市棠垭；中—上奥陶统庙坡组*Nemagraptus gracilis*带。

棠垭双笔石 *Diplograptus tangyensis* Geh

（图版71,7）

笔石体长11.7mm,始端宽1.4mm,最大宽度在末端为2.7mm。胎管刺粗壮,长约0.3mm。始端胞管弯曲属围笔石式,自第六对胞管起,趋于直管状,胞管长度在始端为1.6mm,末端为3.1mm,掩盖1/3,10mm内有10个胞管。

产地层位 宜昌市棠垭；中—上奥陶统庙坡组 *Nemagraptus gracilis* 带。

适度双笔石远祖亚种（未刊） *Diplograptus modestus atavus* Mu et Lin（MS）

（图版71,8）

笔石体长20mm，呈长纺锤形，始端圆钝，宽度为1mm，至中部达3.4mm最大宽度，末部又明显收缩，两侧近于平行。中轴伸出体外9mm。始部5mm内胞管为栅笔石式；向上则呈直管状，胞管长3～4mm，外露口缘宽为0.5mm，掩盖2/3～3/4,10mm内有9～10个胞管。

产地层位 崇阳县黄马冲；上奥陶统—志留系兰多弗里统龙马溪组。

东方双笔石（相似种） *Diplograptus* cf. *orientalis* Mu et al.

（图版71,9）

笔石体长23mm以上，始部窄，向上迅速增宽，最大宽度达3.8mm，笔石体末部略为收缩。胎管刺明显，长0.8mm。始部4对胞管近于栅笔石式，末部胞管直管状，口缘平，向外斜，倾角25°，掩盖约1/2,10mm内有8～10个胞管。

产地层位 崇阳县黄马冲；上奥陶统—志留系兰多弗里统龙马溪组。

精美双笔石 *Diplograptus elegans* Ni

（图版71,10）

笔石体长25mm，始端尖，始部宽0.8mm，至中部达2.5mm。中轴粗壮，在笔石体内已经分叉加粗，并延续到体外。胎管刺长2.5mm。始部5对胞管为栅笔石式，其余胞管为雕笔石式，掩盖1/3～1/2,10mm内有8～11个胞管。

产地层位 宜昌市大中坝；上奥陶统—志留系兰多弗里统龙马溪组 *Demirastrites triangulatus* 带。

壮尾双笔石 *Diplograptus forticaudatus* Ni

（图版71,11）

笔石体长达70mm（包括粗壮的中轴和胎管刺）。始端宽1.2mm，至中部达3.5mm。胎管刺长10mm。始部5对胞管为栅笔石式，其余为雕笔石式，10mm内有8～10个胞管。本种以笔石体长大，具长而壮的胎管刺和膨胀的中轴为其特征。

产地层位 宜昌市王家湾；上奥陶统—志留系兰多弗里统龙马溪组 *Orthograptus vesiculosus* 带。

纺锤双笔石 *Diplograptus fusus* Wang

（图版71,12）

笔石体纺锤形，长10～13mm。始端近方形，宽0.93mm，中部约达3mm。末端逐渐收缩。

胎管底刺细小。始部2对胞管呈雕笔石式,向末端渐变为直笔石式,胞管倾角40°～50°,掩盖3/4,5mm内有6～7个胞管。

产地层位 宜昌市分乡;上奥陶统—志留系兰多弗里统龙马溪组 *Glyptograptus persculptus* 带。

高罗双笔石 *Diplograptus gaoluoensis* Wang et Ma
（图版71,13）

笔石体长20mm以上,始端较浑圆,宽0.9mm,至中部增加到2.4mm,并保持至末端。始端具有纤细胎管刺。最初7～8对胞管为栅笔石式,向上过渡为雕笔石式,腹缘波状,末端胞管弯曲渐弱,10mm内有9～10个胞管。

产地层位 京山市汤堰;上奥陶统—志留系兰多弗里统龙马溪组 *Pristiograptus leei*—*Demirastrites convolutus* 带。

长形双笔石 *Diplograptus longiformis* Wang
（图版71,14）

笔石体长,长30mm,始部宽0.75mm,较快增至2mm最大宽度,此后宽度不变,笔石体两侧平行。始端圆,具底刺。始部胞管栅笔石式,中部雕笔石式,末部为直笔石式,口缘平,掩盖1/3～1/2,10mm内有8～12个胞管。

产地层位 宜昌市分乡;上奥陶统—志留系兰多弗里统龙马溪组。

巨大双笔石（相似种） *Diplograptus* cf. *magnus* H. Lapworth
（图版72,1、2）

笔石体粗壮,长15～20mm,始部窄,宽仅1mm,较快增至3.0～3.4mm。胎管尖端伸至第3对胞管口部,底部具底刺。中轴远伸末端之外。始部3对胞管近于栅笔石式,此后为雕笔石式,末部胞管腹缘较直,10mm内有10个胞管。

产地层位 宣恩县高罗;上奥陶统—志留系兰多弗里统龙马溪组 *Demirastrites triangulatus* 带。

适度双笔石（相似种） *Diplograptus* cf. *modestus* Lapworth
（图版72,3）

笔石体长20mm左右,始部宽0.93mm,迅速增至3.5mm最大宽度,此宽度保持到末端。胎管小,底刺明显。始部胞管具有明显的方形口穴,向末端渐变为直管状胞管。掩盖1/3～1/2,10mm内有10～12个胞管。中轴明显。

产地层位 宣恩县高罗;上奥陶统—志留系兰多弗里统龙马溪组 *Akidograptus acuminatus* 带。

适度双笔石矮小变种 *Diplograptus modestus* var. *diminutus* Elles et Wood

（图版71,15）

笔石体小,长5～15mm,宽1～1.5mm。始端圆,具纤细底刺,末端有中轴伸出。始部胞管栅笔石式,末部胞管近于直笔石式,5mm内有6～7个胞管。此种与 *D. parvulus* 的区别是宽度小,末部胞管腹缘直。

产地层位 宜昌市分乡;上奥陶统—志留系兰多弗里统龙马溪组 *Orthograptus vesiculosus*—*Demirastrites triangulatus* 带。

适度双笔石神农架亚种(新亚种)
Diplograptus modestus shennongjiaensis Z. C. Li(subsp. nov.)

（图版72,4）

笔石体细长,长20mm,宽度均匀,两侧大致平行,最大宽度为1.8mm,至末端略有减小。始端具一短小胎管刺,始端圆,始部3～4对胞管近于栅笔石式,其余为直管状,胞管间掩盖2/3～3/4,胞管狭长,约4.7mm,口缘外露部分短,宽约0.2mm,10mm内有9～10个胞管。

比 较 新亚种外形相似于 *D. modestus* Lapworth 和 *D. modestus diminutus* Elles et Wood,但笔石体宽度比前者窄,却又比后者宽,胞管排列均较它们为稀疏。我们标本以其特别狭长的胞管以及外露口缘短为特征,易于与其他种相区别。

产地层位 房县桥上;上奥陶统—志留系兰多弗里统龙马溪组。

尖顶双笔石 *Diplograptus mucroterminatus* Churkin et Carter

（图版72,5）

笔石体短小,始端尖削,急剧加宽到2.5mm,末端微收缩,中轴伸出体外。胎管刺粗壮。始部3对胞管为栅笔石式,其余胞管腹缘近直,口缘微凹或近直,向外倾斜,掩盖1/3～1/2,倾角约30°,其性质介于直笔石和雕笔石式之间,10mm内有12～13个胞管。

产地层位 宜昌市王家湾;上奥陶统—志留系兰多弗里统龙马溪组 *Pristiograptus leei* 带。

尖顶双笔石相似亚种 *Diplograptus mucroterminatus similis* Ni

（图版72,6）

此亚种胎管刺长达4～6mm,始端有5对胞管为栅笔石式,且笔石体增宽速度不及典型种。

产地层位 宜昌市王家湾;上奥陶统—志留系兰多弗里统龙马溪组 *Pristiograptus leei*—*Demirastrites triangulatus* 带。

微小双笔石（相似种） *Diplograptus* cf. *parvulus*（H. Lapworth）

（图版72,7）

笔石体小,长5mm左右,始部宽0.8mm,末部达2mm。始部胞管栅笔石式,膝上腹缘近直,口穴呈方形;往后膝上腹缘向外倾斜,胞管相似于雕笔石。掩盖1/2,5mm内有7～6个胞管。

产地层位　宜昌市分乡;上奥陶统—志留系兰多弗里统龙马溪组 *Orthograptus vesiculosus* — *Demirastrites convolutus* 带。

车轴双笔石 *Diplograptus tcherskyi* Obut et Sobolevskaya
（=*D. acuminatus* Wang,1974）

（图版72,8）

笔石体大,长达42mm,始端尖削,始部宽0.8mm,向上迅速而均匀地增宽,至中部达2.8mm,并保持至末端。胎管刺显著,长2.4mm。始部第九对胞管仍为栅笔石式,向上均为雕笔石式,10mm内始部有10个胞管,末部有7～8个胞管。

产地层位　房县清泉;志留系兰多弗里统新滩组。

宣恩双笔石 *Diplograptus xuanenensis* Wang

（图版72,9）

笔石体直,长35mm,始部宽0.93mm,有底刺伸出,10mm中宽度迅速增至3mm,此后宽度均匀。始部胞管雕笔石式,腹缘作明显波形弯曲,口穴近方形,向末端胞管渐变为直笔石式,腹缘直,口缘平,掩盖1/2,10mm内有6～9个胞管。

产地层位　宣恩县高罗;志留系兰多弗里统新滩组。

直笔石属 *Orthograptus* Lapworth,1873

两枝向上攀合,形成双列胞管的笔石体,横切面近方形,胞管均分笔石式,腹缘直或微弯,常有口刺。

分布与时代　世界各地;早奥陶世—志留纪文洛克世(?)。

鸡爪直笔石 *Orthograptus calcaratus* Lapworth

（图版72,10）

笔石体长,保存为60mm以上,始端尖削,宽0.8mm,最大宽度在中部达3.5mm。胎管刺粗壮,长2.3mm。胞管直管状,腹缘直或微弯,口尖常呈刺状,最初第一对胞管具有1对腹刺,掩盖2/5,10mm内有7～9个胞管。

产地层位　房县清泉;中—上奥陶统庙坡组 *Nemagraptus gracilis* 带。

鸡爪直笔石尖削变种 *Orthograptus calcaratus* var. *acutus* Lapworth

（图版72,11）

笔石体大,始端尖削,底刺显著,末端两侧近于平行。长40mm以上;始端宽0.8mm,在15mm内迅速增至4mm,中轴伸出体外达8mm。胎管顶端上延至第三对胞管始部,胎管刺粗壮,长2.6mm。胞管口尖明显,末端倾角为30°～40°,掩盖2/3,10mm内有9～11个胞管。

产地层位 宜昌市棠垭;中—上奥陶统庙坡组 *Nemagraptus gracilis* 带。

鸡爪直笔石通常变种 *Orthograptus calcaratus* var. *vulgatus* Lapworth

（图版72,12）

笔石体始端尖削,长50mm以上,始端宽0.9mm,10mm内增至3.5～3.6mm,末端宽仅3～3.2mm,中轴露出体外7mm长。胎管刺长达10.6mm。胞管口部腹缘微向外延,形成外突的口尖,上有不显著的细刺。10mm内有10～11个胞管。

产地层位 宜昌市棠垭;中—上奥陶统庙坡组 *Nemagraptus gracilis* 带。

分节直笔石 *Orthograptus disjunctus* Geh

（图版72,13）

笔石体长27mm以上,始端钝圆,宽1.4mm,末端为2.4mm。胞管近直,缝合线自第五至六对胞管开始。胎管刺短小。第一对胞管口尖发育成似2个短小的"底刺"。每个胞管的中部有一清楚的横沟,并常沿此横沟断裂,为该种的特点。胞管倾角80°,10mm内有9～12个胞管。

产地层位 房县清泉;中—上奥陶统庙坡组 *Nemagraptus gracilis* 带。

湖北直笔石 *Orthograptus hubeiensis* Geh

（图版72,14）

笔石体大,长达63mm,始端较圆,宽1.4mm,至中上部达3mm,末部收缩为2.7mm。缝合线自第三至四对胞管开始。胞管近直管状,每一个胞管的始部,具一横沟,口刺不显,胞管倾角30°～40°,10mm内有8～11个胞管。

产地层位 房县清泉;中—上奥陶统庙坡组 *Nemagraptus gracilis* 带。

穆氏直笔石 *Orthograptus mui* Hong

（图版72,15）

笔石体长10mm以上,宽度由始部的0.9mm,很快增至1.5mm,向上两侧近于平行。胞管较直,腹缘微曲,倾角20°～25°,掩盖1/2,中沟明显,在10mm内有13～14个胞管。第一对胞管有2个口刺,长约1mm。

产地层位　宜昌市分乡；中—上奥陶统庙坡组。

奥氏直笔石　*Orthograptus obuti* Hong
（图版72，16）

笔石体较小，长20mm。始部宽0.5mm，向上3mm处，宽度增至2mm。胎管长1.5mm，胎管刺长1mm。中轴细而明显。胞管倾角为30°，掩盖1/2，在10mm内有13个胞管，始端的2个胞管具有微弱的口刺。

产地层位　宜昌市分乡；中—上奥陶统庙坡组。

接近直笔石　*Orthograptus propinquus*（Hadding）

笔石体窄长，长25mm以上，始端平圆，宽1～1.2mm，中部达2.3mm。胞管细长弯曲，部分胞管的外露腹缘近直，趋向于围笔石式胞管。在10mm内有9～10个胞管。此种胞管弯曲较显著，不同于一般直笔石而接近雕笔石。（图28，a、b）

产地层位　宜昌市分乡；中—上奥陶统庙坡组。

乌普兰直笔石　*Orthograptus uplandicus*（Wiman）
（图版72，17）

笔石体长仅3.8mm，始端半圆形，宽0.85mm，至第5对胞管宽1.6mm。胎管底刺细弱，口刺细而不显。胞管近直管状，倾角20°，腹缘微曲，口穴清楚，占体宽1/4～2/5，掩盖1/3，最初一对胞管具清楚的腹刺，2.5mm内有3.5个胞管。（图28，c）

产地层位　宜昌市棠垭；中—上奥陶统庙坡组 *Nemagraptus gracilis* 带。

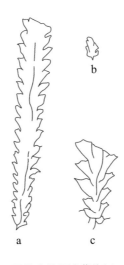

图28　两种直笔石（葛梅钰，1963）

a、b. *Orthograptus propiquus*（Hadding）；c. *O. uplandicus*（Wiman）

华氏直笔石 *Orthograptus whitfieldi*（Hall）

（图版72，18）

笔石体长15mm以上，始端窄，向上7mm处逐渐增宽至2.2mm（不计口刺）。中轴伸出体外3mm。胎管口刺不显，胎管刺劲直，长0.55mm。胞管为方形长管，具上斜的口刺，长0.7mm，掩盖1/2，10mm内有12～13个胞管。（图29，a～c）

产地层位　宜昌市棠垭；中—上奥陶统庙坡组 *Nemagraptus gracilis* 带。

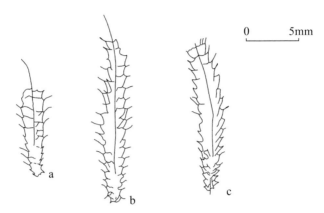

图29　华氏直笔石（葛梅钰，1963）

短缩直笔石 *Orthograptus abbreviatus* Elles et Wood

（图版72，19）

笔石体长16mm以上，始端宽度小，向上逐渐增大，最宽处为3mm，向末端宽度略有收缩。胎管刺和口刺及第一个胞管腹刺小而清楚。胞管直管状，因保存关系，腹缘略弯，口部稍向外伸展，掩盖1/2～2/3，10mm内有10～12个胞管。

产地层位　房县坪堑艾五坪；上奥陶统—志留系兰多弗里统龙马溪组 *Dicellograptus szechuanensis* 带。

环绕直笔石（相似种）*Orthograptus* cf. *amplexicaulis* Hall

（图版72，20）

笔石体长20mm，最大宽度为3.5mm。胞管细长，长达2mm以上，口缘微凹，腹缘直，倾角30°，掩盖1/2，在10mm内有10个胞管。

产地层位　五峰县；上奥陶统—志留系兰多弗里统龙马溪组。

高罗直笔石 *Orthograptus gaoluoensis* Wang

（图版72，21）

笔石体长近30mm，始部宽1.5mm，至中部增至3.7mm，末部略有收缩。始端具3根长刺，长达3.7mm以上,系由1个胎管刺、胎管口刺和第1个胞管腹刺所组成。胞管truncatus型,掩盖1/2,10mm内有9～10个胞管。中轴伸出末端之外。

产地层位 宣恩县高罗;上奥陶统—志留系兰多弗里统龙马溪组 *Dicellograptus szechuanensis* 带。

巨型直笔石 *Orthograptus gigantus* Wang
（图版73,1）

笔石体巨大,长70mm以上,在约40mm内,宽度逐渐增加到4.7mm,此后变化不大。始部具3个底刺,系由1个胎管刺和第1对胞管口刺组成。始部胞管腹缘弯曲,末部渐直,介于直笔石式和雕笔石式之间。掩盖1/2,10mm内有6～8个胞管。

产地层位 宜昌市分乡;上奥陶统—志留系兰多弗里统龙马溪组 *Dicellograptus szechuanensis* 带。

纤细直笔石中国亚种（未刊） *Orthograptus gracilis sinicus* Li（MS）
（图版73,2）

笔石体保存长20mm,始端宽1mm,向上逐渐增宽,在笔石体上部达最大宽度2.4mm。始端具有1个细小的胎管刺和成对的胎管口刺,第1列胞管具1个细小的腹刺。胞管直管状,长为宽的3倍,口缘平,向外斜,掩盖1/2左右,两列胞管交错排列,10mm内有9～11个胞管。

产地层位 房县肖家坡;上奥陶统—志留系兰多弗里统龙马溪组 *DiceUogra plus szechuanensis* 带。

中间直笔石（相似种） *Orthograptus* cf. *intermedius* Elles et Wood
（图版73,3）

笔石体细长,长50mm以上,始端半圆形,宽约1mm,向上部逐渐增加到2.4～2.5mm最大宽度,宽度变化缓慢,两侧大致平行。始端具一短小胎管刺和第1对胞管腹刺。胞管直管状,掩盖1/3～1/2,10mm内有10～11个胞管。

产地层位 房县坪堑;上奥陶统—志留系兰多弗里统龙马溪组 *Dicellograptus szechuanensis* 带。

巨大直笔石 *Orthograptus maxima* Mu
（图版73,4）

笔石体仅保存长28mm,始部尖,胎管刺及第一对胞管口刺短而细,中部、末部宽度均匀,为3.5mm,胞管性质介于直笔石式和雕笔石式之间,腹缘微弯,口缘平,略外斜,掩盖1/2左右,在10mm内有9～10个胞管。

产地层位　崇阳县黄马冲；上奥陶统—志留系兰多弗里统龙马溪组。

肥胖直笔石　*Orthograptus opinus* Wang

（图版73,5）

笔石体长14mm,始部宽1.1mm,逐渐增加到3.5mm。始部具3个细小底刺,系由胎管刺、胎管口刺和第一个胞管腹刺组成。胞管直管状,掩盖2/3,10mm内有12～14个胞管。笔石体末端平齐,中轴伸出体外1mm,末端具小浮泡。

产地层位　宜昌市分乡；上奥陶统—志留系兰多弗里统龙马溪组 *Tangyagraptus typicus / Paraorthograptus typicus* 带。

劲直直笔石（未刊）　*Orthograptus rigidus* Li（MS）

（图版73,6）

笔石体长25mm以上,粗壮而劲直,自始端向上逐渐增宽,始端较浑圆,宽1mm,最大宽度在中部,为3mm,此宽度保持至末端。第一对胞管具两个口刺,1个胎管刺未保存。两列胞管交错排列,胞管已有形变,腹缘外凸,介于雕笔石和直笔石式之间,口缘平或微凹,与轴向近于正交或微向外斜,掩盖1/2,10mm内有8～10个胞管。

产地层位　来凤县三堡岭；上奥陶统—志留系兰多弗里统龙马溪组 Dicellograptus szechuanensis带。

群居直笔石　*Orthograptus socialis*（Lapworth）

（图版73,7）

笔石体小,长8～10mm,宽1.5mm,始端具3个细小底刺,系由胎管刺、胎管口刺和第一个胞管腹刺组成。胞管交错排列,腹缘直,口缘平,外斜,掩盖1/3～1/2,5mm内有6个胞管。

产地层位　宜昌市分乡；上奥陶统—志留系兰多弗里统龙马溪组 *Tangyagraptus typicus / Paraorthograptus typicus* 带。

截切直笔石　*Orthograptus truncatus*（Lapworth）

（图版73,8）

笔石体近于纺锤形,长35mm以上,始端较圆,宽度向末端增加迅速,最大宽度为4～4.2mm。始端具有短小而清晰的3个底刺,系由胎管刺、胎管口刺和第一个胞管腹刺组成。胞管直管状,口缘平直且向外倾斜,掩盖1/2～2/3,10mm内有10～13个胞管。

产地层位　来凤县三堡岭；上奥陶统—志留系兰多弗里统龙马溪组 *Dicellograptus szechuanensis*带。

等宽直笔石 *Orthograptus uniformis* Mu et Lee

（图版73,9）

笔石体长40mm以上,始端浑圆,由胎管刺、胎管口刺和第一个胞管腹刺组成始部3个尖细底刺。宽度从始部逐渐增加,在中部靠始端一方为3.4mm,并保持至末端。胞管直管状,掩盖1/3～1/2,10mm内有8～12个胞管。

产地层位 宜昌市分乡;上奥陶统—志留系兰多弗里统龙马溪组 *Dicellograptus szechuanensis* 带。

宜昌直笔石 *Orthograptus yichangensis* Wang

（图版73,10）

笔石体长15mm,宽度均匀,2.8mm,始部具3个底刺,系由1个细小胎管刺和第一对胞管口刺组成。胞管有点变形,外露腹缘直且微凸,口缘平或微凹,掩盖1/3～1/2,10mm内有10～12个胞管。

产地层位 宜昌市分乡;上奥陶统—志留系兰多弗里统龙马溪组 *Dicellograptus szechuanensis* 带。

荆棘直笔石 *Orthograptus acanthodus* Ni

（图版73,11）

笔石体短小,长一般不超过15mm,始端浑圆,宽1mm,向上迅速增宽到1.5mm,并保持至末端。笔石体多为半梯形保存,口部两侧具有强硬的口刺,向上斜伸,长为1.5～2mm。胞管为直笔石式,10mm内有11～12个胞管。

产地层位 宜昌市黄花场;上奥陶统—志留系兰多弗里统龙马溪组 *Akidograptus acuminalus* 带。

稀奇直笔石 *Orthograptus daemonius* Ni

（图版73,12）

笔石体短小,长度通常在5mm左右,宽度为1～1.2mm。胎管长达2mm,胎管刺和胎管口刺分叉联结成网状。胞管直笔石式,具有1个或成对的口刺,口缘平,微向外倾斜,掩盖1/3,5mm内有7～8个胞管。

产地层位 宜昌市王家湾;志留系兰多弗里统新滩组 *Pristiograptus leei—Demirastrites convo-lutus* 带。

虫形直笔石 *Orthograptus insectiformis*（Nicholson）

（图版73,13）

笔石体长15mm，宽度从0.74mm逐渐增加到1.5mm，有的达2mm。胎管长，尖端伸至第三对胞管口部，始端具轴网。胞管腹缘直，具两根口刺。掩盖1/2,5mm内有6～8个胞管。始端具轴网,胞管具口刺是该种的主要特点。

产地层位　宣恩县高罗；志留系兰多弗里统新滩组 *Pristiograptus leei*—*Demirastrites convo-lutus*带。

鱼叉直笔石 *Orthograptus lochoformis* Chen et Lin

（图版73,14）

笔石体长9mm(不包括中轴和胎管刺),始部宽1.2mm,向末部逐渐增宽到2.3mm,中轴伸出体外。胞管刺发育,向下垂伸0.7mm后, 即以130°的夹角分叉,分叉处为薄膜所包裹,总长达8mm。胞管为直笔石式,始部5mm内有5个胞管。

产地层位　宜昌市黄花场；上奥陶统—志留系兰多弗里统龙马溪组 *Akidograptus acuminatus* 带。

矮小直笔石 *Orthograptus nanus* Wang

（图版73,15）

该种与 *O. vesiculosus* 相似, 但笔石体小, 长不到10mm, 囊状中轴较细, 伸出体外达20mm。5mm内有4～5个胞管。本种还与 *O. penna* 相似, 但笔石体更小, 宽度大, 达3.7mm, 二者易于区别。

产地层位　宜昌市分乡, 上奥陶统—志留系兰多弗里统龙马溪组 *Orthograptus vesiculosus*带。

平行直笔石 *Orthograptus parallelus* Wang

（图版73,16）

笔石体长45mm以上, 始部宽度1.3mm, 在12mm长度中宽度增至2.4mm, 此后两侧近平行。始端圆, 具纤细底刺。胞管腹缘直, 口缘斜凹, 口尖明显, 掩盖1/2～2/3, 10mm内有8～10个胞管。该种以长而宽度变化稳定为特征。

产地层位　宣恩县高罗；志留系兰多弗里统新滩组 *Demirastrites convolutus*带。

羽毛直笔石 *Orthograptus penna* Hopkinson

（图版73,17）

与 *O. vesiculosus* 相似, 但笔石体小, 长17mm, 宽3mm, 轴较细。此种笔石的始部胞管腹缘先凸后凹和先凹后凸,形成两个"S"字形弯曲,而末部胞管弯曲微弱。

产地层位 宜昌市分乡;上奥陶统—志留系兰多弗里统龙马溪组 *Orthograptus vesiculosus* 带。

相似直笔石 *Orthograptus similis* Ni
（图版73,18）

笔石体长约10mm,始端尖削,末部两侧近于平行。始端宽1.5mm。至第五对胞管外增加到2.5mm。胎管刺劲直,长约5mm。第一对胞管一开始就向上生长,倾角小,20°左右。胞管腹缘直,口尖发育,掩盖约2/3,10mm内有13个胞管。

产地层位 宜昌市黄花场;上奥陶统—志留系兰多弗里统龙马溪组 *Orthograptus vesiculosus* 带。

囊状直笔石 *Orthograptus vesiculosus* Nicholson
（图版73,19、20）

笔石体长约38mm,始部圆,宽2.2mm,很快增至3～4.1mm,此后两侧平行。胎管刺明显。胞管腹缘直,微凸,口缘平,口尖明显,掩盖1/2～1/3,10mm内有8～10个胞管。笔石体大,中轴粗壮,伸出末端之外是该种的特点。

产地层位 宜昌市分乡、黄花场;上奥陶统—志留系兰多弗里统龙马溪组 *Orthograptus vesiculosus* 带。

拟直笔石属 *Paraorthograptus* Mu,1974

双列有轴笔石,胞管直管状,腹部生出腹刺,刺的基部隆起,致使胞管外形好似具有膝刺的栅笔石式胞管,但胞管间壁线直,口缘向外倾斜。

分布与时代 四川、贵州、湖北、湖南;晚奥陶世。

狭窄拟直笔石 *Paraorthograptus angustus* Mu et Lee
（图版74,1）

笔石体窄小,长10～17mm,始端较浑圆,具3个底刺,宽0.93mm,从第五个胞管后宽度增至1.3～1.5mm最大宽度。此后宽度均匀。胞管腹部因生腹刺而膝状折曲,刺细且基部突起。掩盖1/3,10mm内有13～15个胞管。

产地层位 宜昌市分乡;上奥陶统—志留系兰多弗里统龙马溪组 *Tangyagraptus typicus—Paraorthograptus* 带。

江西拟直笔石 *Paraorthograptus jiangxiensis* Lee
（图版73,21）

笔石体小,长6.5mm,始部宽0.8mm,迅速增宽到1.1mm最大宽度。胞管 P. typicus 类型,腹缘近于膝状弯曲,末部弯曲呈"S"字形。口缘平,向外斜,掩盖1/3～1/2,5mm内有7～8个胞管。

产地层位 来凤县板栗坪；上奥陶统—志留系兰多弗里统龙马溪组。

宽形拟直笔石 *Paraorthograptus latus* Wang
（图版74,2）

笔石体短宽，长12mm，从始部向末部宽度迅速增加，末部最宽为2.5mm。始部钝三角形，具一细小胎管刺和2个底刺。胞管直管状，腹缘因生腹刺而呈膝状弯曲，口缘内凹，掩盖1/2,10mm内有11个胞管。

产地层位 来凤县板栗坪；上奥陶统—志留系兰多弗里统龙马溪组。

长刺拟直笔石 *Paraorthograptus longispinus* Mu
（图版74,3）

笔石体宽大，长20mm以上，始部具有3个细小底刺，始部宽1mm，向上逐渐增加到2.6mm最大宽度。膝刺长达2mm，向外平伸或略倾斜，刺的基部突起不明显。因而胞管大致呈直管状，掩盖1/2,10mm内有10～12个胞管。

产地层位 宜昌市分乡，上奥陶统—志留系兰多弗里统龙马溪组 *Paraorthograptus*—*Diceratograptus mirus* 带。

标准拟直笔石 *Paraorthograptus typicus* Mu
（图版74,4）

笔石体长18mm，始部宽1mm，向上逐渐增宽到2mm。始部具一胎管刺和2个胞管腹刺。胞管直笔石式，每一胞管腹部具成对的腹刺，长达1.9mm，其基部突起，致使胞管腹缘好似具膝刺的栅笔石式胞管，但胞管间壁线直而倾斜，5mm内有6～7个胞管。

产地层位 宜昌市分乡；上奥陶统—志留系兰多弗里统龙马溪组 *Tangyagraptus typicus*—*Paraorthograptus* 带。

花瓣笔石属 *Petalolithus* Suess,1851

两枝上攀呈叶片状，横切面长方形，胞管为细长的直管，排列紧密，大部掩盖，始部2个胞管伸长。

分布与时代 亚洲、欧洲、北美洲；志留纪兰多弗里世。

锚状花瓣笔石 *Petalolithus ankyratus* Mu et al.
（图版74,5）

笔石体长7mm，始部楔形，最大宽度在中部为3.6mm。胎管刺很快连续分叉两次，向两侧伸展，呈锚状。胞管微弯，始部掩盖较少，7mm内有7个胞管。这种笔石的特点是胎管刺分叉。

产地层位 巴东县思阳桥；志留系兰多弗里统新滩组。

楔形花瓣笔石 *Petalolithus cuneiformis* Ni
（图版 74,6）

笔石体短小,呈楔形,始端尖削,末端截切。长 5.5mm,宽 3mm。中轴膨胀,末端呈浮泡状,中轴伸出体外长达 16mm,胎管刺分叉呈锚状。胞管长 4mm,腹缘近直,口缘平,倾角 20°~25°,5mm 内有 3 个胞管。

产地层位 宜昌市大中坝;志留系兰多弗里统新滩组 *Monograptus sedgwickii* 带。

梭形花瓣笔石 *Petalolithus elacatus* Ni
（图版 74,7）

笔石体两端尖,形如穿梭,长约 10mm,始端宽 2mm,最大宽度在中部,为 3~3.5mm,末端显著收缩。胎管刺分叉呈锚状。第一列的第一个胞管先向下生长,然后转向斜上方生长。胞管腹缘微弯,10mm 内有 10~11 个胞管。

产地层位 宜昌市大中坝;志留系兰多弗里统新滩组 *Demirastrites convolutus* 带—罗惹坪组下部。

长形花瓣笔石 *Petalolithus elongatus* Bouček et Pribyl
（图版 74,8、9）

笔石体长 14mm,宽 1.7mm,胞管直,掩盖 1/2,10mm 内有 10~11 个胞管。

产地层位 恩施市、宜昌市王家湾;志留系兰多弗里统新滩组 *Demirastrtes convolutus* 带—罗惹坪组上部。

长形花瓣笔石线状变种 *Petalolithus elongatus* var. *linearis* Bouček et Pribyl
（图版 74,10）

笔石体细长,可达 22mm,宽 1.5mm,宽度均匀。胞管短小,掩盖 1/3,倾角 30°~40°,10mm 内有 10 个胞管。

产地层位 恩施市;志留系兰多弗里统。

剑形花瓣笔石 *Petalolithus ensiformis* Ni
（图版 74,11）

笔石体长约 15mm,始端宽 2.3mm,向上迅速增宽,至第五对胞管处达 4mm,末端微收缩,笔石体呈剑形。第一对胞管腹缘弯曲,始部倾角很小,其余胞管腹缘微弯,口缘微凹,向斜上方开口,10mm 内有 10~11 个胞管。

产地层位 宜昌市王家湾;志留系兰多弗里统新滩组 *Demirastrites convolutus* 带。

叶状花瓣笔石 *Petalolithus folium*（Hisinger）

（图版74,12、13）

笔石体花瓣状。长11～24mm,有的达30mm以上,始端尖削呈楔形,宽度迅速增加,至第7～8对胞管处达4.8～5.6mm,末端略收缩。胎管长达3.5～4mm,第一对胞管拉长,达5～6mm或更长。胞管细长,10mm内有6～7个胞管或包括10个胞管口。（图30,4）

产地层位　恩施市太阳河;上奥陶统—志留系兰多弗里统龙马溪组—志留系兰多弗里统新滩组 *Demirastrites triangulatus*—*Demirastrites convolutus* 带。

小型花瓣笔石 *Petalolithus minor* Elles

（图版74,14）

笔石体短小,长度不超过10mm,中部最宽近于3mm。胎管长2.4mm,有的底部可见底刺。胞管排列紧密,几乎全部掩盖,5mm内有6～7个胞管。（图14,2）

产地层位　宜昌市分乡;上奥陶统—志留系兰多弗里统龙马溪组 *Pristiograptus leei*—*Monoclimacis arcuata* 带。

微型花瓣笔石 *Petalolithus minutus* Ni

（图版74,15）

笔石体极为短小,长仅3.5mm（包括体外中轴和胎管刺）,宽度均一,为2mm。胎管长1.5mm,胎管刺向下垂伸2mm后即行分叉,末端向上弯曲。胞管长与宽之比为2:1,腹缘微弯,口缘微凹,倾角35°,2.5mm内有4个胞管。（图30,1）

产地层位　宜昌市王家湾;志留系兰多弗里统新滩组 *Monograptus sedgwickii* 带。

长卵形花瓣笔石 *Petalolithus ovatoelongatus*（Kurck）

（图版74,16）

笔石体长13mm,始部呈卵形,宽度迅速增至4.6mm,末端渐变为长卵形,宽度相应缩小。始部胞管倾角大,末部小,5mm内有5个胞管。此标本与英国、捷克该种标本不同点是,胞管排列稍疏。

产地层位　宣恩县高罗;上奥陶统—志留系兰多弗里统龙马溪组 *Demirastrites triangulatus* 带。

卵形花瓣笔石 *Petalolithus ovatus* Barrande

（图版74,17）

笔石体小,呈宽卵圆形,长近8mm,宽达4.7mm,始部胞管短,腹缘弯,往后渐直,胞管口缘倾斜,微凹,口尖明显,5mm内有7～8个胞管。

产地层位 宣恩县高罗;上奥陶统—志留系兰多弗里统龙马溪组 *Pristiograptus leei* 带。

棕榈花瓣笔石 *Petalolithus palmeus* (Barrande)
(图版74,18)

笔石体长 10～15mm,宽 2.5～3mm,两侧近于平行,始端较尖,末端较圆。掩盖 3/4,10mm 内有 12～14 个胞管。始部对称,最初 2 个胞管长度和弯曲相似,是该种的一个特征。

产地层位 宣恩县高罗;上奥陶统—志留系兰多弗里统龙马溪组 *Pristiograptus leei* 带—罗惹坪组底部。

棕榈花瓣笔石宽形变种 *Petalolithus palmeus* var. *latus* (Barrande)
(图版75,1)

笔石体长 11mm,宽度大,达 4.5mm。胞管细长,始部胞管弯曲较明显,末部渐变直,成熟胞管倾角在 45°左右,10mm 内有 12～14 个胞管。

产地层位 长阳县巴山坳;上奥陶统—志留系兰多弗里统龙马溪组 *Demirastrites triangulatus*—*Demirastrites convolutus* 带。

新奇花瓣笔石 *Petalolithus peregrinus* Wang
(图版74,19)

笔石体长近于 20mm,始端尖削,第一对胞管处宽 4.3mm,至第五对胞管处达 7.8mm,此后逐渐减少,末部宽为 3.4mm。胞管腹缘先向内后向外作轻微 "S" 字形弯曲,口尖显著。始部倾角 30°,中部达 50°,末部仅 30°,掩盖约 3/4,10mm 内有 8 个胞管。

产地层位 宣恩县高罗;上奥陶统—志留系兰多弗里统龙马溪组。

原始花瓣笔石 *Petalolithus primulus* Bouček et Pribyl
(图版74,20)

笔石体椭圆至卵圆形,长 10～20mm。始部宽约 2mm,迅速加宽到 4mm,末端宽度又缩小。胎管尖端伸至第三对胞管基部。胞管直管状,口尖明显。始部倾角 45°,向末部逐渐减小,掩盖 2/3～3/4,10mm 内有 9～11 个胞管。

产地层位 宣恩县高罗;上奥陶统—志留系兰多弗里统龙马溪组。

梯形花瓣笔石 *Petalolithus scalariformis* Ni
(图版75,2)

笔石体长约 13mm,始端尖削,宽 1.5mm,至笔石体中部(第九对胞管处)达最大宽度 5.5mm。末端微收缩;笔石体始部 3 对胞管长度显著递增,排列呈梯形。胎管刺数次分叉呈须根状。胞管直管状,10mm 内有 11 个胞管。(图30,6)

产地层位 宜昌市王家湾；上奥陶统—志留系兰多弗里统龙马溪组*Demirastrites triangulatus*带。

过渡花瓣笔石 *Petalolithus trajectilis* Ni

（图版75,3）

笔石体长16mm,始端尖削,横过第一对胞管口部宽为3mm,至第四对胞管口部宽为4mm,此宽度保持到末端。胞管细长,为5～6mm,腹缘近直,倾角20°,掩盖多,始部10mm内有4个胞管,末部5个胞管。(图30,5)

产地层位 宜昌市大中坝；志留系兰多弗里统新滩组*Demirastrites convolutus*带。

三角花瓣笔石 *Petalolithus triangulatus* Ni

（图版75,4）

笔石体短小,似等腰三角形。长不到3.5mm,宽2.5mm,始端尖削,末端截切,胎管刺向下延伸0.2mm后一分为二,后再分一次,呈锚状,先向下生长,后急转为向上生长。胞管腹缘微凹,口缘近直,长1.5mm,倾角30°,3.5mm内有3个胞管。(图30,3)

产地层位 宜昌市王家湾；志留系兰多弗里统新滩组*Demirastrites convolutus*带。

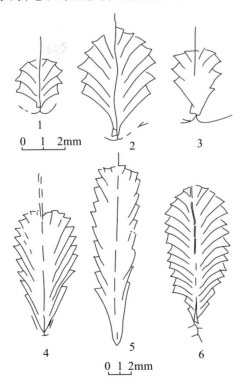

图30 示花瓣笔石胎管刺的分异（据倪寓南,1978）

1. *Petalolithux minutus* Ni;   2. *P. minor* Elles;   3. *P. triangulatus* Ni;
4. *P. folium*（Hisinger）;   5. *P. trajectilis* Ni;   6. *P. scalariformis* Ni。

头笔石属 *Cephalograptus* Hopkinson, 1869

笔石体外形呈长三角形或楔形,胞管性质与*Petalolithus*相似,但最初几个胞管特别细长,近于直立,末部胞管短,几乎全部掩盖。

分布与时代 亚洲、欧洲、北美洲;志留纪兰多弗里世。

帚形头笔石 *Cephalograptus cometa*(Geinitz)
(图版75,5)

笔石体长10～13mm,最宽处在第一对胞管顶部,为2.5～3mm,向上宽度略小,胎管长约2mm,第一对胞管自近胎管口部生出。胞管少,一般不超过6对,第一对胞管特别细长,达7.5～9.2mm,倾角小,胞管集中于末部,呈帚形,是该种的特点。

产地层位 恩施市太阳河;志留系兰多弗里统新滩组*Demirastrites convolutus*带。

管状头笔石 *Cephalograptus tubulariformis*(Nicholson)
(图版75,6)

笔石体呈楔形,始端尖削,细长如柄,长约30mm,宽度迅速增加,至第六对胞管处达3.5～3.7mm,末端略收缩。胎管长约2.5mm。胞管腹缘直,倾角小,第一对胞管长达9mm,向上直立。10mm内有7～8个胞管口。中轴伸出体外,并呈囊状膨胀。

产地层位 恩施市太阳河;志留系兰多弗里统新滩组*Demirastrites convolutus*带。

管状头笔石宽形亚种 *Cephalograptus tubulariformis latus* Wang et Ma
(图版75,7)

该亚种与*C.tubulariformis*相似,但笔石体长且宽,长48mm,第一对胞管处宽3.7mm,以后增宽到4.5mm,此宽度保持至末端。

产地层位 宣恩市高罗;志留系兰多弗里统新滩组。

毛笔石科 Lasiograptidae Lapworth, 1879(=Hallograptidae Mu, 1950)
毛笔石属 *Lasiograptus* Lapworth, 1873

两枝上攀,胞管毛笔石式,体壁局部增厚,膝上腹缘向内倾斜,口缘有点内转,膝刺发育,连接成刺网。

分布与时代 中国、欧洲、美洲、大洋洲;中—晚奥陶世。

棱脊毛笔石 *Lasiograptus costatus* Lapworth
(图版75,8)

笔石体长15mm,宽度逐渐增加到2.8mm。始部未保存,胞管毛笔石式,膝刺发育,长达

2mm,连接成网。掩盖1/3～1/2,10mm内有10～11个胞管。中轴直,伸出末端之外。此种与 *L. harknessi*(Nicholson)的区别是笔石体大而宽。

产地层位 宜昌市分乡;中—上奥陶统庙坡组 *Nemagraptus gracilis* 带。

古毛笔石属 *Prolasiograptus* Lee,1963

与 *Lasiograptus* 相似,但不具刺网,膝角发育或具膝刺,中沟波状曲折,呈双笔石式。

分布与时代 中国、欧洲;中奥陶世。

曲胞古毛笔石 *Prolasiograptus curvithecatus*(Geh)
（图版75,9）

笔石体小,长7.3mm,近似直纺锤形,始端钝圆,宽1.3mm,最大宽度在中部为2mm。中轴伸出体外1.8mm。胞管腹缘波形曲折显著,腹缘下部内凹而上部外凸,具清楚的腹刺,在笔石体末端则胞管口部向内卷,5mm内有5～6个胞管。（图31,A）

产地层位 宜昌市棠垭;中—上奥陶统庙坡组 *Nemagraptus gracilis* 带。

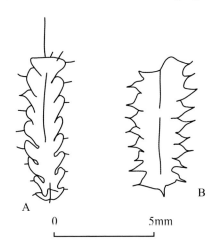

图31 曲胞古毛笔石及粗糙古毛笔石（葛梅钰,1963）

A. *Prolasiograptus curvithecatus*(Geh); B. *P. salebrosus*(Geh)

粗糙古毛笔石 *Prolasiograptus salebrosus*(Geh)
（图版75,10）

笔石体短而粗,长23mm以上,始部宽2.1mm,末端为3.5mm。胎管刺短而粗壮。胞管毛笔石式,胞管腹缘弯曲,形成尖刺状的膝角,具腹刺。胞管口部孤立,口缘平或微凸,稍向内斜,掩盖1/3～1/2,10mm内有12～14个胞管。（图31,B）

产地层位 宜昌市分乡;中—上奥陶统庙坡组 *Nemagraptus gracilis* 带。

细刺古毛笔石 *Prolasiograptus spinatus*（Hadding）

（图版75,11）

笔石体较大,长40mm以上,5mm内增至3mm最大宽度,以后两侧近于平行。胞管古毛笔石式,膝上腹缘倾斜,膝下腹缘内凹,膝刺发育。口缘内斜和内凹,掩盖1/3,10mm内有11～10个胞管。

产地层位 宜昌市分乡;中—上奥陶统庙坡组 *Nemagraptus gracilis* 带。

罟笔石科 Retiograptidae Mu,1974
直罟笔石属 *Orthoretiograptus* Mu,1977

双列有轴笔石,胞管直笔石式,胞管体壁退化,大网发育,无细网。胎管体壁正常,中轴自由伸展于大网之内。中索强烈曲折,联线退缩或仅存少许,侧索近于直线。网孔近于三角形。胞管腹缘未几丁质化。

分布与时代 湖北西部;晚奥陶世。

齿状直罟笔石 *Orthoretiograptus denticulatus* Mu

（图版75,12）

笔石体长20mm以上,始部宽度小,较快增加到2.7～3mm。胞管为变形的直笔石式,大网明显,4条侧索近直。斜线特长,两端几和侧索相连,造成三角形网孔。联线极短,口线发育,呈半环形,10mm内有11～12个胞管。

产地层位 来凤县板栗坪;上奥陶统—志留系兰多弗里统龙马溪组。

中华罟笔石属 *Sinoretiograptus* Mu,1974

双列有轴笔石,胞管全部掩盖,具口刺。胞管中部均具一横沟。胎管体壁正常。胞管体壁退化,大网发育,无细网。2个中索一曲一直;侧索曲折,各索之间由横线连成六角形及五角形网孔。胞管两侧口缘未几丁质化。

分布与时代 湖北西部;晚奥陶世。

奇异中华罟笔石 *Sinoretiograptus mirabilis* Mu

（图版75,13）

笔石体微小,椭圆形,长4mm,宽2mm。每个胞管中部具一横沟,胞管全部掩盖,相邻口缘连成1条圆滑的线,胞管口呈长方形,高大于宽,口的下侧两端具2个口刺。中轴伸出体外。在薄膜标本上,胞管体壁退化,大网发育,形成六角形及五角形网孔。胎管体壁正常,2.5mm内有5个胞管。

产地层位 宜昌市王家湾;上奥陶统—志留系兰多弗里统龙马溪组底部。

拟罟笔石属 *Pararetiograptus* Mu，1974

双列有轴笔石。胎管体壁正常。胞管为罟笔石式（直管状），体壁退化，大网发育，无细网。中轴不与大网的网线相连，具有2条曲折的中索和直的侧索；网孔呈五角形；口线向外凸出，呈半环状。

分布与时代　湖北、贵州；晚奥陶世。

大型拟罟笔石 *Pararetiograptus magnus* Mu et al.
（图版75，14、15）

笔石体较大，长25mm以上，最大宽度3.7mm，向始部收缩较快，底刺粗壮。其他特征与中国拟罟笔石相似，但胞管排列较稀，5mm内有5～6个胞管。

产地层位　宜昌市分乡；上奥陶统—志留系兰多弗里统龙马溪组 *Dicellograptus szechuanensis* 带。

规则拟罟笔石 *Pararetiograptus regularis* Mu
（图版75，16）

笔石体保存长度12mm，始部宽1.2mm，较快增宽到2.3mm，并保持到末端。始部第一对胞管具腹刺，底部有1个胎管口刺和胎管刺。胞管罟笔石式，中索始部折曲较剧。边线直，与2个斜线和2个联线合呈颇为规则的五角形网孔。口线半环状，挤压后似呈口刺状。10mm内有13～15个胞管。

产地层位　来凤县板栗坪；上奥陶统—志留系兰多弗里统龙马溪组。

中国拟罟笔石 *Pararetiograptus sinensis* Mu
（图版75，17）

笔石体长约10mm，始部宽1.2mm，向末端逐渐增宽至2.1～2.8mm。始端浑圆，具4个短小底刺。具4条直的侧索和2条曲折的中索，网孔五边形。胞管腹缘弧形外突，口缘平，口线半环形，挤压后呈刺状外突，10mm内有12～14个胞管。

产地层位　秭归县新滩下滩沱；上奥陶统—志留系兰多弗里统龙马溪组 *Dicellograptus szechuanensis* 带。

古网笔石科 Archiretiolitidae Bulman，1955
古网笔石属 *Archiretiolites* Eisenack，1935

细网发育良好，除胎管几丁质化外，笔石体体壁均为网格状。

分布与时代　中国湖北，西欧、北欧；晚奥陶世。

纺锤古网笔石　*Archiretiolites fusus* Wang

（图版76,1）

笔石体呈不规则纺锤状,长8～10mm,始部较圆滑,宽仅1.1mm,近末部宽约2.7mm,末端近平。胎管体壁正常。大网不明显,细网发育,呈多角状,胞管轮廓较明显,口线呈半环状,未见刺网。10mm内有8～10个胞管。中轴伸出体外。

产地层位　宜昌市分乡;上奥陶统—志留系兰多弗里统龙马溪组*Dicellograptus szechuanensis*带。

直网笔石属　*Orthoretiolites* Whittington,1954

笔石体仅有大网,具有不成对的口刺;胎管及第一列第一个胞管和第二个胞管始端几丁质化。

分布与时代　中国湖北,北美洲;中奥陶世—晚奥陶世(？)。

极小直网笔石？　*Orthoretiolites*? *minutissimus* Wang

（图版76,2）

笔石体极为细小,长约3.5mm,宽仅1～1.2mm。胞管体壁退化,仅有大网,无细网,大网近于三角形。口环(或口线)与口刺发育,3.5mm内有5个胞管。

产地层位　宜昌市分乡;上奥陶统—志留系兰多弗里统龙马溪组*Dicellograptus szechuanensis*带。

提篮笔石属　*Phormograptus* Whittington,1955

笔石体攀合,双列,横切面近椭圆形,仅胎管及初芽始端几丁质化。其余均变成网状,有大网和小网两种;胞管口部内曲,其发育型式属双笔石式。

分布与时代　中国湖北,北美洲;中奥陶世—晚奥陶世(？)。

湖北提篮笔石？　*Phormograptus*? *hubeiensis* Mu

（图版76,3）

笔石体长三角形,长15mm,始部尖,向上很快增宽,笔石体中部宽达5.6mm,末部略收缩。胎管位于笔石体中央,为刺网所包围。中轴细弱,常弯曲。大网不显,细网发育,刺网、口线隐约可见,5mm内有3～4个胞管。

产地层位　宜昌市分乡;上奥陶统—志留系兰多弗里统龙马溪组*Dicellograptus szechuanensis*带。

中国提篮笔石？ *Phormograptus*? *sinensis* Mu

（图版76，4、5）

笔石体极为细小，呈三角形，长2～5.6mm，胎管长约1mm。大网、细网均较微弱，不易区分。始部网状构造较发育，围绕在胎管刺及胎管口刺周围。中轴自胎管尖端弯曲的伸出末端之外。

产地层位 宜昌市分乡；上奥陶统—志留系兰多弗里统龙马溪组*Dicellograptus szechuanensis*带。

网栅笔石属 *Retioclimacis* Mu et al.，1974

双列有轴笔石，胞管为栅笔石式。膝上腹缘长，微波形，口缘加厚，体壁局部退化，细网构造不发育，胎管正常。

分布与时代 湖北、四川；志留纪兰多弗里世。

标准网栅笔石 *Retioclimacis typica* Mu et al.

（图版76，6、7）

笔石体极其细小，长约7mm，宽度均一，为0.60～0.65mm。始端浑圆，胎管刺长0.5～0.8mm，中轴伸出体外。胎管正常。胞管栅笔石式，胞管口缘加厚，体壁局部退化，某些标本可见细网构造，5mm内有7～8个胞管。（图32，1～3）

产地层位 宜昌市大中坝；志留系兰多弗里统罗惹坪组上部。

图32 *Retioclimacis typica* Mu et al.（据倪寓南，1978）

尹氏笔石属 *Yinograptus* Mu，1955

双列有轴笔石，胞管体壁退化，胎管正常。大网、细网和刺网均甚发育，大网不规则，有侧索,无中索,刺网规则,隔板刺极其发育。中轴自由伸展于笔石体中央。

分布与时代 中国;晚奥陶世赫南特期。

断续尹氏笔石 *Yinograptus disjunctus*(Yin et Mu)
（图版76,8）

笔石体形如剑,长22mm以上,宽2.8mm,始端收缩快。胞管长宽大致相等,体壁退化,中部形成近于六边形大网,腹缘略倾斜于轴,口缘半环状。丝状细网之网线在大网网孔中隐约可见,10mm内有9～10个胞管。每隔3个胞管有隔板刺伸出,此标本在末部胞管可见及。

产地层位 宜昌市分乡;上奥陶统—志留系兰多弗里统龙马溪组 *Dicellograptus szechuanensis* 带。

巨大尹氏笔石 *Yinograptus grandis* Mu
（图版76,9）

笔石体粗大,长40mm以上。侧面标本最宽6.5mm,两侧平行,近始部逐渐收缩呈剑形,宽约3mm。隔板刺发育。体壁退化,六边形网孔位于笔石体中央。六边形网孔中可见,一些"丁"字形或"工"字形的较细网线,为亚刺及刺网。中轴贯穿于体中央,10mm内有9个胞管。

产地层位 来凤县板栗坪;上奥陶统—志留系兰多弗里统龙马溪组。

粗线尹氏笔石 *Yinograptus robustus* Mu
（图版76,10）

笔石体保存不全,宽4mm。大网、细网、刺网均发育,大网较粗,呈不规则六边形,刺网较细,细网形状不定。中轴细直,贯穿于笔石体中央。隔板刺发育,间隔约6mm,10mm内有6个胞管。

产地层位 宜昌市分乡;上奥陶统—志留系兰多弗里统龙马溪组 *Tangyagraptus typicus* / *Paraorthograptus typicus* 带。

细网笔石科 Retiolitidae Lapworth,1873
细网笔石属 *Retiolites* Barrande,1850

外形像直笔石,大网、细网、口线和原线发育,2条中轴一直一曲。

分布与时代 世界各地;志留纪兰多弗里世—文洛克世。

微小细网笔石 *Retiolites minutus* Ni
（图版76,11）

笔石体短小,长10mm以下,始端浑圆,宽0.8～1mm,距始端5mm处宽达3mm,保持至末端。胎管长1mm,原胎管几丁质化。大网、细网均发育,有些标本大网不明显。胞管直管状,向上开口,5mm内有8个胞管。

产地层位 宜昌市大中坝;志留系兰多弗里统罗惹坪组上部。

假绞笔石属 *Pseudoplegmatograptus* Pribyl,1948

笔石体很像细网笔石,但刺网发育而大网不发育。

分布与时代 亚洲、欧洲;志留纪兰多弗里世。

叶状假绞笔石 *Pseudoplegmatograptus phylloformis* Wang
（图版76,12）

笔石体小,呈叶状。长17mm,始部宽1.7mm,中部达3.7mm左右,末端略缩小。原胎管长0.56mm,亚胎管体壁退化。细网发育,多呈五至六边形,大网不明显,仅在口部见有齿状构造。口刺平伸,形成刺网。10mm内有5～6个胞管。中轴纤细。

产地层位 宣恩县高罗;志留系兰多弗里统新滩组 *Demirastrites convolutus* 带。

微小假绞笔石 *Pseudoplegmatograptus minutus* Mu et al.
（图版76,13）

笔石体小、三角形,长3～5mm,宽2mm左右(不计刺网),大网、细网及刺网均存在,但不易区分,5mm内有6个胞管。中轴伸出体外。

产地层位 宣恩县高罗;志留系兰多弗里统新滩组 *Demirastrites convolutus* 带。

拟绞笔石属 *Paraplegmatograptus* Mu,1963

双列有轴笔石,胞管体壁退化,胎管甚至始芽体壁正常,大网、细网及刺网均甚发育。

分布与时代 中国华中地区;晚奥陶世赫南特期。

连接拟绞笔石 *Paraplegmatograptus connectus* Mu
（图版77,1、2）

笔石体长约20mm,宽3.4mm,两侧近平行,始端收缩较快。细网发育;大网不甚明显,呈六边形网孔。口环平伸,口刺略向上伸出,末梢下弯。口刺间有横耙相连,构成刺网。10mm内有8～10个胞管。中轴发育,远伸体外。

产地层位 宜昌市分乡;上奥陶统—志留系兰多弗里统龙马溪组 *Dicellograptus szechuanensis* 带。

纤细拟绞笔石 *Paraplegmatograptus gracilis* Mu
（图版77,3）

笔石体细长，长15mm以上，始端浑圆，很快增宽到1.9mm（不计刺网），末端略收缩。胎管体壁正常。大网明显，细网、刺网发育且规则。刺网均匀，宽约1mm，系由口刺、腹刺组成。其与大网界线明显。口环受压后呈刺状。5mm内有4～5个胞管。

产地层位 宜昌市分乡；上奥陶统—志留系兰多弗里统龙马溪组。

巨大拟绞笔石 *Paraplegmatograptus magnus* Wang
（图版77,4）

笔石体长大，长30mm以上，宽达5.6mm（不计刺网），两侧平行。细网发育，大网不甚明显，具刺网。刺网系由较短的口刺上下分叉并连接而成。胞管腹缘倾斜，与口线相交，5mm内有3～4个胞管。2条中索交叉穿出体外。

产地层位 宜昌市分乡；上奥陶统—志留系兰多弗里统龙马溪组 *Dicellograptus szechuanensis* 带。

等宽拟绞笔石 *Paraplegmatograptus uniformis* Mu
（图版76,14）

笔石体长约20mm，始端浑圆，宽度迅速增至2.6mm后变化不大，大网明显，细网、刺网均甚发育。口刺末梢向上下二分后与上、下二分的腹刺相连，组成规则的刺网。4条不太直的侧索似由边线、膝下腹线和很短的肋线组成。5mm内有4～5个胞管。

产地层位 宜昌市分乡；上奥陶统—志留系兰多弗里统龙马溪组 *Dicellograptus szechuanensis* 带。

两形笔石科 Dimorphograptidae Elles et Wood, 1908
尖笔石属 *Akidograptus* Davies, 1929

笔石体始部尖细，第二排第一个胞管已开始退化，仅残存小部分。

分布与时代 中国,欧洲；志留纪兰多弗里世。

尖削尖笔石 *Akidograptus acuminatus*（Nicholson）
（图版77,5、6）

笔石体直或微弯，长10～30mm，宽1.5mm，始端尖削，常倾斜。胎管非常细长，约2.5mm。胞管雕笔石式，倾角20°，掩盖1/2，10mm内有10个胞管。中轴细长，伸出末端之外。

产地层位 宜昌市大中坝；上奥陶统—志留系兰多弗里统龙马溪组 *Akidograptus acuminatus* 带。

两形笔石属 *Dimorphograptus* Lapworth, 1876

笔石体始部为单列胞管,第二排最初几个胞管已退化,笔石体末部则为双列胞管。胞管雕笔石式,发育方式为单笔石式,始部胞管朝上长。

分布与时代 亚洲、欧洲、北美洲;志留纪兰多弗里世。

湖北两形笔石 *Dimorphograptus hubeiensis* Ni
（图版77,7）

笔石体长8mm,宽1mm,始端尖削,中轴伸出体外。胎管偏于一侧,长约1.2mm,胎管刺粗壮。缺失第二列第一个胞管,胞管雕笔石式,掩盖很少,5mm内有4～5个胞管。该种以笔石体短小和胞管交错排列为特征。

产地层位 宜昌市王家湾;志留系兰多弗里统新滩组 *Demirastrires convolutus* 带。

布氏笔石属 *Bulmanograptus* Pribyl, 1948

像两形笔石,但笔石体直而宽,单列部分短,胞管直管状。

分布与时代 亚洲、欧洲;志留纪兰多弗里世。

缩小布氏笔石 *Bulmanograptus deminutus* Ni
（图版77,8）

笔石体短小,始端尖削,两侧近于平行,最大宽度为1.5mm。胎管长约1mm,口部宽0.15mm,胎管刺发育,长达3mm。第二列第一个胞管缺失,胞管腹缘直,口缘近直,掩盖1/3,倾角15°～20°,5mm内有8个胞管。

产地层位 宜昌市王家湾;上奥陶统—志留系兰多弗里统龙马溪组 *Pristiograptus leei* 带。

削瘦布氏笔石 *Bulmanograptus macilentus* Mu et al.
（图版77,9、10）

笔石体长18mm,始端尖削,单列部分宽0.56mm。胎管尖锥状,长2mm,底刺长7～8mm,第二排第一个胞管已退化,单列部分长达3mm。胞管直管状,腹缘微凸,口缘略有倾斜,掩盖1/2,10mm内有8～10个胞管。

产地层位 宣恩县高罗;上奥陶统—志留系兰多弗里统龙马溪组 *Pristiograptus leei* 带。

单笔石科　Monograptidae Lapworth,1873

单笔石亚科　Monograptinae Lapworth,1873

锯笔石属　*Pristiograptus* Jaekel,1889,emend. Frech,1897

笔石体仅有上攀的一枝,枝直或微弯,胞管为简单的直管,腹缘直或轻微弯曲,口缘不具任何附连物。

分布与时代　世界各地;志留纪。

整洁锯笔石　*Pristiograptus argutus*(Lapworth)

（图版77,11）

笔石体始部强烈背弯,末部渐直,长40mm以上。始部细,逐渐增至1mm左右最大宽度。胞管腹缘呈"S"字形弯曲,具轻微膝状构造,口缘平,微凹,掩盖1/3～1/2,5mm内有5～6个胞管。

产地层位　宜昌市分乡;志留系兰多弗里统新滩组 *Pristiograptus leei*—*Demirastrites convolutus* 带。

原始锯笔石　*Pristiograptus atavus*(Jones)

（图版77,12）

笔石体细长,始部向背部微弯,始部很细,宽度逐渐增至1mm左右。胞管直管状,腹缘微弯,口缘平,有点外翻,倾角小,10mm内有7～8个胞管。

产地层位　宣恩县高罗;志留系兰多弗里统新滩组 *Pristiograptus leei*—*Demirastrites convolutus* 带。

喇叭锯笔石　*Pristiograptus bucciniformis* Ni

（图版77,13）

笔石体近直,枝宽0.3～0.5mm。胎管口部扩大呈喇叭形,宽0.25mm,口缘微凹,口尖加厚且微向内弯曲。胎管刺强硬,长0.5mm。胞管腹缘近直,腹刺位近前一个胞管的口,5mm内有6个胞管。本种以具腹刺且胎管呈喇叭形为特征。

产地层位　宜昌市大中坝;志留系兰多弗里统新滩组 *Monograptus sedgwickii* 带。

精致锯笔石　*Pristiograptus concinnus*(Lapworth)

（图版77,14）

笔石体向腹部弯曲,长于80mm,宽度均匀,最宽1.1～1.5mm。胞管腹缘微弯,口缘倾斜,口尖明显,掩盖1/2,10mm内有7～8个胞管。此标本较英国典型标本稍宽,胞管稀疏。

产地层位　宣恩县高罗;上奥陶统—志留系兰多弗里统龙马溪组 *Orthograptus*

*vesiculosus—Demirastrites triangulatus*带。

戛拉锯笔石　*Pristiograptus galaensis* Lapworth

（图版77,15）

笔石体直,枝宽均匀,为1.8mm。胞管腹缘直,口部微外伸成刺状,口缘平直,因保存关系常呈钩状,倾角30°,掩盖1/2,10mm内有9个胞管。

产地层位　恩施市;上奥陶统—志留系兰多弗里统龙马溪组。

群居锯笔石（相似种）　*Pristiograptus* cf. *gregarius*（Lapworth）

（图版78,1）

笔石体弓形弯曲,长30mm,始部宽0.28mm,逐渐增至0.6～0.7mm。胎管长锥形,口部未保存。胞管直管状,掩盖1/2,10mm内有8～10个胞管。此种以具长而尖的胎管为特征。

产地层位　宜昌市分乡;上奥陶统—志留系兰多弗里统龙马溪组*Pristiograptus leei*—*Demirastrites trian gulatus*带。

湖北锯笔石　*Pristiograptus hubeiensis* Wang

（图版78,2）

笔石体细小,向背部弯曲呈弓形,长仅6mm,始末宽度均匀,为0.74mm。胎管尖端伸至第五个胞管基部。始部2～5个胞管腹缘内凹,口缘孤立,微外弯,向末部腹缘、口缘弯曲渐弱,口穴圆形,口缘向外倾斜,掩盖1/3,5mm内有8个胞管。

产地层位　宣恩县高罗;上奥陶统—志留系兰多弗里统龙马溪组。

琐碎锯笔石（相似种）　*Pristiograptus* cf. *incommodus*（Törnquist）

（图版78,3）

笔石体细长,长18mm以上,弯曲呈弓形,宽0.56mm。胞管膝状弯曲不明显,膝上腹缘直,微向外斜;膝下腹缘倾斜,掩盖1/2左右,5mm内有5个胞管。该标本胞管与典型种相似,但笔石体较弯曲。

产地层位　宜昌市分乡;上奥陶统—志留系兰多弗里统龙马溪组*Pristiograptus leei*带。

异常锯笔石　*Pristiograptus insolentis* Ni

（图版78,4）

笔石体纤细,始部微向背侧弯曲,末部近直,长30mm以上。始端极细,向上缓慢增加到0.5mm。胎管刺短,胎管刺顶端达第一个胞管中部。第二至三个胞管具显著的膝角,其余胞管膝角逐渐不显,第八个胞管后为直管状,10mm内有9～12个胞管。

产地层位　宜昌市王家湾;志留系兰多弗里统新滩组*Demirastrites convolutus*—

Monograptus sedgwickii 带。

标枪锯笔石 *Pristiograptus jaculum*（Lapworth）

（图版78,5）

笔石体相当长,直或轻微弯曲。长110mm以上,始部未保存,宽度均匀,1.7mm。胞管直管状,腹缘直或微弯,口缘平或微凹,掩盖2/3,10mm内有8个胞管。

产地层位 宜昌市分乡;志留系兰多弗里统新滩组*Pristiograptus leei*—*Demirastrites convolutus*带。

李氏锯笔石 *Pristiograptus leei* Hsü

（图版78,6）

笔石体细小,向背部弯曲成弧形,长12mm左右。宽仅0.5mm,胞管细长,腹缘稍作波状起伏,口缘平或微凸,掩盖1/3,10mm内有12～14个胞管。

产地层位 宣恩县高罗;上奥陶统—志留系兰多弗里统龙马溪组*Pristiograptus leei*带。

细胞锯笔石 *Pristiograptus leptotheca*（Lapworth）

（图版78,7、8）

笔石体直而长,始部未保存,长80mm以上,宽1.5～2mm。胞管腹缘膝状折曲,上腹缘直,下腹缘倾斜,胞管背缘直,倾角小,10°左右,口缘微向外扩展且内弯,口穴近方形,掩盖2/3,10mm内有8个胞管。

产地层位 宜昌市分乡、宣恩县高罗;志留系兰多弗里统新滩组*Demirastrites convolutus*带。

规则锯笔石 *Pristiograptus regularis*（Törnquist）

（图版78,9）

笔石体保存不全,直而长,长60mm以上,宽度1.2mm左右,由始部向末部宽度逐渐增加。胞管直管状,腹缘直,口缘宽,微内斜,掩盖1/2～2/3,10mm内有8个胞管。

产地层位 宜昌市分乡;志留系兰多弗里统新滩组*Demirastrites convolutus*带。

劲直锯笔石 *Pristiograptus rigidus* Wang

（图版78,10）

笔石体长而直,长100mm以上,向背或腹部微弯,宽1.5mm（立体标本）,压平后约2mm。胞管短宽,长与宽之比近于1/4,腹缘"S"字形弯曲,口缘倾斜、内凹,口穴长椭圆形,占体宽的1/4,掩盖2/3,10mm内有7～8个胞管。

产地层位 宜昌市分乡;志留系兰多弗里统新滩组*Demirastrites triangulatus*—

*Demirastrites convolutus*带。

珊氏锯笔石 *Pristiograptus sandersoni*（Lapworth）

（图版78,11）

笔石体细长,长70mm以上,始部向腹部弯曲,末部渐直。始端极细,宽度逐渐增加到0.6mm。胞管细长,倾角小,腹缘与轴近于平行。口缘微内屈,掩盖1/3～1/2,10mm内有7～8个胞管。

产地层位 宣恩县高罗;志留系兰多弗里统新滩组*Demirastrites triangulatus*—*Demirastrites convolutus*带。

针刺锯笔石 *Pristiograptus spiculiformis* Ni

（图版78,12）

笔石体向背侧弯曲,长30mm以上。始部极细,宽约0.35mm,向末部逐渐增宽到0.9mm。胞管为简单直管状,腹缘露出部分的基部伸出一刺,长达1mm。胞管口缘微凹,占枝宽的1/2,掩盖约1/3,10mm内有8～9个胞管。

产地层位 宜昌市黄花场;上奥陶统—志留系兰多弗里统龙马溪组*Pristiograptus leei*带。

纤细锯笔石?（相似种） *Pristiograptus* ? cf. *tenuis*（Portlock）

（图版78,13）

笔石体弓形弯曲,长40mm以上,始端细,向上逐渐增加到0.8～1mm最大宽度。胞管腹缘轻微"S"字形弯曲,口缘内倾,口尖明显,掩盖1/2,5mm内有4个胞管。该标本口缘三角形扩展不显,其他特征与英国标本基本相同。

产地层位 宣恩县高罗;志留系兰多弗里统新滩组*Demirastrites convolutus Monoclimacis arcuata*带。

可变锯笔石 *Pristiograptus variabilis*（Perner）

（图版78,14）

笔石体近直或微向背侧、腹侧弯曲,体宽0.4～0.6mm。胞管腹缘微波状起伏,口缘微凹,向内倾斜,占枝宽的2/3,掩盖1/3左右,10mm内有9～10个胞管。

产地层位 宜昌市大中坝;志留系兰多弗里统罗惹坪组上部。

普氏笔石属 *Pernerograptus* Pribyl,1941

笔石体单枝上攀,枝直或向背部弯曲,胞管双形,始部为单笔石式,末部为锯笔石式。

分布与时代 亚洲、欧洲;志留纪兰多弗里世。

银色普氏笔石（相似种） *Pernerograptus* cf. *argenteus*（Nicholson）

（图版78,15）

笔石体弯曲,始部极细,宽仅0.18mm,水平伸展,弯曲向上后宽度骤然增至1.1mm,末端保存不全。始部胞管腹缘微突,口部外弯呈鸟头状,往后渐变为直管。始部掩盖少,弯曲后逐渐增加到1/2～2/3,10mm内有8～10个胞管。

产地层位 宜昌市分乡;志留系兰多弗里统新滩组*Demirastrites convolutus*带。

天鹅普氏笔石 *Pernerograptus cygneus*（Törnquist）

（图版79,1）

笔石体长近于50mm,始部钩状,末部近直。始部宽0.4mm,逐渐增加到1.2mm。胎管长2.6mm。始部约10个胞管腹缘呈鸡胸式外突,口缘外弯成小钩,口尖显著,呈刺状;向末部胞管腹缘渐直,掩盖1/3～1/2,10mm内有8～10个胞管。

产地层位 宜昌市分乡;志留系兰多弗里统新滩组*Demirastrites convolutus*带。

异形普氏笔石 *Pernerograptus difformis*（Törnquist）

（图版78,16）

笔石体始部钩状,末部弓形,始部宽0.4mm,逐渐增加到1.2mm。胎管小,长1mm,可见细小底刺。始部胞管上腹缘直,下腹缘倾斜,末端弯曲呈钩状,口尖明显;末部胞管直笔石式,掩盖1/3～1/2,5mm内有4～5个胞管。

产地层位 宜恩县高罗;志留系兰多弗里统新滩组*Demirastrites convolutus*带。

良好普氏笔石 *Pernerograptus euodus* Ni

（图版79,2）

笔石体向背侧弯曲,呈钩状,长约30mm,始端宽0.5mm,至中部宽1mm,并保持至末端。胎管长1.2mm。始部胞管为单笔石式,弯钩部分与枝宽之比为1∶3,掩盖约1/4;末部胞管为锯笔石式,掩盖1/2,10mm内有8～10个胞管。

产地层位 宜昌市王家湾;志留系兰多弗里统新滩组*Dermirastrites convolutus*带。

针状普氏笔石 *Pernerograptus raphidos* Wang et Ma

（图版79,3）

笔石体直,呈针状,始部纤细如丝,宽0.18mm,略有弯的趋势,末部劲直,最大宽度达1.3mm。始部胞管腹缘微弯,口缘弯曲呈钩状。中部胞管渐直;末部胞管口缘微内凹。口穴斜,掩盖1/3～1/2,10mm内有8～9个胞管。

产地层位 宜恩县高罗;志留系兰多弗里统新滩组。

旋转普氏笔石　*Pernerograptus revolutus*（Kurck）

（图版79,4）

笔石体细长,长20～50mm,弯曲呈宽缓的弓形,始端纤细如线,宽仅0.13mm,逐渐增宽到约1mm。始部胞管口缘外弯,愈近始端弯曲愈明显,甚至似外弯呈瘤状;末部胞管为直管状,始部掩盖少,末部达1/3～1/2,5mm内有4～5个胞管。

产地层位　宜昌市分乡;上奥陶统—志留系兰多弗里统龙马溪组、志留系兰多弗里统新滩组*Pristiograptus leei*—*Demirastrites convolutus*带。

旋转普氏笔石先驱变种

Pernerograptus revolutus var. *praecursor*（Elles et Wood）

（图版79,5）

笔石体始部向背侧弯曲呈弓形,末部逐渐变直,长约30mm。始端尖细,宽0.35mm,向末部逐渐增宽,在弓形转折处达1.5mm最大宽度。始部胞管口缘外弯呈钩状,末部胞管逐渐变为直管状,掩盖约1/3,10mm内有8～9个胞管。

产地层位　钟祥市北山母猪岭;上奥陶统—志留系兰多弗里统龙马溪组、志留系兰多弗里统新滩组。

单栅笔石属　*Monoclimacis* Frech,1897

一枝上攀,胞管腹部强烈曲折,膝上腹缘直,与轴平行,口缘有点外翻,口穴呈方形,一般有微纺锤层构成的膝边存在。

分布与时代　世界各地;志留纪兰多弗里世。

弓形单栅笔石　*Monoclimacis arcuata* Mu et al.

（图版79,6）

笔石体细小,向背侧弯成弓形,长小于5mm,枝宽约0.6mm。胎管顶端达第四个胞管的始端,具短的胎管刺和口刺。胞管短,口部孤立,向外侧开口,从第二个胞管起,胞管口部向后退缩,转为向斜上方开口。口缘微凹,胞管腹缘近直,膝角不显,3mm内有7个胞管。

产地层位　宜昌市大中坝;上奥陶统—志留系兰多弗里统龙马溪组—志留系兰多弗里统罗惹坪组底部。

弓形单栅笔石宽型亚种　*Monoclimacis arcuata lata* Ni

（图版79,7）

本亚种主要以它具有较大的枝宽（宽达1mm）,胞管排列较为稀疏（7mm内有9个胞管）而区别于典型种。

产地层位 宜昌市大中坝；志留系兰多弗里统新滩组 *Monograptus sedgwickii* 带、罗惹坪组底部。

巴东单栅笔石 *Monoclimacis badongensis* Mu et al.
（图版79,8）

笔石体细长，向背部弯曲，始部极细，呈宽钩状，宽仅0.18mm，向末部逐渐增至0.6～1mm。胞管锯笔石式，但因具腹刺，基部隆起，而相似于单栅笔石，倾角15°～20°，掩盖1/2,5mm内有5～7个胞管。但胞管间壁线直，与单栅笔石胞管不同，是否归于此属，尚待研究。

产地层位 宜昌市分乡；志留系兰多弗里统新滩组 *Pristiograptus leei*—*Monoclimacis arcuata* 带。

刻痕单栅笔石 *Monoclimacis crenularis* Lapworth
（图版79,9、10）

笔石体细长，长70mm以上，始部宽0.37mm，逐渐增至0.8～1mm最大宽度。胞管膝状折曲，膝上腹缘平行于轴，膝下腹缘倾斜，口穴小，呈半圆形至方形，有时可见纤细膝刺，掩盖1/2,10mm内有7～11个胞管。

产地层位 宜昌市分乡；志留系兰多弗里统新滩组 *Demirastrites triangulatus*—*Monoclimacis arcuata* 带。

弯背单栅笔石 *Monoclimacis curvata* Ni
（图版79,11）

笔石体向背侧弯曲呈弓形。长约10mm，始端宽0.4mm，向末部逐渐增宽到0.7mm。胎管顶端抵第二个胞管中部。从始部向末部，胞管腹缘折曲渐趋显著，膝角口穴也趋明显，具口盖，10mm内有11～14个胞管。

产地层位 宜昌市大中坝；志留系兰多弗里统新滩组 *Monograptus sedgwickii* 带、罗惹坪组底部。

曲背单栅笔石 *Monoclimacis cyphus* Wang
（图版79,12）

笔石体向背部弯曲，始部半圆，末部微弯。最大宽度1.3～1.5mm。胞管膝状折曲，口穴近方形，掩盖1/2,5mm内有4个胞管。

产地层位 宜昌市分乡；志留系兰多弗里统新滩组 *Demirastrites convolutus*—*Monoclimacis arcuata* 带。

钩状单栅笔石　*Monoclimacis hamata* Mu et al.
（图版79,13）

笔石体向背侧弯曲成钩状,始部极细,向末部宽度增加明显,最大宽度达1.4mm。始部胞管细长,倾角很小,近于直立,向末部胞管变为粗大,倾角亦较大,胞管口穴为半圆形,具有向外平伸的细小膝刺。10mm内有11个胞管。

产地层位　恩施市太阳河;志留系兰多弗里统新滩组。

可变单栅笔石　*Monoclimacis variabilis* Ni
（图版80,1）

笔石体小,向背侧弯曲,长10mm以下,始部枝宽0.4mm,向末部逐渐增宽到0.7mm,中轴伸出体外。胎管长约1mm,具胎管刺。始部5～6个胞管为单笔石式,末部胞管弯钩逐渐不显,呈栅笔石式,掩盖少,5mm内有5个胞管。

产地层位　宜昌市大中坝;志留系兰多弗里统新滩组*Demirastrites convolutus*—*Monograptus sedgwickii*带、罗惹坪组底部。

单笔石属　*Monograptus*（Geinitz）,1852

单枝上攀,笔石体直或曲,胞管口部向外弯曲呈钩状。

分布与时代　世界各地;志留纪—早泥盆世。

克氏单笔石　*Monograptus clingani*（Carruthers）
（图版80,2）

笔石体始部呈宽钩状弯曲,末部弓形或渐直。始部宽0.4mm,逐渐增至1.5mm。胎管锥状,长约1.3mm。胞管弯曲呈钩状,弯曲部分占笔石体宽1/2,掩盖少,5mm内有4～6个胞管。

产地层位　宜昌市分乡;志留系兰多弗里统新滩组*Demirastrites convolutus*带。

长阳单笔石
Monograptus changyangensis Sun [=*Oktavites changyangensis*（Sun）]
（图版80,3、4）

笔石体向背部作旋转弯曲,胞管位于凸缘,枝宽不到1mm。胞管为细长的直管,口部微向外凸,倾角不到30°,掩盖很少,10mm内有11～12个胞管。

产地层位　宜昌市长阳、保康县虫蚁沟余家场;志留系兰多弗里统新滩组*Pristiograptus leei*带。

远离单笔石（相似种） *Monograptus* cf. *distans*（Portlock）

（图版80,5）

笔石体直或向腹部弯曲,长40～50mm,宽1.1mm。胞管腹缘外突,口缘外弯成钩,末端收缩呈刺状,掩盖1/3,10mm内有7～8个胞管。此标本与Elles & Wood的标本相近,差异是胞管排列稀。

产地层位 宜昌市分乡;志留系兰多弗里统新滩组*Demirastrites convolutus*—*Monoclimacis arcuata*带。

恩施单笔石 *Monograptus enshiensis* Mu et al.

（图版80,6）

笔石体始部微向背侧弯曲,宽0.5mm,向末部逐渐增宽到0.8mm。胞管口部向后弯曲成钩,伸出的口部骤然变窄,伸出部分占笔石体宽度的1/2,掩盖少,10mm内有9～10个胞管。

产地层位 恩施市太阳河;志留系兰多弗里统罗惹坪组上部。

发芽单笔石 *Monograptus gemmatus*（Barrande）

（图版80,7、8）

笔石体细,直或微向背侧弯曲,长约11mm,平均宽度不超过0.3mm。胞管细长,掩盖少,倾角小仅5°。其特征在于胞管末端向外转,形成弯钩形,占笔石体宽度的1/2。胞管排列稀疏,10mm内有7个胞管。

产地层位 长阳县、宜昌市王家湾;下奥陶统—志留系兰多弗里统龙马溪组、志留系兰多弗里统新滩组*Demirastrites triangulatus*—*Monograptus sedgwickii*带。

纠缠单笔石 *Monograptus intertextus* Wang

（图版80,9）

笔石体长,直或微弯,长22mm以上,宽3mm左右。胞管基部三角形,口部收缩呈指状,末端分叉,掩盖少,10mm内有6～7个胞管。

产地层位 宜恩县高罗;志留系兰多弗里统新滩组*Demirastrites convolutus*带。

锯形单笔石小型亚种 *Monograptus priodon minor* Wang

（图版80,10、11）

笔石体小且直,始部宽0.6mm,向末端逐渐增加到1.2mm最大宽度。胎管锥状,长0.95mm,口部宽0.56mm。胞管"priodon"型,基部宽,口缘作鹰钩状弯曲,胞管伸出部分占笔石体宽的1/2,在10mm内有8个胞管。

产地层位 宜恩县高罗;志留系兰多弗里统新滩组。

娇柔单笔石　*Monograptus rhadinus* Ni

（图版80,12）

笔石体纤细,娇柔,向背侧平旋弯曲。始端宽约0.3mm,向末部逐渐增宽到0.5mm。胎管刺发育。胞管倾角10°～20°,掩盖1/5～1/4,弯钩部分与枝宽之比为2：3,10mm内有1～9个胞管。笔石体形比较特殊,而在奥氏笔石属中常见,胞管形态也介于二属之间,现暂置于本属。（图33）

产地层位　宜昌市王家湾;志留系兰多弗里统新滩组*Monograptus sedgwickii*带。

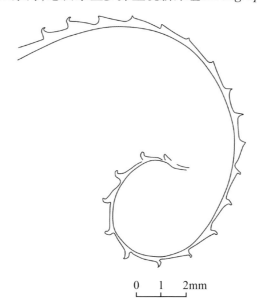

0　　1　　2mm

图33　娇柔单笔石（据倪寓南,1978）

赛氏单笔石?　*Monograptus sedgwickii*（Portlock）?

（图版80,13）

笔石体直,宽3mm左右(不计口刺)。胞管基部为三角形,口部向下弯曲,具有近于平伸的口刺。相邻胞管掩盖较少,10mm内有7～9个胞管。此标本与典型种的差异是胞管及口部收缩不甚明显,保存也不完全。

产地层位　恩施市太阳河;志留系兰多弗里统新滩组。

波状单笔石（相似种）　*Monograptus* cf. *undulatus* Elles et Wood

（图版80,14）

笔石体保存不全。纤细且弯曲,宽度0.6～0.9mm。胎管长1.3mm,具纤细底刺。胞管外弯呈宽钩状,外弯部分宽度占体宽的3/4,掩盖1/4～1/3,10mm内有10个胞管。此标本与Elles & Wood的正型标本差异是始部弯曲不及其明显。

产地层位 宜昌市分乡；志留系兰多弗里统新滩组 *Demirastrites convolutus* 带。

宜昌单笔石 *Monograptus yichangensis* Ni

（图版80,15）

笔石体向腹侧微弯，保存长度为20mm，枝宽0.5～0.6mm。胎管长约1.5mm。胞管掩盖很少，约1/5,腹缘露出部分向外凸出，近口部复又收缩，呈波状弯曲，胞管口部弯曲呈钩状，占体宽的1/2,10mm内有8～9个胞管。

产地层位 宜昌市王家湾；志留系兰多弗里统新滩组 *Demirastrites convolutus*—*Monograptus sedgwickii* 带。

拟单栅笔石属 *Paramonoclimacis* Wang et Ma,1976

笔石体由向背部弯曲的单枝组成。具两形胞管，始部胞管卷曲成瘤状，似卷笔石，末部胞管具膝状腹缘、膝刺和方形口穴，似单栅笔石，但有的口部有点外弯。

分布与时代 湖北、四川；志留纪兰多弗里世。

小型拟单栅笔石 *Paramonoclimacis minor* Wang et Ma
（=*P. typicalis primus* Wang et Ma,1977）

（图版80,16）

笔石体小，向背部弯曲呈半环状，长约10mm,宽度从始部0.6mm逐渐增至约1mm。始部胞管卷曲呈瘤状，自6～8个胞管后，腹缘作膝状折曲，口穴方形，有时可见膝刺，口缘外弯呈钩状，末端弯曲渐弱，掩盖1/3,5mm内有6～7个胞管。

产地层位 宣恩县高罗；志留系兰多弗里统新滩组 *Demirastrites convolutus*—*Monoclimacis arcuata* 带。

著目拟单栅笔石 *Paramonoclimacis nobilis* Wang et Ma

（图版81,1）

笔石体呈宽钩状，长30mm以上，始端未保存，宽度逐渐增加，最大宽度达1.3～1.4mm。始部胞管卷曲成瘤状，末部胞管具膝状折曲，具膝刺，口缘末端微外弯，掩盖1/2,10mm内有8个胞管。

产地层位 宣恩县高罗；下奥陶统—志留系兰多弗里统龙马溪组、志留系兰多弗里统新滩组 *Demirastrites triangulatus*—*Demirastrites convolutus* 带。

相似拟单栅笔石 *Paramonoclimacis similis*（Geh）

（图版81,2）

笔石体小，始部向背部弯曲成半环状，末部渐直。长约10mm,始部宽0.27～0.40mm,

向末部逐渐增加到1～1.2mm。胎管具纤细的底刺。始部胞管呈瘤状，第六个胞管后，腹缘折曲渐明显，末部出现方形口穴和膝刺，掩盖约1/3，5mm内有6～7个胞管。

本种特征与倪寓南（1978）描述的 *Streptograptus similis*（Geh）基本相似，可能因笔石体末部保存不完整而未见两形胞管，因而归入两个不同的属。

产地层位　宣恩县高罗；志留系兰多弗里统新滩组 *Demirastrites convolutus* 带。

中国拟单栅笔石　*Paramonoclimacis sinicus*（Geh）

（图版80，17）

笔石体始部纤细如线，水平延展，向上弯曲后宽度增大到0.8mm。胎管未保存。始部胞管卷曲成瘤，末部胞管逐渐退缩，形成膝状腹缘、方形口穴，掩盖少，5mm内有3个胞管。

该标本与倪寓南（1978）描述的 *Streptograptus calidus* Ni 形态特征基本一致，但可能因笔石体末部保存不全而未见似单栅笔石式胞管。两者应为同一属种似更恰当。

产地层位　宣恩县高罗；志留系兰多弗里统新滩组 *Demirastrites convolutus* 带。

标准拟单栅笔石　*Paramonoclimacis typicalis* Wang et Ma

（图版81，3）

笔石体呈钩状，始部向背侧弯成半圆形，末部近直。始部宽0.65mm，至第九个胞管后宽为1mm。始部第一个胞管呈钩状，其后5～10个呈瘤状，此后为类似单栅笔石的胞管，但口部外弯成钩状，膝状突起外延成膝刺，10mm内有10～12个胞管。该种胞管类型特殊。（图34）

产地层位　宣恩县高罗；志留系兰多弗里统新滩组 *Pristiograptus leei*—*Demirastrites convolutus* 带。

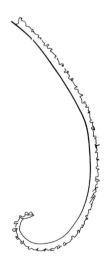

图34　标准拟单笔石（据江啸风，1977）

螺旋笔石属 *Spirograptus* Gürch, 1908

笔石体由螺旋状卷曲的单枝组成,胞管外弯呈钩形,通常具口刺。

分布与时代 亚洲、欧洲、大洋洲、北美洲;志留纪兰多弗里世。

小型螺旋笔石 *Spirograptus minor*(Bouček)
(图版81,4、5)

笔石体小,呈螺纹旋转的倒锥状。高6~8mm,顶角30°~40°,计有3~5个螺圈,始部细,向上逐渐增宽到0.8~1mm。胎管长锥状,长1.8mm,口部宽约0.2mm。胞管为赛氏单笔石形,口刺发育,掩盖1/3~1/2,5mm内有7~8个胞管。

产地层位 竹山县新码头、保康县虫蚁沟余家场;志留系兰多弗里统新滩组。

塔形螺旋笔石两型变种 *Spirograptus turreculatus* var. *dimorpha*(Sun)
(图版81,6)

笔石体盘卷成圆锥形,长2~3cm,始端细,宽0.8mm,最大宽度可达2mm,胞管为赛氏单笔石形,但通常具有显著的口刺,10mm内有12个胞管,掩盖1/2。

产地层位 宜昌市;志留系兰多弗里统新滩组。

卷笔石属 *Streptograptus* Yin, 1937

笔石体常弯曲,胞管口部向外卷曲成显著球形,掩盖部分极小。

分布与时代 亚洲、欧洲、大洋洲、北美洲;志留纪兰多弗里世—文洛克世。

有柄卷笔石(相似种) *Streptograptus* cf. *ansulosus*(Törnquist)
(图版81,7)

笔石体保存长20mm,体宽均一,为0.4mm。胞管细长,卷曲部分占体宽的1/2,掩盖极少,排列稀疏,10mm内有5个胞管。此标本与Törnquist描述的标本极为相似,但后者胞管在10mm内有6~8个,且产出层位较高。

产地层位 宜昌市王家湾;上奥陶统—志留系兰多弗里统龙马溪组*Pristiograptus leei*带。

右向卷笔石 *Streptograptus dextrorsus*(Linnarsson)
(=*Monograptus dextrorsus* Linnarsson)
(图版81,8)

笔石体微向腹侧弯曲,保存长度为25mm,始部宽0.5~0.6mm,至末部增宽到1mm。胞管口部卷曲,卷曲部分占笔石枝宽的1/2,掩盖为1/4,10mm内有8个胞管。

产地层位　宜昌市王家湾；志留系兰多弗里统新滩组 *Demirastrites convolutus* 带、罗惹坪组下部。

镰形卷笔石　*Streptograptus falcatus* Ni

（图版81,9）

笔石体始部向背侧弯曲，呈鱼钩状，末部伸直，貌似镰刀。长30mm，始部宽0.7mm，向末部逐渐增宽到1.2mm。胞管口部均呈球形，始部胞管卷曲部分占体宽的3/7，末部减少为1/5，10mm内有9～11个胞管。

产地层位　宜昌市王家湾；志留系兰多弗里统新滩组 *Demirastrites convolutus* —*Monograptus sedgwickii* 带。

香油坪卷笔石　*Streptograptus hsingyupingensis* Hsü

（图版81,10,11）

笔石体向背部弯曲成弧形，长22mm，末端弯曲，始端很窄（0.5mm），迅速增至1.1mm。始部胞管掩盖少，口部很窄，形成一定的卷曲，占体宽的1/2，相当于胞管长度的1/3。10mm内，始部有8个胞管，末部有10个胞管。

产地层位　湖北西部、宜昌市王家湾等地；上奥陶统—志留系兰多弗里统龙马溪组 *Pristiograptus leei* 带。

球形卷笔石（相似种）　*Streptograptus* cf. *lobiferus*（McCoy）

（图版81,12）

笔石体直，始部未保存。宽度均匀，为1.5mm。胞管腹缘呈鸡胸状弯曲，口部卷曲成瘤，外弯部分占枝宽的3/4，掩盖1/3，10mm内有6～7个胞管。

产地层位　宜恩县高罗；上奥陶统—志留系兰多弗里统龙马溪组 *Pristiograptus leei* —*Demirastrites triangulatus* 带。

下倾卷笔石宜昌亚种　*Streptograptus runcinatus yichangensis* Wang

（图版81,13）

笔石体细而长，略向腹部弯曲，长180mm以上，宽度均匀1.1mm（立体标本），胞管外卷呈瘤状，外弯部分占胞管长的1/3左右，相当于枝宽的2/5，掩盖少，10mm内有6～8个胞管。

产地层位　宜昌市分乡；志留系兰多弗里统新滩组 *Demirastrites convolutus* 带。

针状卷笔石　*Streptograptus sartorius*（Törnquist）

（图版82,1）

笔石体纤细如丝，枝宽0.2～0.3mm。胞管口缘卷曲呈瘤状的凸起，瘤的宽度约占笔石枝宽度的1/2,掩盖少,10mm内有8个胞管。

产地层位 宣恩县高罗;志留系兰多弗里统新滩组。

半耙笔石属 *Demirastrites* Eisel,1912

单列上攀笔石体,常弯曲或旋转,始端胞管孤立,末端胞管三角形。

分布与时代 亚洲、欧洲、北美洲;志留纪兰多弗里世。

盘旋半耙笔石 *Demirastrites convolutus*(Hisinger)
（图版82,2）

笔石体向背部作规则盘香状弯曲。始部胞管孤立,向末部逐渐增宽到2.5～3mm(连口刺在内),胞管三角形,口端弯曲呈钩状,具口刺,掩盖少,10mm内有9～11个胞管。

产地层位 恩施市太阳河;志留系兰多弗里统新滩组 *Demirastrites convolutus* 带。

迷惑半耙笔石 *Demirastrites decipiens*(Törnquist)
（图版82,3、4）

笔石体小,始部向背侧作平旋或不规则弯曲,始端细,增宽迅速,最大宽度为1.8mm。始部胞管孤立,呈耙笔石式,末部胞管呈三角形,胞管口端呈小钩状,10mm内有10个胞管。

产地层位 房县炸油垭子、宣恩县高罗;上奥陶统—志留系兰多弗里统龙马溪组、志留系兰多弗里统新滩组 *Demirastrites triangulatus—Demirastrites convolutus* 带。

齿状半耙笔石（相似种） *Demirastrites* cf. *denticulatus*(Törnquist)
（图版82,5）

笔石体小,长10mm多,向背部弯曲呈弓形,宽1mm左右;近始部胞管较孤立,近末部胞管三角形,口部外弯成钩,掩盖少,1/3左右,5mm内有4～6个胞管。该标本保存不全,较典型标本始部弯曲较宽缓。

产地层位 宜昌市分乡;上奥陶统—志留系兰多弗里统龙马溪组、志留系兰多弗里统新滩组 *Demirastrites triangulatus—Demirastrites convolutus* 带。

迂回半耙笔石 *Demirastrites labyrinthiformis* Wang
（图版82,6）

笔石体小,作不规则的螺旋弯曲,宽度从0.93mm逐渐增加到1.7mm。始部胞管耙笔石式,末部胞管三角形。口部均呈小钩状,掩盖少,5mm内有4～6个胞管。

产地层位 宣恩县高罗;上奥陶统—志留系兰多弗里统龙马溪组、志留系兰多弗里统新滩组 *Demirastrites triangulatus—Demirastrites convolutus* 带。

高层半耙笔石　*Demirastrites supernus* Ni

（图版81,14、15）

笔石体细小,向背侧弯曲呈环形。始部2～3个胞管孤立,口部鱼钩状,为耙笔石式,间隔0.5mm,胞管长0.5mm。笔石体中部和末部胞管基部为三角形。枝宽约1mm,胞管口部显著收缩,向外伸出后,向下开口,10mm内有13～15个胞管。

产地层位　宜昌市大中坝;志留系兰多弗里统罗惹坪组上部。

三角半耙笔石　*Demirastrites triangulatus*（Harkness）

（图版83,1）

笔石体长20～30mm,始部卷曲呈环,末部呈弓形。始部胞管耙笔石式,宽0.56mm,末部胞管三角形,宽1.5mm,末梢均呈钩状,10mm内有8～10个胞管。

产地层位　宣恩县高罗;上奥陶统—志留系兰多弗里统龙马溪组*Demirastrites triangulatus*带。

奥氏笔石属　*Oktavites* Levina,1928

上攀单列的笔石体,通常弯曲或旋转,胞管始末一致,全为三角形。

分布与时代　亚洲、欧洲、大洋洲、北美洲;志留纪兰多弗里世。

通常奥氏笔石　*Oktavites communis*（Lapworth）

（图版83,2）

笔石体向背部弯曲成弧形,始端细,宽仅0.5mm,向上宽度均一,为1.3～1.4mm,胞管介于单笔石式与卷笔石式之间,基部为宽阔的三角形,口部微呈钩状（始部明显）,胞管口部约占胞管长度的1/3,10㎜内有8－9个胞管。

产地层位　房县清泉;上奥陶统—志留系兰多弗里统龙马溪组、志留系兰多弗里统新滩组*Pristiograptus leei*—*Demirastrites convolutus*带。

通常奥氏笔石有钩变种

Oktavites communis var. *rostratus*（Elles et Wood）

（图版82,7）

笔石体长70mm,宽度从始部0.56mm,较快增至2.2mm,此后宽度均匀。胞管特征与通常奥氏笔石相似,但笔石较宽,弯曲亦较明显,枝的宽度较大,10mm内有8个胞管。

产地层位　宣恩市高罗;志留系兰多弗里统新滩组*Demirastrites convolutus*带。

畸形奥氏笔石? *Oktavites? deformis* Wang

（图版82,8）

笔石体盘旋绕曲,形状不规则,宽0.37mm。胞管呈三角形,腹缘先与轴近于平行,近口部急转外弯,口缘平而倾斜,末梢有小钩,5mm内有2～2.5个胞管。该种外形特殊,胞管基部倾角小,近口部急转向外,易于识别。该种胞管性质近于单笔石式,但笔石体盘旋绕曲。

产地层位 宜昌市分乡;志留系兰多弗里统新滩组*Demirastrites convolutus*带。

纤细奥氏笔石 *Oktavites gracilis* Wang

（图版82,9）

笔石体很小,向背部平旋,呈似马蹄形,枝宽0.37～0.47mm。胎管长三角形,长约0.93mm,尖端仲至第二和第三个胞管之间。胞管腹缘直,微内凹,口缘有点外弯,具纤细口刺,掩盖1/3～1/2,5mm内有5～6个胞管。

产地层位 宜昌市分乡;上奥陶统—志留系兰多弗里统龙马溪组*Pristiograptus leei*—*Demirastrites triangulatus*带。

中间奥氏笔石 *Oktavites intermedius*（Carruthers）

（图版82,10）

笔石体细,向背部弯曲,长110mm,宽度不到1mm。胞管为三角形,掩盖1/3,口部形成一极小的倒钩,在10mm内有8～9个胞管。

产地层位 宜昌市;上奥陶统—志留系兰多弗里统龙马溪组。

有刺奥氏笔石 *Oktavites spinatus* Ni

（图版82,11）

笔石体微向背侧弯曲,保存长约10mm,枝宽0.8～1mm。胞管基部三角形,口部向下弯曲呈钩状,具有腹刺。自始部向末部,胞管口部逐渐向后退缩,残留的胞管背缘呈刺状,与腹刺相连,犹如一刺分叉。10mm内有9～10个胞管。(图35)

产地层位 宜昌市王家湾;上奥陶统—志留系兰多弗里统龙马溪组*Demirastrites triangulatus*带。

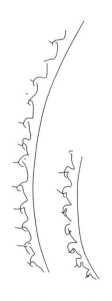

图35 有刺奥氏笔石(据倪寓南,1978)

耙笔石属 *Rastrites* Barrande,1850

笔石体向背部弯曲,胞管孤立,几乎没有掩盖,口部向内弯曲。

分布与时代 世界各地(除中南美洲外);志留纪兰多弗里世。

近似耙笔石干氏变种 *Rastrites approximatus* var. *geinitzi*(Törnquist)

（图版82,12）

笔石体外形特征,始部盘旋。胞管长不超过4mm,一般2mm多,胞管间距从始部0.6mm逐渐增加到1mm左右。在5mm内有5～6个胞管,胞管末梢分叉。胎管长0.7mm,第一个胞管从胎管尖端伸出。

产地层位 宜恩县高罗;志留系兰多弗里统新滩组 *Demirastrites convolutus* 带。

卷曲耙笔石 *Rastrites cirratus* Ni

（图版83,3）

笔石体向背侧弯曲呈环形或半圆形,直径约5mm。始部胞管长0.5～0.6mm,宽度均一,口部弯曲呈小钩状;末部胞管基部略增宽,长0.7～0·8mm,胞管与共通沟交角为90°,胞管间距为0.7～0.9mm,10mm内有10～12个胞管。

产地层位 宜昌市王家湾;上奥陶统—志留系兰多弗里统龙马溪组 *Pristiograptus leei* 带—志留系兰多弗里统罗惹坪组底部。

混生耙笔石 *Rastrites hybridus* Lapworth

（图版83,4、5）

笔石体小,长10mm左右,向背部弯曲呈弓形,枝宽0.2mm。胞管长1～2mm,口部后弯成小钩,5mm内有5个胞管。此种与 *R. peregrinus* 相似,但笔石体始部弯曲较宽缓,胞管口部弯钩较明显。

产地层位 宜昌市分乡;志留系兰多弗里统新滩组 *Demirastrites convolutus*—*Monograptus sedgwickii* 带。

畸形耙笔石 *Rastrites informis* Ni

（图版83,6）

笔石体纤细,不规则的弯曲,长约15mm。胞管孤立,长0.5mm,基部三角形。口部钩状,共通沟纤细,胞管间距约1mm,与共通沟的交角90°左右,10mm内有9～10个胞管。该种体纤细,柔软,胞管短小,形态特征显著。

产地层位 宜昌市大中坝;志留系兰多弗里统新滩组 *Monograptus sedgwickii* 带。

新奇耙笔石 *Rastrites peregrinus*（Barrande）

（图版83,7）

笔石体呈弯钩状,长10～20mm,宽0.18mm左右。胎管长约1mm。胞管长1.5～2mm,口部微向始部弯曲,胞管间隔1.1mm左右,5mm内有5～6个胞管。

产地层位 宜昌市分乡;上奥陶统—志留系兰多弗里统龙马溪组、志留系兰多弗里统新滩组 *Pristiograptus leei*—*Demirastrites convolutus* 带。

圆满耙笔石 *Rastrites perfectus* Manck

（图版83,8）

笔石体钩状,始部向背部作弧形弯曲。胞管呈放射状伸出,孤立部分长3.3mm,宽0.33mm,口部弯曲成钩状,胞管间隔为1～1.3mm,在10mm内有6～8个胞管。

产地层位 恩施市;上奥陶统—志留系兰多弗里统龙马溪组、志留系兰多弗里统新滩组。

宣恩耙笔石 *Rastrites xuanenensis* Wang

（图版83,9）

笔石体平旋呈半环状,长10～13mm,极为纤细,始部宽0.04mm,末部近于0.2mm。胞管放射状伸出,长2.8～3.2mm,基部细,末梢作刺状分叉。相邻胞管间隔0.56～1.3mm,一般始部较大,5mm内有4～5个胞管。

产地层位 宣恩县;上奥陶统—志留系兰多弗里统龙马溪组、志留系兰多弗里统新滩组。

喇叭笔石亚属 *Rastrites*（*Lituigraptus*）Ni,1978

笔石体弯曲,始部胞管细直,口部向下弯曲成小钩。向笔石体末部,胞管口部逐渐扩大,并逐渐向后退缩,小钩随之消失,渐转为向外侧开口。口部扩大呈喇叭状,两侧口刺发育。

缠绕喇叭笔石 *Rastrites*（*Lituigraptus*）*glomeratus* Ni

（图版83,10、11）

笔石体向背侧弯曲,平旋缠绕呈盘香状。胞管长1.7～2mm,始部胞管宽0.2～0.25mm,胞管口部向下弯曲,至中部增加到0.5mm,胞管显著扩大呈喇叭形,两侧具口刺。胞管间距为0.5～0.7mm,与共通沟的交角始部为70°～80°,末部约90°。10mm内有12～14个胞管。

产地层位 宜昌市王家湾;上奥陶统—志留系兰多弗里统龙马溪组、志留系兰多弗里统新滩组 *Demirastrites triangulatus*—*Demirastritesconvolutus* 带。

皮状喇叭笔石　*Rastrites*（*Lituigraptus*）*phleoides* Törnquist

（图版83,12）

笔石体向背侧弯曲呈环状。胞管孤立,长4mm,宽约0.3mm。始部较窄,近口部扩大呈喇叭形,口部两侧具强硬且长的口刺。共通沟宽约0.2mm。胞管间距约为0.7mm,胞管与共通沟交角为70°～80°,10mm内有12个胞管。

产地层位　宜昌市王家湾;志留系兰多弗里统新滩组 *Demirastrites convolutus* 带。

（四）脊索动物门　Chordata

脊椎动物亚门　Vertebrata

鱼形动物　Pisces

鱼类的基本构造如图36～图39所示。

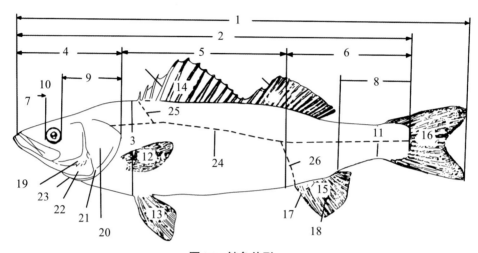

图36　鲈鱼外形

1.全长；2.体长；3.体高；4.头长；5.躯干长；6.尾长；7.吻长；8.尾柄长；9.眼后头长；10.眼径；
11.尾柄高；12.胸鳍；13.腹鳍；14.背鳍；15.臀鳍；16.尾鳍；17.鳍棘；18.分叉鳍条；19.前鳃盖骨；
20.鳃盖骨；21.下鳃盖骨；22.间鳃盖骨；23.鳃条骨；24.侧线；25.侧线上鳞；26.侧线下鳞

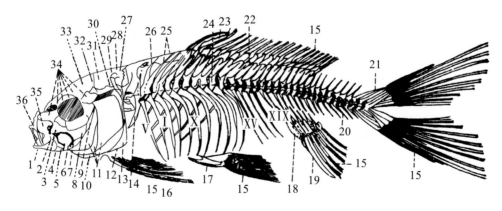

图37　鲤鱼骨胳（左侧视）

1.齿骨；2.翼骨；3.中翼骨；4.关节骨；5.隅骨；6.方骨；7.续骨；8.后翼骨；9.舌颌骨；10.鳃条骨；11.鳃盖骨
12.肩带；13.锁骨；14.椎体横突；15.鳍条；16.肋骨；17.腰带；18.基鳍骨；19.棘鳍条；20.脉棘；21.尾板骨
22.基鳍骨；23.棘鳍条；24.椎体；25.神经棘；26.骨片；27.上枕骨；28.上耳骨；29.颞骨；30.鳞骨；31.顶骨
32.翼耳骨；33.额骨；34.围眶骨；35.上颌骨；36.前上颌骨；Ⅴ、Ⅰ、Ⅹ、ⅩⅤ、ⅩⅨ.肋骨

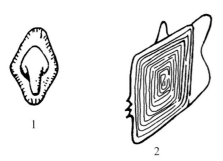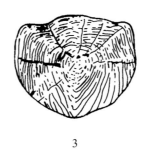

1   2   3   4

图38 鳞片的类型

1.盾鳞；2.硬鳞；3.圆鳞；4.栉鳞

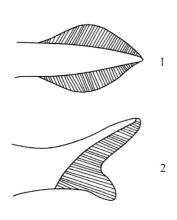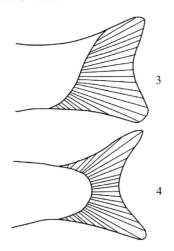

图39 鱼尾类型

1.原形尾；2.歪形尾；3.半歪形尾；4.正形尾

无颌超纲 Agnatha
双鼻孔纲 Diplorhina
多鳃鱼亚纲 Polybranchiaspida

汉阳鱼目 Hanyangaspiformes Pan et Liu, 1975

汉阳鱼科 Hanyangaspidae Pan et Liu, 1975

汉阳鱼属 *Hanyangaspis* Pan et Liu, 1975

是一体较大的多鳃鱼类。背甲很大,略呈五边形,长与宽相近,140～150mm。腹环的后部相闭合。前中背孔("鼻垂体孔")特别大,洞穿背甲,位近吻缘,呈横宽的卵圆形。口孔前腹位,头甲吻缘腹环的后缘构成口孔前缘,口后片的前缘构成口孔后缘。眶孔相距很远,在前腹侧位。无洞穿背甲的松果孔。鳃囊少,7对,鳃孔大,通过各自独立的外鳃孔开向外界,沿侧缘腹环内侧排列,其中第一外鳃孔约与眶孔后侧角相对。眶上沟短,大致平行,后端不相交汇呈"V"字形。具中横联络枝2条。侧横枝短,7～8条。眶下沟与侧背沟相连。纹饰由星状突起组成,基部彼此不愈合。骨片的中层具蜂窝状层。

分布与时代 湖北;志留纪兰多弗里世。

锅顶山汉阳鱼 *Hanyangaspis guodingshanensis* Pan et Liu
（图版84,1）

其特征与汉阳鱼属相同。（图40、图41）

产地层位 武汉市汉阳锅顶山;志留系兰多弗里统坟头组上部。

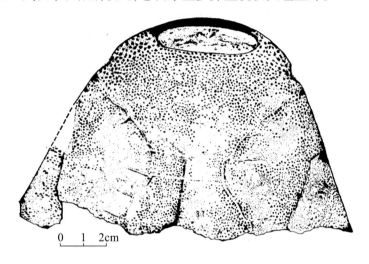

图40 锅顶山汉阳鱼标本背甲(据潘江,1982)

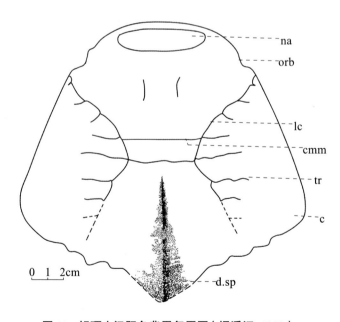

图41 锅顶山汉阳鱼背甲复原图(据潘江,1982)

na.前中背孔(鼻垂体孔);orb.眼孔;lc.主侧线沟;cmm.背中联络枝;
tr.主侧线沟横枝;c.胸角;d.sp.背棘

有颌超纲　**Gnathostomata**

　　盾皮纲　**Placodermi**

　　　节甲鱼亚纲　**Arthrodira**

　　　　大瓣鱼超目　Macropetalichthyes

　　　　　大瓣鱼目　Macropetalichthyiformes

　　　　　　大瓣鱼科　Macropetalichthyidae Eastman,1898

　　　　　　　长阳鱼属　*Changyanophyton*（Sze）emend. Pan,1962

　　腹前侧片甚小,为五边形,长稍大于宽,其比率为4∶3,前边缘很窄,并稍向后凹,内边缘平直,后缘向后凸,前后缘比率为3∶1,外缘不很明显,与活动的胸棘相连,在前端其间有一隆起崤。胸棘长而大,长楔形,与前腹侧片呈正常接触,前端甚窄,末端呈似钝圆形而略尖。两侧生有锯齿状的棘刺,外侧较内侧者小而密,均略呈三角形,其顶端甚尖并向前钩曲。两侧近末端部分的刺小于开始及中间部分。在腹前侧片及胸棘表面布满规则的点状纹饰,排列基本上成行,并大部分互生。

　　分布与时代　湖北、湖南;晚泥盆世。

湖北长阳鱼　*Changyanophyton hupeiense*（Sze）emend. Pan

（图版84,2）

　　种的特征同属的特征。（图42）

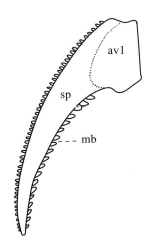

图42　湖北长阳鱼复原图（据潘江,1962）

av1.前腹侧片;sp.胸棘;mb.棘刺

　　产地层位　长阳县黄家磴;上泥盆统黄家磴组。

硬骨鱼纲 Osteichthyes
棘鱼亚纲 Acanthodii
棘鱼目 Acanthodiformes
棘鱼科 Acanthodidae Agassiz, 1844
中华棘鱼属 *Sinacanthus* Pan, 1957

鳍棘大,扁平,呈不同形状的三角形。中腔大,壁厚或薄,近基部横切面为三角形。纵面布满纵脊及沟痕,与棘体的弯曲度一致,大部分向末端聚合,个别在近末端与背缘斜交。纵脊从中部开始相间逐渐消失。

分布与时代 湖北、安徽南部、江苏;志留纪兰多弗里世—早泥盆世。

三角形中华棘鱼 *Sinacanthus triangulatus* Pan et Liu
（图版84,3、4）

鳍棘大,略呈前缘较短的等腰三角形,前缘稍向前拱凸,后缘长度约为前缘的1/2。刺体呈30°与鱼体相交。两侧扁平,壁薄,横切面为很窄的三角形。近基部具纵脊47～50条,中部22～24条,至末端仅保存8条。脊宽略大于沟宽,其沟略呈"U"字形。

产地层位 武汉市汉阳锅顶山;志留系兰多弗里统坟头组。

武昌中华棘鱼 *Sinacanthus wuchangensis* Pan
（图版84,5、6）

鳞棘大,扁平,长而宽,末端显著弯曲,形似尖刀。中腔大,壁厚,近基部横切面为三角形。位近中部的纵脊数目一般小于20条,并从中部开始,纵脊有相间逐渐变细和合并现象,尤以近后缘部分较明显。

产地层位 京山市石龙水库、大冶市走马山;志留系兰多弗里统纱帽组、坟头组。

中华棘鱼(未定种1) *Sinacanthus* sp. 1
（图版85,1）

鳍棘宽大,形如帚状,基部宽度略较体长为短。前缘长45mm,基部宽30mm。前缘近于平直,而后缘呈微弧形弯曲,长23mm,为前缘长度的1/2。刺体呈40°与鱼体相交。纵脊自中部迅速向末部聚合,近基部具脊40～45条,中部24条,末部7条。脊宽略大于沟宽,沟的横切面略呈"U"字形。

产地层位 武汉市汉阳锅顶山;志留系兰多弗里统坟头组。

中华棘鱼（未定种2） *Sinacanthus* sp. 2

（图版85,2）

鳍棘大，呈宽锥状，基部宽，向末部收敛迅速，两侧扁平，壁薄。前缘微呈弧形弯曲，后缘较甚。后缘长约为前缘的2/3。基部具纵脊35～40条，中部20～25条，末部7～8条。纵脊宽度不等，沟宽略大于脊宽。

产地层位 京山市石龙水库；志留系兰多弗里统纱帽组。

新中华棘鱼属 *Neosinacanthus* Pan et Liu,1975

鳍棘中等，略呈扇形，两侧扁平。中腔大，壁薄。近基部横切面为纵长的三角形。纵脊与沟痕均呈针状，两者基本平行，均向末端收敛，但脊的末端与前或后缘相交。前缘稍向外拱，后缘具有圆钝的齿。

分布与时代 湖北；志留纪兰多弗里世。

平刺新中华棘鱼 *Neosinacanthus planispinatus* Pan et Liu

（图版84,7）

鳍棘中等，略呈扇形。近前缘的纵脊粗而稀，脊与沟的宽度比为1:2。近后缘的纵脊略细而紧密，脊与沟的宽度比为1:1。鳍刺长约20mm，最大宽度位于中部，具脊30条。基部呈直角与鱼体相交。在后缘具有4个基部宽的三角形锯齿。

产地层位 武汉市汉阳锅顶山；志留系兰多弗里统坟头组。

刺鳍鱼亚纲 **Actinopterygii**
软骨硬鳞鱼次纲 **Chondrostei**
古鳕目 Palaeonisciformes
裂齿鱼亚目 Perleidoidei
裂齿鱼科 Perleididae Brough,1931
似裂齿鱼属 *Plesioperleidus* Su et Li,1983

鱼体中等大小，纺锤形。头长小于体高。悬挂骨近于垂直。前鳃盖骨直立，很宽大。上颌骨属古鳕型，其眶后部较短小。下颌骨粗壮，上、下颌骨牙齿颇粗壮。鳃盖骨小于下鳃盖骨，几成平行四边形，下鳃盖骨很大，高大于宽。鳃条骨很硕壮，数目少。头部膜质骨密布硬鳞质疣突。背鳍位置对着腹鳍和臀鳍之间的空隙，偶鳍、背鳍及臀鳍的鳍条近基部有一段不分节，所有鳍均具有粗壮的棘鳞。鳞片菱形，躯干前部的体侧鳞高大于宽，具有杵臼式关节，鳞片的外露区布有发达的纵沟和硬鳞质疣突，后缘呈锯齿状，但均以躯干前部的体侧鳞为最发达。在枕区和背鳍之间具有一列背嵴鳞，除紧靠背鳍前有一特大而呈半圆形的以外,其余均成棘状。紧靠腹鳍和臀鳍前分别具有1对颇大的腹崎鳞和1个大臀鳞。

分布与时代 湖北;早三叠世。

大冶似裂齿鱼 *Plesioperleidus dayeensis* Su et Li
（图版85,3）

其特征同属。具胸鳍条P.12～13根;腹鳍条V.8根;背鳍条D.13根;臀鳍条A.15根。

产地层位 黄石市大理石厂;下三叠统大冶组。

真骨鱼次纲　**Teleostei**
鲱形超目　Clupeomorpha
鲱形目　Clupeiformes
鲱科　Clupeidae Bonaparte,1831
艾氏鱼属　*Knightia* Jordan,1907

体小,扁梭形,背缘较平,腹缘较圆。口端位,口裂浅、上斜。眼小,位近头的前部。脊椎约35枚。肋骨粗长,伸达腹缘。鳞较大,约35列;背、腹部有棱鳞,背棱鳞长大于宽。胸鳍下位,远在腹鳍起点之前;腹鳍腹位;背鳍起点约与腹鳍起点相对或稍前。

分布与时代 湖北;中—晚始新世。北美洲;始新世。

渔洋艾氏鱼 *Knightia yuyanga* Liu
（图版86,1）

体梭形,背缘较平直,腹缘不甚隆凸。背鳍位置较靠后。背棱鳞较狭长,其后角也较为伸长,沿中脊向前延伸,形成棘突,相当硕壮。腹棱鳞较大,其前部侧翼发达,翼肋长大,约为肋骨长度的1/2;腹棱鳞后部为一向下后方突伸的棘突,较为粗壮。

产地层位 宜都市西南过路滩;始新统洋溪组。

骨鳔超目　Ostariophysi
鲤形目　Cypriniformes
鲤亚目　Cyprinoidei
鲤科　Cyprinidae Bonaparte,1873
青鱼属　*Mylopharyngodon* Peters,1880

腹部圆,背鳍无硬棘。臀鳍中等,有8～11根分叉鳍条,起点位于背鳍末端之后,无口须,口裂不延至眼下,咽喉齿1行,粗大呈臼齿状,咀嚼面光滑,无任何沟纹。

分布与时代 湖北、山西、河南;上新世—现代。

青鱼 *Mylopharyngodon piceus*（Richardson）

（图版85,4）

所发现的化石,多系咽喉齿。咽喉齿1行。略呈扁圆形,咀嚼面椭圆形,表面平滑,四周稍高,中央部微低凹。

产地层位 宜昌市李家河;全新统。

鲩属 *Ctenopharyngodon* Sterindachner,1866

咽喉齿为2行,呈梳状。背鳍短,无硬棘,其起点与腹鳍起点相对。臀鳍中等长。

分布与时代 湖北、山西、河南、河北;上新世—现代。

草鱼 *Ctenopharyngodon idellus*（Cuvier et Valenciennes）

（图版85,5、6）

咽喉齿前后侧扁,齿冠梳形,咀嚼面由各梳形齿顶端组成错综排列的锯齿状脊棱,中间并有一沟,贯穿全部咀嚼面。（图43）

产地层位 宜昌市李家河;全新统。

图43 草鱼的咽喉齿齿面视(左)及侧视(右)(×2)

骨唇鱼属 *Osteochilus* Gunther,1868

体小,略呈纺锤形,腹缘较圆。头长稍大于头高,体长为头长的3～4倍。口端位,口裂不深,上斜,吻端钝。脊柱前端与头部相接处有魏氏骨。背鳍基较长,鳍条数1～3,分叉者8～10;胸鳍位靠下,后端不伸达腹鳍;腹鳍腹位,鳍条数4～9,起点位于身体中前部,稍后于背鳍起点;臀鳍基短,其起点不超过背鳍终点,鳍条数1～3,分叉者5;尾鳍深叉状。

分布与时代 中国南方;古新世—现代。东南亚;古近纪—现代。

湖北骨唇鱼 *Osteochilus hubeiensis* Lei

（图版86,2、3）

体小,侧扁,高纺锤形,背、腹缘均圆凸,吻端钝。体长约为体高的1.9倍,为头长的3

倍,头高大于头长。口端位,口裂浅。鳃盖骨近半圆形,前鳃盖骨弯弓形;上、下枝交角大于90°(达105°)。背鳍起点位于体长中点之后,且后于腹鳍起点,具有鳍条3,分叉者11根,臀鳍起点位于背鳍之后,具鳍条3,分叉者6根;腹鳍鳍条8根;胸鳍具15根鳍条;尾鳍深叉形,具27根长鳍条。椎骨28枚。鳃条骨可见3枚。

产地层位 当阳市跑马岗东岳庙;始新统洋溪组。

棘鳍超目 Acanthopterygii

鲈形目 Perciformes

鲈亚目 Percoidei

鮨科 Serranidae

洞庭鳜属 *Tungtingichthys* Liu et Tang,1962

体小,梭形,体侧扁,头较长大,口端位。前鳃盖骨上枝后缘有锯齿,上、下枝交角处有2～3枚较大的锯齿;鳃盖骨近后缘处有一短棘突。背鳍的鳍棘部分与分叉鳍条部分连续,具有鳍棘8枚,鳍条9～10根;尾鳍浅叉形。

分布与时代 湖北、湖南;古新世—始新世。

荆沙洞庭鳜 *Tungtingichthys jingshaensis* Lei
(图版86,4)

鱼体很小,呈纺锤形,腹缘圆凸,头部略呈三角形。体长为体高的2.1倍,为头长的2.1倍,体高大于头长,头长大于头高。口裂浅、上斜,前上颌骨及齿骨前部生有稀疏的钉状牙齿。前鳃骨上枝后缘有极细小的锯齿;鳃盖骨大,近后缘处有一枚向下后方斜伸的粗棘。背鳍的鳍棘部分与分叉鳍条部分连续,具鳍棘8枚,鳍条10根,第一枚鳍棘最短,最后两枚鳍棘极细(与分叉鳍条同样粗细),背鳍起点接近鳃盖骨的后缘,约与腹鳍起点相对;臀鳍起点接近背鳍的分叉鳍条部分的起点,具鳍棘3枚,鳍条7根;腹鳍见有1枚硬棘,胸位。椎骨20枚。鳞小而圆。

产地层位 荆州市;古新统—始新统新沟咀组。

爬行动物纲 Reptilia

爬行动物起源于某些原始的迷齿两栖类,最早见于石炭纪,繁盛于中生代,至中生代末期,绝大多数爬行类绝灭,仅龟、蛇、鳄、蜥蜴等少数种类残存至现代。

化石中的爬行类的分类和鉴定主要是根据头骨上有没有"颞颥孔"以及"颞颥孔"的位置和数目多少,以及头骨,肢带骨,椎体的构造特征。

无孔亚纲　Anapsida
龟鳖目　Chelonia

图44为龟类背腹甲一般构造图。

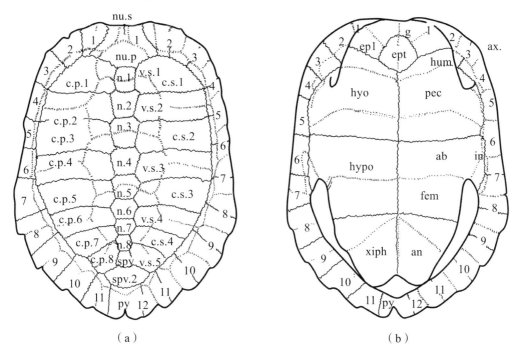

（a）　　　　　　　　　　　　　　　　（b）

图44　龟类背腹甲一般构造（据 Hay）

（a）背甲：c.p.1,c.p.2,…肋板；c.s.1,c.s.2,…肋盾；n.1,n.2,…椎板；nu.p.颈板；nu.s.颈盾；py.臀板；
spy.上臀板；spy.2.第二上臀板；v.s.1,v.s.2,…椎盾；右边1,2,3,…,12.缘盾；左边1,2,3,…,11.缘板。
（b）腹甲：ab.腹盾；an.肛盾；ent.内腹甲；fem.股盾；g.喉盾；hum.肱盾；hyo.舌腹甲；hypo.下腹甲；
in.鼠鼷盾；py.臀板；xiph.剑腹甲；右边1,2,3,…,12.缘盾；左边1,2,3,…,11.缘板。

隐颈龟亚目　Cryptodira
龟科　Emydidae Gray,1825
安徽龟属　*Anhuichelys* Yeh,1979

特征　个体较大,甲壳椭圆形,背甲凸起,前缘正中稍后凹,后缘钝圆。颈板甚横宽,两侧大为超越第一椎盾之处。椎盾狭长,肋盾横宽。椎板大多为长六角形,短侧边朝前。肋板内、外缘长度有交替变化现象,而以第四、六对为甚。腹甲宽,与背甲缝连,前缘正中略后凹,后缘平直。骨桥前后长度大,几近腹甲前叶长度的2倍。喉盾宽大,上腹甲突出于背甲之前,但未见增厚。喉肱沟（gulo-humeral sulcus）仅接触内腹甲,而肱胸沟（humeropectoral sulcus）则深割内腹甲之中后部。内腹甲椭圆形。

分布与时代　安徽、湖北;古新世。

新洲安徽龟 *Anhuichelys xinzhouensis* Chen

（图版87,7）

特征 个体中等大小。甲壳椭圆形。前缘正中明显呈新月形之内凹。颈板似呈等腰梯形。椎板大多为短侧边朝前的六边形，除第七、八椎板宽大于长外，其他均长大于宽。颈盾小。第四椎盾后沟通过第一上臀板。肋缘沟在肋缘缝之下。内腹甲宽大于长略成亚菱形。喉盾板短而弧形状横宽，喉肱沟在内腹甲前面通过，而不接触内腹甲。胸腹沟和腹股沟成两条大致互相平行的波浪形的曲线，而"波谷"后凸成弧形位于中部紧挨舌下缝和重合下剑缝。股盾中部甚短仅有腹盾中部长度的1/8。（图45）

产地层位 武汉市新洲区寨岗；古新统(？)。

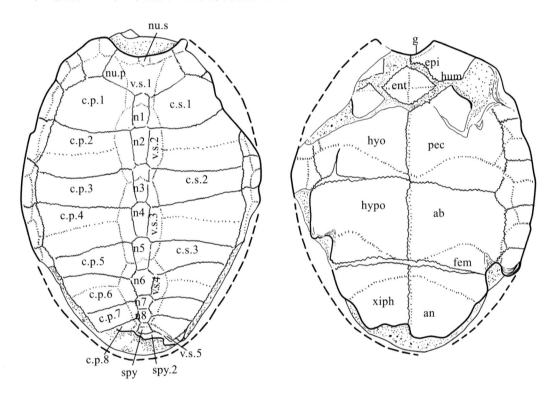

图45 新洲安徽龟（×1/3）

左,背甲背面素描：c.s.1、c.s.2,……等,肋盾；c.p.1、c.p.2,……等,肋板；n.1、n.2,……等,椎板；nu.p颈板；nu.s颈盾；spy上臀板；spy2第二上臀板；v.s.1、v.s.2,……等,椎盾

右,腹甲腹面素描：ab腹盾；an肛盾；ent内腹甲；epi上腹甲；fem股盾；g喉盾；hum肱盾；hyo舌腹甲；hupo下腹甲；pec胸盾；xiph剑腹甲

鳞龙亚纲　Lepidosauria Haeckl，1869
始鳄目　Eosuchia Broom，1914
海蜥亚目　Thalattosauria Merriam，1904
汉江蜥科　Hanosauridae Young，1972
汉江蜥属　*Hanosauru* Young，1972

头骨伸长，眼孔大，位于头骨的后半部。上颞颥孔长而小，下颞颥孔可能未封闭。顶骨中间狭窄，顶骨孔小，位于近额骨缝合线处。鼻孔小，长圆形，靠近眼孔。头的最大宽度在眼孔后部。上腭骨较低，具有互相靠近的牙齿；牙齿近槽齿形，尖利且具有条纹。椎骨相当粗短，无显著的椎心收缩。荐椎3个。肩带相当大，腰带的耻骨和坐骨均较宽，股骨比胫骨长，比例为5.5：3.5。跗骨远端只有一小骨，趾骨有增多的趋势。

分布与时代　湖北；早—中三叠世。

湖北汉江蜥　*Hanosaurus hupehensis* Young
（图版87，1、2）

种的特征见属的特征。

产地层位　南漳县巡检司松树沟老湾；下三叠统嘉陵江组下部。

调孔亚纲　Euryapsida
蜥鳍龙目　Sauropterygia Owen，1860
幻龙亚目　Nothosauria Schraeder
贵州龙科　Keichousaurlidae Young，1965
贵州龙属　*Keichousaurus* Young，1958

头骨三角形，头长约为颈长的2/5。上颞颥孔豆状，孔小，小于鼻孔。鼻孔三角形。眼孔大。头骨最宽处位于眼孔两侧。吻部小而尖，底部微收缩。牙齿细小尖利，排列稀疏，为同型齿。脊椎数目为：颈椎20板；背椎20枚；荐椎3～4枚；尾椎37枚以上。脊椎背棘低。颈肋发育好，背肋近端肿粗。荐椎彼此不连接。颈长，四肢未特化成鳍状。肱骨约与股骨等长，股骨较为细小，尺骨短而宽，胫骨与腓骨较粗短。前肢趾骨数：3，4，4，4，3；后肢趾骨数：2，3，3，4，2。

分布与时代　湖北、贵州；早—中三叠世。

远安贵州龙　*Keichousaurus yuananensis* Young
（图版87，3、4）

个体较大。背椎19～20个，荐椎3（？）个。肋骨近端肿大，远端正常。肩带和腰带接近 *K. hui* 但坐骨外缘较弯曲，其远端未加宽，尺骨也较宽，比桡骨短。

产地层位 远安县城北望城岗；下—中三叠统嘉陵江组。

南漳龙属 *Nanchangosaurus* Wang，1959

身体细长而小，头窄而长，头长约为颈长的1倍，头自后向前逐渐变窄（眼孔处除外），嘴部甚长。有一对以上的颞颥孔，孔小，孔位较高，位于头后两旁，呈三角形。有松果孔，孔小，呈斜方形，位于两颞颥孔前端之间。眼孔位置较后，与颞颥孔接近。顶骨成对。颈短，颈椎约有9个，椎体椭圆形，高大于长，颈肋前部粗，形状不一，与椎体单头连接。背椎25个，背神经弧有一向后的突起，向下后方与后一椎体之前上角相连，背神经棘粗而低，顶部宽大，稍向四周突出。胸肋前部粗大，呈蟹足状，后段较细长并向后弯曲，与椎体亦为单头连接。腰椎可能有2～3个，荐椎可能有4个，荐椎上神经弧及背棘与背椎同。尾长，尾椎印痕呈方形，椎顶平，尾肋粗，与椎体亦为单头连接。

分布与时代 湖北；早—中三叠世。

孙氏南漳龙 *Nanchangosaurus suni* Wang
（图版87,5、6）

种的特征见属的特征。孙氏南漳龙的化石如图46所示。

产地层位 南漳县巡检司凉水泉，下三叠统嘉陵江组下部。

2cm

图46 孙氏南漳龙化石

哺乳动物纲 Mammalia

哺乳动物是脊椎动物中身体结构最为完善的动物，它的全部器官系统高度分化，中枢神经系统极为发育，灰质大脑皮层特别发达，身体表面披有毛发，有发达的皮肤腺和皮下脂肪组织，以调节和保持一定体温。哺乳动物是温血动物，心脏有两个心房和两个心室，保留有向左弯曲的体动脉弓,血液循环为完全的双循环。体腔内有一层肉质横隔膜,将体腔分为胸腔与腹腔。除鸭嘴兽,针鼹等少数低等种类外,绝大多数哺乳动物都是胎生,有胎盘,并用母体的乳汁哺育幼儿。

骨骼的骨化程度大,成年个体很少有软骨存在。脊椎及四肢骨一般都有单独骨化的端部——骨骺除四肢末端外,骨骼构造和数目变化均较小。

由于脑子的扩大,头骨也相应地增大。头骨后下方有两个枕髁,枕骨多愈合在一起。岩骨多与鳞骨和鼓骨相同,与颞骨愈合在一起;翼蝶骨与基蝶骨相愈合,而眶蝶骨则与前蝶骨相愈合;有的时候甚至四块愈合成一块蝶骨,如人就是这样。具有合弧形的颧弧。下颌由一对齿骨组成,直接与鳞骨相关节。鼓膜由鼓骨支持,中耳有三块听小骨,即砧骨(由方骨变来),槌骨(由关节骨变来)以及早已存在的镫骨(和舌颌骨同源)。嗅觉器官很大,包含很多鼻甲骨。(图47~图50)

脊柱分化为颈椎,胸椎,腰椎,荐椎和尾椎,椎体平凹形,具有椎间软盘。颈椎一般7枚,椎体横突上有横突间孔,颈肋退化并与横突愈合,第一颈椎叫环椎,第二颈椎叫枢椎;胸椎12~15枚,其背部有向后伸的长形棘突,椎体横突关节面与肋骨结节相关节,椎体副突关节面与肋骨头相关节;腰椎5~7枚,椎体较大,其上有向前下方伸长的片状横突;荐椎1~2枚。若多于2枚时,则愈合成一块荐骨,荐骨无横突,与腰带愈合;尾椎数目不定,2~36枚,横突和棘突都不发育(图51)。

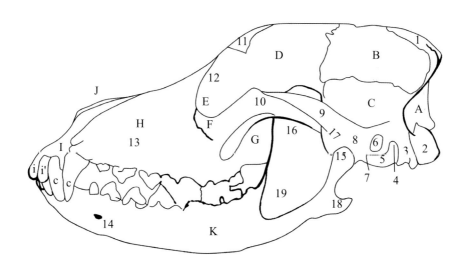

图47 狗头骨外侧面视

A.枕骨;B.顶骨;C.鳞颞骨;D.额骨;E.泪骨;F.颧骨;G.腭骨垂直部;H.上颌骨;I.颌前骨;J.鼻骨;K.下颌骨;
1.顶嵴;2.枕髁;3.副乳突;4.茎乳孔;5.鼓泡;6.外耳道;7.颞管外口;8.窝后突;9.颞骨的颧突;10.颧
骨的颧突;11.眶上突;12.泪管的入口;13.眶下孔;14.颏孔;15.下颌骨;16.冠状突;17.下颌切迹;18.角突;
19.咬肌窝;i,i'.门齿;c.犬齿

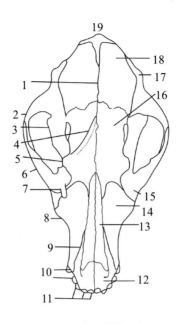

图48 狗头骨背面视

1.顶嵴；2.颞骨突起；3.冠状突；4.额嵴；5.眶上突；6.颧骨的颞突；

7.泪骨；8.眶下孔；9.前颌骨的鼻突；10.犬齿；11.门齿；12.前颌骨体；

13.鼻骨；14.上颌骨；15.颧骨；16.额骨；17.鳞颞骨；18.顶骨；19.间顶骨

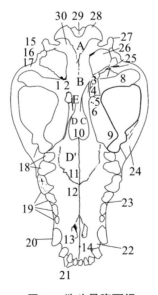

图49 狗头骨腹面视

A.枕骨的基部；B.蝶骨体；C.犁骨；D,D'.腭骨的垂直部和水平部；E.翼骨；

1.咽鼓管口；2.外颈动脉孔；3.卵圆孔；4,5.翼管前口和后口；6.眶孔；7.窝后突；8.颞骨的关节沟；

9.眶上突；10.鼻咽道；11.腭前孔；12.腭沟；13.腭裂；14.门齿门；15.后破裂孔；16.茎乳孔；17.外耳道；

18.臼齿；19.前臼齿；20.犬齿；21.门齿；22.前颌骨；23.上颌骨的腭突；24.颧骨的颞突；

25.颞管(二后关节孔)；26.鼓泡；27.副乳突；28.枕髁；29.大孔；30.舌下神经孔

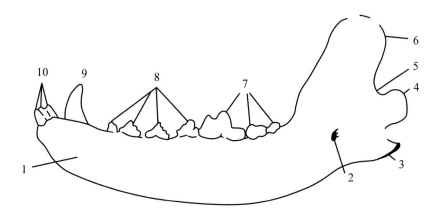

图50　狗右下颌内侧视

1.联合面；2.下颌孔；3.角突；4.髁；5.下颌切迹；

6.冠状突；7.臼齿；8.前臼齿；9.犬齿；10.切齿

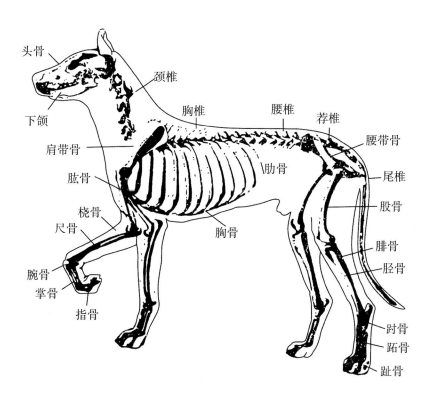

图51　哺乳动物全身骨胳图示

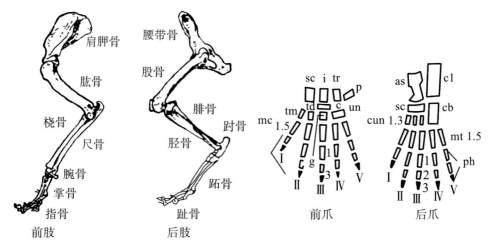

图52　哺乳动物前、后肢骨胳构造图示

as.距骨；c.中心骨；cb.骰骨；cl.跟骨；cun.楔状骨；i.月状骨；

mc.掌骨；g.头状骨；mt.跖骨；p.豆状骨；ph.趾骨；sc.舟状骨；

td.小多角骨；tm.大多角骨；tr.三角形骨；un.沟状骨；Ⅰ，Ⅱ，Ⅲ，Ⅳ，Ⅴ.指（趾）

　　陆栖哺乳动物四肢发达（水栖的退化成鳍状），肩胛骨极发育，鸟喙骨呈突起附于肩胛骨之上（单孔类除外）；以前肢作攀缘、挖掘、飞行、劳动的哺乳动物中，锁骨发育。髂骨、坐骨和耻骨愈合成一块无名骨，左右无名骨内面与耻骨相接，左右耻骨在腹端汇合，形成封闭的骨盆。有袋类的雌性个体在耻骨前还有一对袋骨。四肢远端的骨胳变化很大（图52）。

　　哺乳动物上，下颌的边缘上生有牙齿（鸭嘴兽，须鲸和多数贫齿类除外），牙齿嵌于齿槽中。牙齿高度分异，形成门齿（Ⅰ）、犬齿（C）、前臼齿（P）和臼齿（M）（一般将前臼齿和臼齿合称为颊齿）。除臼齿之外的牙齿均为二出齿，幼年时期长出的牙齿叫乳齿，到了一定时期乳齿脱落，长出新的牙齿和臼齿，终生不再替换，称为恒齿。典型的原始有胎盘哺乳动物的每侧上、下牙床上各有3枚门齿，1枚犬齿，4枚前臼齿和3枚臼齿。牙齿数目用齿式表示，例如 $\dfrac{3.1.4.3}{3.1.4.3} \times 2 = 44$。门齿呈凿状；犬齿呈锥状；前臼齿在比较原始的类型中构造简单，在高等的种类中较为复杂，嚼面构造复杂，一般上臼齿在内侧有1个尖，叫原尖；外侧有两个尖，前面的叫前尖，后面的叫后尖；有的在原尖之后还有一个尖叫次尖，有的在原尖的前外方和后外方各有一个小尖，分别称为原小尖和后小尖，下臼齿亦有一套与上臼齿相对应的尖；下臼齿后半部内侧与下次尖相对应的尖叫下内尖，最后的尖叫下次小尖。下原尖、下前尖和下后尖组成下臼齿的前半部称三角座；下次尖、下内尖和下次小尖组成下臼齿的后半部，称为跟座（图37）。前臼齿上相当于臼齿前尖的小尖称为原尖，相当于臼齿原尖的尖称为第二尖，相当于臼齿后次的尖称第三尖，相当于臼齿次尖的尖称第四尖。有些哺乳动物牙齿齿冠基部的珐琅质呈带状突起，称为齿带或齿缘；有的在犬齿和前臼之间的牙床上出现一段不长牙齿的空位，称为齿虚位或齿缺。不同类型的哺乳动物的牙齿数目、构造和形态各不相同，有的白齿齿尖呈锥状，称锥形齿；有的齿尖膨大成新月形，称新月形齿；有的齿尖彼此相连成脊，称脊形齿(图53)。有些哺乳动物头上还长有角，按其形态和构造分为：表皮角，由纤维质组成，无骨质角心，不能保存为化石；角洞，有骨质角心和角质角鞘，角心可保存为化石；鹿角，全部由骨质组成，角的基部叫角柄，上端分叉部分叫角枝，第一个分叉的角枝叫眉枝，角枝每年脱落两次，可保存为化石。

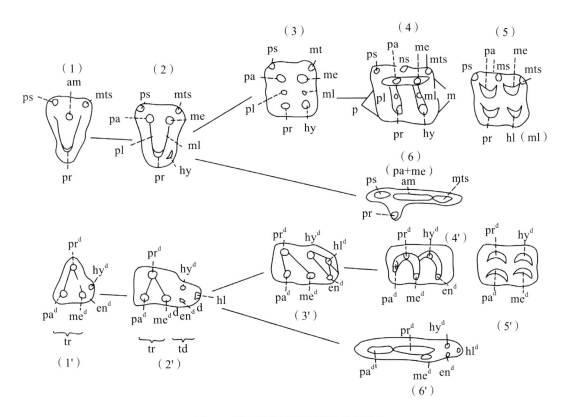

图53 哺乳动物不同类型的白齿结构

1～6：上白齿。am.双尖；h1.次小尖；hy.次尖；me.后尖；m.后脊；m1.后小尖；ms.中附尖；mts.后附尖；p.原脊；pa.前尖；pl.原小尖；pr.原尖；ps.前附尖

1′～6′：下白齿。en^d.下内尖；hl^d.下次小尖；hy^d.下次尖；me^d.下后尖；pa^d.下前尖；pr^d.下原尖；td.跟座；tr.三角座。

　　哺乳动物是由爬行类中的兽齿类演化而来的，最初出现于晚三叠世，至新生代时成为陆栖脊椎动物中的占统治地位的动物，并向天空和海洋发展。哺乳动物化石的鉴定和分类主要是根据头骨、牙齿、角以及四肢远端部分的骨胳。

真兽亚纲　**Theria**

灵长目　Primates Linnaeus, 1758

猿科　Pongidae Elliot, 1913

巨猿属　*Gigantopithecus* Von Koenigswald, 1939

下颌骨体硕壮,两侧的前臼齿-臼齿列略呈弧形,向后稍向外分离,下颌犬齿所在处的转角不如现代猿明显。犬齿与门齿互相接触,没有像猿类那样的犬齿前齿虚位,只有犬齿后齿虚位,但比猿类为小。颊齿远比任何猿类和人类为大,但门齿很小,特别是下门齿极小。犬齿大小介于猿科和人科之间,略呈圆锥形,尖端较为圆钝,有内齿带,但不很明显,有两性差别。下第一前臼齿略呈扇形,但具有明显的双尖和前后小凹。臼齿呈方形上第三臼齿甚短,有明显退化现象,齿带微弱,嚼面的嵴少而粗。第一下臼齿有明显的第六尖。下臼齿的舌面尖和唇面尖在中等磨蚀的牙齿上,其尖锐程度介于人、猿之间。

分布与时代　广西、湖北;早更新世。

步氏巨猿　*Gigantopithecus blacki* Koenigswald

（图版88,6）

种的特征见属的特征。

产地层位　建始县高坪龙骨洞;下更新统。

人科　*Hominidae* Grag, 1825

人科是灵长目中最高等的一科,蹠行性,能直立行走,手具有可以与其他指相对的大拇指,但大脚趾不与其他趾相对。齿式: $\dfrac{2.1.2.3}{2.1.2.3}$ 齿列连续,犬齿小,没有结节。眼眶后壁有骨将其封闭,脑颅大呈圆隆形。

本科包括尚未能制造工具、非人类直系祖先和可能充当人类直系祖先的化石猿类、能够使用和制造工具进行劳动从而与其他动物产生根本区别的化石人类和现代人。

南猿属　*Australopithecus* Dart, 1925

（图版88,7、8）

齿弓呈抛物线形,上下颌没有齿隙,门齿比现代人小;犬齿不突出,P_3为双尖型。下臼齿中五个主要齿尖分界清楚,颊面的下原尖处有齿带,有第六齿尖和前后小凹,一对前凹被发达的三角嵴同中央窝隔开。整个齿尖类型和人更为相似。

头颅比猿类圆隆,颅顶较高,脑容量增大;枕骨大孔在脑颅的下面,朝向下方;髋骨宽而短,与人相似;从枕骨大孔的位置和骨盆等形状,说明南猿已能直立行走,其指骨的构造也说明拇指与其他指充分对握,但不如人完善。

本属包括南猿非洲种（*A. africanus*），即南猿纤细种和南猿粗壮种（*A. robustus*）前者体型较小,头骨比较光滑,面骨相对较小;后者体型较大,头上的嵴较显著,面骨相对较大。

南猿主要分布在非洲南部和东部,最早的化石时代是上新世,多数发现在下更新统。我国湖北发现的可能是南猿的牙齿,从形态描述来看较接近南猿纤细种。

分布与时代 建始县等地;早更新世。

人属 *Homo* Linnaeus,1758

本属包括人科中能使用和制造工具进行劳动的一切化石人类和现代人,其体质特征与科的特征基本相同。

分布与时代 湖北非常丰富,产出层位从下更新统到上更新统均有。湖北省有:长阳人（*H. changyangensis* Jia）（图版88,9、12）,郧县猿人（*H. erectus yunxianensis* Wu et Dong）（图版88,1～5）,郧西猿人等。

食肉目 Carnivora Bowdich,1821
裂脚亚目 Fissipedia Blumenbach,1791
犬形次目 Arctoidea Flower,1869
犬科 Canidae Grag,1821
####### 半犬亚科 Amphicyoninae Trouessart,1885
######## 半犬属 *Amphicyon* Lartet,1836

头长,吻长,枕骨窄,鼓室小。齿式完全,前面的前臼齿小而退化,上裂齿短,原尖向前,前附尖弱或无;M^1大,圆三角形或四边形,有前附尖,小尖突出,内、外齿带发育,M^2稍小于M^1;M_1具有较小的下后尖及嵴形的下次尖和宽而平坦的下内尖;M_3^3小,趋向退化。

分布与时代 北美洲;中新世。欧洲;中渐新世—早上新世。亚洲;晚中新世—早上新世。非洲;早中新世。

杨氏半犬 *Amphicyon youngi* Chen
（图版89,2～4）

小型的 *Amphicyon* 下颌骨细弱。M_1与 *Amphicyon* 内任何一种的M_1相比都要明显狭窄,下前尖高大且长,跟座低而稍短。M_2和M_3个体小。M_2无下前尖,跟座短,M_3引长,尖低,单根,趋于退化。P_4有一主尖和中等大小的后尖组成,主尖的后内部明显扩大（图54）。

产地层位 钟祥市石牌肖店;上新统。

图54 杨氏半犬
1.嚼面视;2.侧视

浣熊科 Procyonidae Bonaparte, 1850

小熊猫亚科 Ailurinae Trouessart, 1885

大熊猫属 *Ailuropoda* Milne-Eduards, 1870

头骨很大,吻部较短,鼻骨比黑熊和棕熊短,且向上突起。额骨低平,顶骨宽,矢状脊发达。颧骨粗大,颧弓宽,颧骨颞突和颞骨颧突愈合早。额骨颧突和颧骨额突完全退化。岩骨乳突发达。下颌强壮,关节突及关节后突发达。

齿式为 $\frac{3.1.4.2}{3.1.4.3}$。门齿不发达,短而钝;犬齿短而钝,齿根粗状;颊齿低冠;上前臼齿外侧有3个齿尖,内侧有2个齿尖;上臼齿宽,具有4个齿尖,M^2及齿槽延伸至颧骨的后部。下前臼齿较熊科动物发达,下臼齿较长而窄,具明显的棱柱形齿尖。全部颊齿次级小瘤突发育,致使嚼面呈泡沫状。齿带发达,无齿虚位或不明显。

分布与时代 亚洲;中—晚更新世(主要见于中更新世)。现生种仅见于我国。

洞穴大熊猫 *Ailuropoda melanoleuca fovealis* (Matthew et Granger)
(图版89,5;图版90,4、5、7;图版91,4、5)

P_4原尖显著高于前尖和后尖,M_1尚保持着食肉动物的构造,下原尖大,下前尖较进步,牙齿相对较现生种强,M_2和M_3宽阔。

产地层位 清江流域;中—晚更新统(主要见于中更新统)。

熊科 Ursidae Linnaeus, 1758

真熊属 *Euarctos* Gray, 1864

身体中等至大型。吻短。最后一个上臼齿缺失后附尖,并在后尖之后急剧收缩变窄。M_1的下后尖和下内尖之间有一向内开放的缺口,下次尖和下内尖倾斜。最后一个下前臼齿内侧无附尖。

分布与时代 亚洲、北美洲;晚上新世—现代。非洲北部;更新世。欧洲;上新世—现代。

柯氏熊 *Euarctos kokeni* (Matthew et Granger)
(图版90,1～3、6)

上颌非常短而深,M_1窄而长,缺失下后附尖;M_2短而宽,后部宽度大于前部。

产地层位 通山县大地村;上更新统或全新统。

猫形次目 Aeluroidea Flower,1869

鬣狗科 Hyaenidae Gray,1869

鬣狗亚科 Hyaeninae Mivart,1882

斑鬣狗属 *Crocuta* Kaup,1828

个体很大,面部短,矢状脊高。I^{3}大于其他门齿,后面的前臼齿大而粗壮,P$_4$引大在较原始的种中,M$_1$大于P^4,但已有变小的趋向。M$_1$进一步引长,下后尖缺失或仅存痕迹,三角座退化,很小。M$_2$缺失。

分布与时代 中国南方;更新世。亚洲;晚中新世—更新世。非洲北部;更新世—现代。欧洲;早上新世—更新世。

最晚斑鬣狗 *Crocuta ultima* Matsumoto

(图版89,11)

P^{4}的第二尖相当大,第一叶极度退化,第三叶大大引长,M$_1$极度退化。M$_1$引长,具有一新月形的叶,前叶大而低,跟座小,有一明显的呈切割状的下次尖,下内尖和下次小尖很小,下后尖若存在,则常常代替下内尖的位置。

产地层位 长阳县黄家塘下钟家湾;中—上更新统。

猫科 Felidae Gray,1821

猫亚科 Felinae Trouessart,1885

虎豹属 *Panthera* Oken,1816

大型猫类,高度特化。具有两或三个上前臼齿,两个下前臼齿和单一的上下臼齿;裂齿具有长而尖利的刃叶。乳突小,与鼓室紧挨,下颌骨无凸缘。

分布与时代 欧洲、亚洲;上新世—全新世。北美洲、南美洲、非洲;更新世—全新世。

虎 *Panthera tigris* Linnaeus,1758

(图版89,10)

特征 现生种。与华北、华南的现生虎差不多。

产地层位 大冶市、清江流域;更新世洞穴堆积。

钝脚目 Amblypoda Cope,1873

全齿兽亚目 Pantodonta

冠齿兽科 Coryphodontidae Marsh,1876

假恐角兽属 *Eudinoceras* Osborn,1924

特征是头骨相对地较宽。齿式齐全,门齿和犬齿与冠齿兽相似。上前臼齿的原尖锥形,

·243·

不同于冠齿兽的新月形原尖。上臼齿的前后齿嵴（原嵴和后嵴）进一步嵴形化，彼此近乎平行；亦与冠齿兽的齿嵴不同。下颌骨及牙齿与冠齿兽属相似，不同处是前臼齿前后压缩，臼齿的斜嵴更为退化。

分布与时代 内蒙古、新疆、湖北、北京等地，蒙古国的西戈壁；晚始新世。

柯罗博齐假恐角兽 *E. kholobolchiensis* Osborn et Granger

上前臼齿的原尖比蒙古假恐角兽大；V形嵴较开阔；前后齿带亦较宽。（见图55）

产地层位 宜昌市；晚始新世。

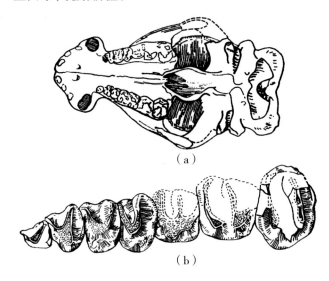

（a）

（b）

图55　柯罗博齐假恐角兽头骨及齿列结构

（a）腹面视（×1/8）；（b）左上颊齿列（×1/2）

方齿冠齿兽属 *Manteodon* Cope，1881

与亚洲冠齿兽*Asiocoryphodon*相似的一类方齿冠的冠齿兽。头骨顶面窄；颊齿粗壮，上、下前臼齿的"V"字形脊夹角大；上前臼齿的原尖为不完全的"V"字形脊，原尖位置后移。下臼齿的后斜脊短，不伸达下后脊的后壁，M_3无下次小尖。

分布与时代 中国；早始新世晚期—中始新世。北美洲；早始新世。

杨氏方齿冠齿兽 *Manteodon youngi* Xu

（图版89，1）

特征 一种与*Manteodon flerowi*相近的冠齿兽，但个体较小；前臼齿"V"字形脊夹角小；下颌联合宽而平缓，门齿全；门齿及犬齿大而扁，边缘波曲；下臼齿前，后"V"字形脊的前翼较退化；M_3无下次小尖。

产地层位 宜昌市梅子溪；早始新世晚期—中始新世牌楼口组。

長鼻目 Proboscidea Iiliger,1811

乳齿象亚目 Mastodontoidae Osborn,1921

嵌齿象科 Gomphotheriidae Cobrera,1929

嵌齿象属 *Gomphotherium* Buemeister,1837

头骨相对较宽,额部比真象类较少隆起,眼眶向后退缩,位于M3上后方;吻部向前引伸,间颌骨形成长的喙、上门齿相当长大向下或稍向外弯曲,外侧面有1条较宽的釉质层条带;颊齿齿尖成圆锥形(乳头状),附尖发达,经磨蚀后三叶形图案清楚;每一个中间颊齿有3个横脊,M3有4～5.5横脊。下颌联合部分引长成喙状,嵌在两侧上门齿中间,下门齿微向下弯曲,横切面趋向扁平。

分布与时代 中国;中新世—中更新世。亚洲、欧洲;早中新世—中更新世。非洲;中新世—(?)上新世。北美洲;晚中新世—早上新世。

五峰嵌齿象 *Gomphotherium wufengensis* Pei
(图版89,12)

个体较大,M₃有5条横脊,最后边由2个矮齿突合成1个跟座。主齿柱中间分三叶,副齿柱为横脊。在每2个横脊之间都有中间齿突。在第三至五横脊的外边(唇面)有显著的齿带,在内缘(舌面)第二至五横脊间的每2个相邻的横脊中间,都各有1个附齿突(图56)。

产地层位 五峰县;中更新统(或稍下?)

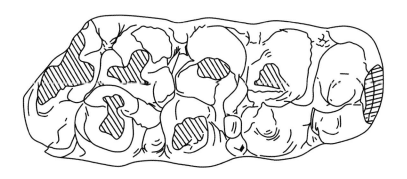

图56 五峰嵌齿象第三右下臼齿嚼面视(×1/2)

似锯齿嵌齿象 *Gomphotherium serridentoides* Pei
(图版88,10、11)

特征 臼齿横脊间有中间齿突,乳齿的牙面上有许多小褶皱。M_3^3有5.5横脊;M^1和DM_4各有3条横脊。齿柱顶端又分裂为许多小乳突。主、副齿柱都有三叶状构造分叉。本种由于乳齿的牙面具有许多小褶皱,齿柱顶端分裂为许多小乳突,而不同于嵌齿象属中的其他种。

产地层位 建始县龙骨洞；下更新统上部。

四棱齿象属 *Tetralophodon* Falconer et Cautley 1847

长喙，丘-脊形齿，狭冠；中间颊齿有4个横脊。齿柱不交互排列。M_3^3有5～8条横脊。

分布与时代 中国；上新世—早更新世。亚洲；晚中新世—早更新世。欧洲；上新世。北美洲；更新世(？)。

四棱齿象(未定种) *Tetralophodon* sp.
(图版91,9)

牙齿如右 M^1 或 M^2，保存有3条齿脊和1个后座，从牙齿的形态、构造和断口判断，前面还应当有1个齿脊。

牙齿窄而长，齿冠低；主、副齿柱顶部分裂为2个乳突；主、副齿柱前壁皆有附生的小乳突，它们各自相连，形成锯齿状的小脊；三叶形构造不发育；相邻横脊间的舌面部分无中间齿突；齿带缺失，无白垩质充填；珐琅质层褶皱，基部具小疵。

本标本由于具有锯齿状构造，三叶形图案不发育，而不同于该属的各已知种，现因材料太少，暂不定种。

产地层位 宜昌市鸦鹊岭；上新统掇刀石组。

短颌象科 Mammutidae Cabrera,1929
轭齿象属 *Zygolophodon* Vacek,1877

短喙，大型的轭齿长鼻类。中间臼齿有3个横嵴，第三臼齿有4个横嵴和1个跟座。前臼齿不替换。

分布与时代 湖北、山西、内蒙古；晚中新世—晚上新世。

内蒙古轭齿象 *Zygolophodon nemonguensis* Chow et Chang 1961
(图版92,1)

特征 齿冠磨蚀程度不深，齿脊较高，齿谷较深，齿脊由4～6个乳突组成，齿脊两侧的乳突硕大，中间者退化。具有明显的中纵沟。齿冠基部边缘凹曲，在齿谷部向内凹入。齿带在齿冠基部的前方相当发育，舌侧齿带弱，仅在齿谷入口处呈瘤状突起。第一、二齿脊主齿柱上的前、后附脊相当发育，经一定程度磨蚀，呈三叶形图案等与产自我国的内蒙古轭齿象(*Z. nemoguensis*)十分相近，唯个体较小，齿脊顶部较宽，副齿柱上有微弱的附脊。

产地层位 房县郊区二郎岗；中—上新统沙坪组。

真象亚目 Elephantoidea Osborn, 1921

真象科 Elephantoidae Gray, 1821

剑齿象亚科 Stegodontinae Oshorn, 1918

剑齿象属 *Stegodon* Falconer, 1857

上门齿长大,弯曲度很小;下颌短;臼齿低冠至半高冠,齿脊数目加多,中间颊齿有6~11条横脊,最后一个臼齿有9~15条横脊;齿脊上乳突急剧分裂,从两分到三分,形成数目很多的小锥。填充谷部的白垩质发育。

分布与时代 亚洲;上新世—更新世。非洲;更新世。

东方剑齿象 *Stegodon orientalis* Owen
（图版91,1、6~8）

头骨高,相对较短,臼齿很长,较窄;乳突发达,为大量白垩质所覆盖,齿脊式:DP2:2.5,DP3:5.5,DP4:7,M1:7,M2:8,M3:10。

产地层位 清江流域;中更新世洞穴堆积。

奇蹄目 Pevissodactyla Owen, 1848

马形亚目 Hippomorpha Wood, 1937

马超科 Equidea Hay, 1902

马科 Equidae Gray, 1821

安琪马属 *Anchitherium* Meyer, 1844

身体比驴小,上颊齿低齿,横宽,除 P^1 外,都属同型齿。上颊齿具"W"字形外脊,在后脊上有小刺,原小尖和后小尖不明显,次尖和次附尖(hypostyle)有些联结。M^3 比 M^2 小,P^2 稍延长,P^1 相当粗壮。在未经磨蚀的下颊齿上,下后尖和下后附尖显著分离,牙齿的大小从 P_4 起向前后递减,M_3 第三叶退化成一简单的结节。

分布与时代 中国;中新世。欧洲;上新世。北美洲也有发现。

奥尔良安琪马 *Anchitherium aurelianense* (Cuvier)
（图版93,2~4;图版94,5）

特征 下颌水平支底缘破缺,下前臼齿有由后向前,下臼齿有由前向后逐渐缩小的趋势,齿冠磨蚀较深,仍可见下后尖与下后附尖在顶端分开的现象,P_4 齿冠近长方形,为下齿列最大者。M_3 的下齿小尖锥状,相当发育;构成了 M_3 的第三叶。前、后及唇侧齿缘相当发育。

P^3 前附尖,中附尖相当发育,后附尖次之;附尖肋相当明显。齿缘在唇侧发育。

产地层位 房县郊区二郎岗上;中—上新统沙坪组。

三趾马属 *Hipparion* Christol, 1832

颊齿高冠,成棱柱状。P^2冠面成三角形,比其他颊齿稍大。上颊齿原尖孤立,圆形或长卵形,釉质属附褶丰富。下颊齿的下后尖和下后附尖成环状或三角形的双叶。门齿有凹坑。P^1小,早期脱落。大部分种具有眶前窝。足三趾,第三掌(蹠)骨发育,两侧趾骨紧挨中趾。

分布与时代 亚洲、欧洲、非洲、美洲;上新世(偶见于下更新世)。在中国已有记载的本属种类繁多,但是大部分种的地点、层位不大清楚。

似褶齿三趾马(相似种) *Hipparion* cf. *ptychodus*
(图版91,3)

特征 嚼面珐琅质褶皱一般,原尖呈卵圆形,两个马刺,珐琅质后凹的后缘仅有1～2个褶皱,珐琅质层横向较厚,纵向较薄,外凹深,前、中附尖较突出,白垩质发育。前臼齿长大于宽,P^4与M^3大小悬殊较大,珐琅质褶皱较少,特别是前凹的后缘与后凹的前缘。次尖较窄长,珐琅质纹饰也有些不同,磨蚀不深的前凹与内谷相通,与*H. richthafeni*相似。

产地层位 荆门市杨家集乡丁家场;上新统下部。

马属 *Equus* Linnaeus, 1758

脸部长,在原始种类中具面窝(fossa fasial),在进步种类中缺失。臼齿高,原尖成三角状或成长卵形,并与原小尖相通,舌侧较平直,中间凹入;中附尖强;附褶不多。P^1在古老的种中存在,在前臼齿上前附尖,中附尖分叉。肱骨、股骨很短,桡骨、胫骨长,尺骨、腓骨均退缩,第三趾发育,侧趾很退化。

分布与时代 马属分布很广,在中国更新世、全新世地层中均有发现。

云南马 *Equus yunnanensis* Colbert
(图版89,6～8)

身体偏小,头骨相对较大,额部窄长吻型,I^3内侧未完全封闭,无P^1_1,上颊齿原尖长度中等,附褶较多。M^3原尖大而长,舌面无中间凹入。下颊齿后凹附褶多,双叶大致等大,下后尖成圆形,下后附尖口成长椭圆形。远端肢骨粗壮。

产地层位 建始县高坪龙骨洞;下更新统。

角形亚目 Ceratomorpha Wood, 1937
貘超科 Tapiroidea Gill, 1872
貘科 Tapiridae Burnett, 1830
巨貘属 *Megatapirus* Matthew et Granger, 1923

个体很大,牙齿和头骨比现代貘或更新世的*Tapirus indicus*或*Tapirus teristis*要大1/4。

前臼齿白齿化程度比 *T. indicus* 要高。牙齿内面的齿尖和齿带较发育,特别是在 P^1 上。P^1 宽大于长(?)头盖相对短而深,犁骨比 *T. indicus* 要高而厚,鼻骨要短。颊齿的前后齿带相对升高,内尖显得很大,牙齿的纵、横径长度相等。次尖弱小;P^2 有 1 条从原尖向前,外方变低的小脊,它在前尖的前内侧与外脊的基部相连。上臼齿宽大于长。

分布与时代 亚洲;更新世。中国以中更新世为主。

大型巨獏 *Megatapirus augustus* Matthew et Granger

(图版94,1、2)

种的特征见属的特征。

产地层位 长阳县黄家塘下钟家湾,建始县高坪;中更新统。

犀超科 Rhinocerotoidea Gill,1872
犀科 Rhinocerohoidae Owen,1845
犀亚科 Rhinocerotinae Dollo,1885
真犀属 *Rhinoceros* Linnaeus,1758

头骨长,枕脊高,鼻骨上有一显著的皮肤质角,鼻骨突起呈弓形,无眶后突,齿冠高度中等。

分布与时代 中国南方;更新世。

中华犀 *Rhinoceros sinensis* Owen

(图版89,9、13;图版92,8)

鼻骨上有 1 枚大的角,枕骨位置很后,齿冠高度中等;P^1 小,常脱落;P^2—P^4 有 2 条外肋突起;M^1—M^3 均有前刺,而 P^4 及 M^1 有 2 根前刺,P^2 小刺很显著,其余白齿小刺退化,所有颊齿均无反前刺。P^3—M^1 经磨蚀后有后凹存在。

产地层位 清江流域;中更新统洞穴堆积。

双角犀亚科 Dicerorhininae Simpson,1945
双角犀属 *Dicerorhinus* Gloger,1841

枕骨向后发展,下颚联合处较窄。齿冠次低冠。I^1 和 I_2 强,常有 I^1。鼻骨和额骨均有鼻角在鼻骨中部,白齿有发达的前刺和小刺。

分布与时代 华北、东北;更新世。

林氏双角犀 *Dicerorhinus ringstromi* Arambourg,1959

(图版93,5)

特征 M^2 的前附尖不很突出,前尖在外脊处很突出,前刺发达,具珐琅质分叉,仅前刺及小刺不很发达,后凹磨蚀后形成一封闭的圆环,前后齿缘发达,无内、外齿带。

产地层位 荆门市杨家集乡丁家坡采石场;上新统下部。

板齿犀亚科 Elasmotheriinae Dollo,1885
柱齿犀属 *Tesselodon*

见房县柱齿犀的描述。

分布与时代 中国;中新世。

房县柱齿犀 *Tesselodon fangxianensis* Yan
（图版94,3、4）

特征 一种和垩齿犀(*Caementodon*)相近的小而原始的板齿犀。齿冠珐琅质属细弱,无次级褶皱,前臼齿半臼齿化;臼齿舌侧尖前后都收缢,前刺、反前刺均中等发育,具小刺;齿冠高(有齿根);齿壁陡直,外脊稍具波曲;颊齿长宽相当,方形,柱状,白垩质相当发育。前臼齿后凹封闭,肾形。齿式:?. ?. 4. 3. 。

产地层位 房县郊区二郎岗;中—上新统沙坪组。

偶蹄目 Artiodactyla Owen,1848
猪形亚目 Suiformes Jaeckel,1911
猪次目 Suina Gray,1868
猪科 Suidae Gray,1821
镰齿猪亚科 Listriodontinae Simpson,1945
镰齿猪属 *Listriodon* Meyer,1846

头骨低而宽,面部长。I^{1}特别粗壮,齿冠匙形,具2～3叶,沿额面伸长。下门齿齿冠厚,加宽呈铲状,有时顶端二分叉。颊齿由强的锯齿状的齿带环绕。在丘形齿类特别连续。P$^1_1$通常缺乏。P^{2}和P^{3}单尖伸长,与其余的齿轴斜交,P^{3}有粗壮的后内跟座,P^{2}跟座有些退化。P^{4}外尖分成两尖,后尖常萎缩。P$_4$粗壮,下后尖与下原尖同样强大。臼齿低冠。M^{3}短,第二叶比第一叶窄,常具小的内跟座,外形通常呈次三角形。M$_3$跟座粗壮,形成第三叶。犬齿粗大,珐琅质褶皱。

分布与时代 亚洲、非洲、欧洲;中新世。

粗壮镰齿猪 *Listriodon robustus* Yan
（图版92,2、5～7、10～12）

特征 一种个体较大的"脊形齿"利齿猪。牙齿粗壮,齿冠较低,前臼齿不臼齿化。P^{4}嚼面近三角形,二外侧尖大小相近,并生,内侧尖以二斜脊分别与二外侧尖相连。M$_3$次之一内尖脊后方的近中部,有一发育的附尖。M$_3$跟座大,下次小尖脊状。齿带不发育。

产地层位 房县郊区二郎岗；中—上新统沙坪组。

<h3 align="center">猪亚科 Suinae Zittel, 1893</h3>
<h3 align="center">猪属 *Sus* Linnaeus, 1758</h3>

面部窄长，为颅长的2倍；颅顶部长，宽适中，横向呈弓形。眶孔圆形，位于M^3之上，颧弓中等粗壮。齿槽脊中等发育，呈套状；犬齿同前臼齿之间的齿虚位长度常常小于M^3的长度，犬齿粗大，下犬齿断面呈圆形，臼齿嚼面花纹复杂，M_3跟座短。

分布与时代 世界各地；更新世—现代。

<h3 align="center">野猪 *Sus scrofa* Linnaeus</h3>
（图版92，4）

头骨长而窄，鼻骨及前颌骨向前延伸，形成细长的吻。枕部平直，枕孔位置较高，侧后突超很强，呈刀状。眶下孔大。下颌骨较长。牙齿低冠，丘形，门齿长，向前伸出；犬齿向两侧平伸，弯曲；前臼齿简单，呈切割状；臼齿有4个低的锥状齿尖，附属小瘤突很发育。

产地层位 清江流域；中新世统洞穴堆积。

<h3 align="center">反刍亚目 Ruminantia Scopoli, 1777</h3>
<h3 align="center">鼷鹿次目 Tragulina Flower, 1883</h3>
<h3 align="center">鼷鹿科 Tragulidae Milne-Edward, 1864</h3>
<h3 align="center">羚鼷鹿属 *Dorcatherium*</h3>
<h3 align="center">进步羚鼷鹿 *Dorcatherium progressus* Yan</h3>
（图版91，2）

特征 齿冠低，为锥形—新月形齿，珐琅质具蠕虫状纹络，前后齿带发育。P_4很原始，外壁在主尖后有一深沟，在主尖后内角有一谷向后内角开口，主尖前内侧亦有较深的谷，其性质相当于晚期鹿的。臼齿内侧尖呈锥形，外侧尖呈新月形，古鹿褶发达，前外新月的前支亦有两个珐琅质褶皱，外侧二新月有明显的外柱，后内尖的后端有一窄而深的沟分开（M^2上最明显），除个体较大，颊齿长大于宽，较进步外，其性质与法国桑桑中新世的 *D. Crassum* 基本相近。

产地层位 荆门市杨家集乡丁家坡采石场；上新统下部。

<h3 align="center">有角次目 Pecora Linnaeus, 1758</h3>
<h3 align="center">鹿科 Ceruidae Gray, 1821</h3>
<h3 align="center">鹿亚科 Ceruinae Baird, 1857</h3>
<h3 align="center">鹿属 *Ceruus* Linnaeus, 1758</h3>

中等到大型的鹿类。前颌骨前缘外端呈铲状突出。角柄适当长或短，向上，向后外方伸；

角节部很发达；角切面圆形，顶端有时稍扁，分枝 3～4 个或更多；角表面不平多皱纹，下犬齿比 I_3 小，上犬齿有或缺，颊齿齿冠相当高，由基部到嚼面很少收缩，外壁几乎垂直。臼齿几乎无齿带，无古鹿褶。P_4 具三分的中叶，二分的前叶和简单的后叶。这一属是鹿亚科中种类最多的一属。

分布与时代　第四纪地层中。欧洲、亚洲；上新世—现代；北美洲；更新世—现代。中国也有不少这一类化石。

黑鹿亚属　*Ceruus（Rusa）* H. Smith, 1827

角粗壮而粗糙，呈圆筒状，眉枝在角节部上相当高的位置，有 3 个分枝，眉枝与主枝呈锐角相交，主枝在顶端简单分叉。眶前凹大。上犬齿小或缺；上臼齿高冠，颊齿的底柱小；P_4 原始型（下后尖不与下前尖愈合）。珐琅质轻微褶皱。

分布与时代　黑鹿以上新世晚期起曾分布于欧洲和亚洲，在欧洲到更新世初期就绝灭了。但是在亚洲却长期保存下来，到现在它们还分布在东南亚大部分地区，北面可达中国四川。中国发现有 5 种化石。

水鹿　*Ceruus（Rusa）unicolor（Kerr）*, 1792
（图版 92,3）

特征　角大，粗壮，表面多沟纹。眉枝通常长，与主枝间的夹角为锐角。位置较高。末端分叉的前外枝与主枝相连续，两分枝长度不相等。左、右两角间组成"V"字形或"U"字形。角柄短。牙冠较高，底柱呈锥形。臼齿的珐琅质有皱纹。

产地层位　清江流域；中更新统洞穴堆积。

牛科　Bovidae Gray, 1821
山羊亚科　Caprinae Gill, 1872
角羊属　*Oioceros* Gaillard, 1902

牛科中较小的种类，吻部细长，面部缓缓弯向颅基；眼眶很靠前，有宽的眶顶；泪窝短，或深或浅；眶上孔位于一小窝内；泪孔小，两角基分得很开，并在上部向两侧分离，角心呈反时针方向旋转（右角），一圈或两圈，向后倾斜或相当直立，横剖面圆形或椭圆形，在前面或后面，或两面都有棱；牙齿为中等高冠齿，前臼齿列长而细弱，臼齿宽，有中等强度的肋。

分布与时代　内蒙古、陕西、甘肃、河北、湖北；中新世、上新世。已发表的仅有内蒙古的 2 种。

继角羊？　*Oioceros? noverca* Pligrim, 1934
（图版 93,1）

特征　角心粗短，角顶缺，横向侧扁，断面呈椭圆形，角尖稍向外倾，角心内侧有 5～7

条凸出的旋线,扭向右后方。

产地层位 房县二郎岗;中—上新统沙坪组。

牛亚科 Bovinae Gill,1872
水牛属 *Bubalus* Smith,1827

牛亚科中最常见且较大型的一属,种类多,地层意义较大,仅分布于亚洲。

脸部较细长,与颅底轴夹角约为35°;额骨宽,稍延长,且强烈隆起;顶骨缩短,为额骨长度的1/4~1/3;枕嵴略突出或不突出;角心大,位于眼眶后不远,接近于中线,向后上方及两侧内弯;横切面三角形,有一显著内棱;上颌骨很高;腭骨向后大大超过M^3,犁骨与腭骨连接;前颌骨与鼻骨相接触。齿冠高,P_2不缩小,臼齿齿柱发育,珐琅质表面覆盖有厚层白垩质;上臼齿长稍大于宽,附尖和外肋都很发育,外叶新月形嵴在前后方向被压扁;四肢短而粗壮。

分布与时代 中国发现的水牛化石地点及材料相当多,从华南到华北共有7种;现生水牛的分布,仅限于淮河流域以南;一般以为水牛是由南方进入中国,逐渐扩展到华北的。

水牛 *Bubalus bubalis*(Linnaeus)
（图版92,9）

特征 角心基部分得很开,角心平直,向两侧伸展,但稍向上弯曲,肢梢骨(掌骨及蹠骨)粗短。头骨纵剖面线直,额骨稍凸。

产地层位 清江流域;中更新统。

二、属种拉丁名、中文名对照索引

A

F

G

G. yingpanensis Ge (MS)　营盘雕笔石（未刊）	O_3S_1l	163	68	4
Gomphotherium Buemeister，1837　嵌齿象属		245		
G. serridentoidgs Pei　似锯齿嵌齿象	Qp^1	245	88	10、11
G. wufengensis Pei　五峰嵌齿象	Qp^2	245	89	12
Goniophrys Ross，1951　角眉虫属		48		
G. laifengensis Zhou　来风角眉虫	O_1n	48	28	12

H

化石名称	层位	页	图版	图
Hammatocnemis Kielan，1959 emend. Lu　瘤肋虫属		95		
H. decorosus Lu　美丽瘤肋虫	$O_{2-3}b$	95	50	3、4
H. ovatus Sheng　卵形瘤肋虫	$O_{2-3}b$	95	50	5
H. primitivus Lu　原始瘤肋虫	$O_{1-2}d$	95	20	10～13
H. yangtzeensis Lu　扬子瘤肋虫	$O_{2-3}b$	95	2	13～15
Hanchungolithus Lu，1954　汉中三瘤虫属		85		
H. sp.　汉中三瘤虫（未定种）	$O_{1-2}d$	85	49	10
Hanchungolithus (*lchangolithus*) Lu，1963				
宜昌三瘤虫亚属		85		
H. (*I.*) *ichangensis* Lu　宜昌宜昌三瘤虫	$O_{1-2}d$	85	49	8
H. (*I.*) *ichangensis intermedius* Lu				
宜昌宜昌三瘤虫中间亚种	$O_{1-2}d$	86	49	9
Hanosaurus Young，1972　汉江蜥属		233		
H. hupehensis Young　湖北汉江蜥	$T_{1-2}j$	233	87	1、2
Hanyangaspis Pan et Liu，1975　汉阳鱼属		223		
H. guodingshanensis Pan et Liu　锅顶山汉阳鱼	S_1f	224	84	1
Haplograptus Ruedemann，1933　简单笔石属		136		
H. canadensis Ruedemann　加拿大简单笔石	$O_{1-2}d$	136	61	7
H. sinicus Mu et al.　中国简单笔石	O_1n	137	61	8
Hipparion Christol，1832　三趾马属		248		
H. cf. *ptychodus*　似褶齿三趾马（相似种）	N_2^1	248	91	3
Homo Linnaeus，1758　人属	Qp	241	88	1～5、9、12
Houlongdongella Lee，1975　后龙洞虫属		111		
H. hubeiensis Z. H. Sun　湖北后龙洞虫	$\mathbb{C}_{1-2}n$	111	55	17、18
H. shennongjiaensis Z. H. Sun　神农架后龙洞虫	$\mathbb{C}_{1-2}n$	111	55	13～16
Hsuaspis Chang，1957　许氏盾壳虫属		24		
H. sinensis (Chang)　中华许氏盾壳虫	$\mathbb{C}_{1-2}n$	24	14	4～7
H. transversus Z. H. Sun　宽许氏盾壳虫	$\mathbb{C}_{1-2}n$	24	14	10

I

J

K

M

N

N. elongatus Yuan et Sun　长形南皋盾甲虫	$\mathbb{C}_{2\text{-}3}l$	33	5	1、2
Nankinolithus Lu，1954　南京三瘤虫属		87		
N. jiantsaokouensis Lu　涧草沟南京三瘤虫	$O_{2\text{-}3}b$	87	24	4、5
N. nankinensis Lu　南京南京三瘤虫	$O_{2\text{-}3}b$	87	24	6
N. wanyuanensis Cheng et Jian　万源南京三瘤虫	$O_{2\text{-}3}b$	87	24	1～3
Nemagraptus Emmons，1855　丝笔石属		148		
N. gracilis Hall　纤细丝笔石	$O_{2\text{-}3}m$	148	64	16
N. gracilis var. *distans* Ruedemann				
纤细丝笔石稀疏变种	$O_{2\text{-}3}m$	148	65	1
Neocobboldia Rasetti，1952　新柯坡虫属		9		
N. hubeiensis Zhang et S. G. Zhang　湖北新柯坡虫	$\mathbb{C}_{1\text{-}2}n$	9	6	1～3
N. minor Zhou　小新柯坡虫	$\mathbb{C}_{1\text{-}2}n$	9	6	4、5
Neodicellograptus Mu et Wailg，1977　新叉笔石属		154		
N. dicranograptoides Mu et Wang　双头新叉笔石	S_1x	155	66	11
N. hubeiensis Z. C. Li (sp. nov.)				
湖北新叉笔石（新种）	S_1x	155	66	13
N. latus Z. C. Li (sp. nov.)　宽形新叉笔石（新种）	O_3S_1l	154	66	10
N. siluricus (Mu et al.)　志留新叉笔石	S_1x	155	66	12
Neosinacanthus Pan et Liu，1975　新中华棘鱼属		227		
N. planispinatus Pan et Liu　平刺新中华棘鱼	S_1f	227	84	7
Neseuretus Hicks，1872　岛头虫属		105		
N. expansus Lu　膨大岛头虫	$O_{1\text{-}2}d$	106	38	14
N. intermedius Lu　中间型岛头虫	$O_{1\text{-}2}d$	106	8	12、13
Nestoria Krasinetz，1962　尼斯脱叶肢介属		124		
N. ? kweichowensis (Novojilov)　归州尼斯脱叶肢介?	J_2q	124	58	12
Nileus Dalman，1827　宝石虫属		65		
N. armadilloformis Lu　坚质宝石虫	$\bar{O}_{1\text{-}2}d$	66	42	5～8
N. convergens Lu　收敛宝石虫	$O_{2\text{-}3}m$	66	42	1～4
N. liangshanensis Lu　梁山宝石虫	$O_{2\text{-}3}m$	66	37	4
N. petilus Xia　瘦宝石虫	$O_{2\text{-}3}m$	66	37	5
N. transversus Lu　宽阔宝石虫	$O_{2\text{-}3}b$	66	1	17
Ningkianolithus Lu，1954　宁强三瘤虫属		86		
N. welleri (Endo)　韦氏宁强三瘤虫	$O_{1\text{-}2}d$	86	49	11～15
Niobe Angelin，1854　女儿虫属		61		
N. yangtzeensis Lu　扬子女儿虫	$O_{1\text{-}2}d$	61	32	12、13
Niobella Reed，1931　小女儿虫属		61		
N. ciliensis Liu　慈利小女儿虫	O_1	61	23	1
N. minor Liu　小型小女儿虫	O_1	61	23	2、3

O

P. *angustus* Mu et Lee 狭窄拟直笔石	O_3S_1l	186	74	1
P. *jiangxiensis* Lee 江西拟直笔石	O_3S_1l	186	73	21
P. *latus* Wang 宽形拟直笔石	O_3S_1l	187	74	2
P. *longispinus* Mu 长刺拟直笔石	O_3S_1l	187	74	3
P. *typicus* Mu 标准拟直笔石	O_3S_1l	187	74	4
Paraphillipsinella Lu，1974 副小菲氏虫属		83		
P. *hubeiensis* Zhou 湖北副小菲氏虫	$O_{2-3}b$	84	24	11
P. *pterphora* Xia 翼状副小菲氏虫	$O_{2-3}b$	84	36	4、5
Paraplegmatograptus Mu，1963 拟绞笔石属		199		
P. *connectus* Mu 连接拟绞笔石	O_3S_1l	199	77	1、2
P. *gracilis* Mu 纤细拟绞笔石	O_3S_1l	200	77	3
P. *magnus* Wang 巨大拟绞笔石	O_3S_1l	200	77	4
P. *uniformis* Mu 等宽拟绞笔石	O_3S_1l	200	76	14
Pararetiograptus Mu，1974 拟罟笔石属		195		
P. *magnus* Mu et al. 大型拟罟笔石	O_3S_1l	195	75	14、15
P. *regularis* Mu 规则拟罟笔石	O_3S_1l	195	75	16
P. *sinensis* Mu 中国拟罟笔石	O_3S_1l	195	75	17
Parisoceraurus Z. Y. Zhou，1977 似角尾虫属		92		
P. *decorus* Zhou 美丽似角尾虫	$O_{2-3}b$	93	50	8、9
P. *rectangulus* Z. Y. Zhou 直角似角尾虫	$O_{2-3}b$	93	50	6、7
Peishania Resser et Endo，1935 北山虫属		47		
P. sp. 北山虫（未定种）	$\in_3O_1l$	47	27	8、9
Pentagonocyclicus Yeltyschewa，1955 星圆茎属		127		
P. *jingshanensis* S. M. Wang（sp. nov.） 京山星圆茎（新种）	P_2m	127	59	3
Pentagonoellipticus Yeltyschewa，1956 星卵茎属		127		
P. *yiduensis* S. M. Wang（sp. nov.） 宜都星卵茎（新种）	P_3w	128	59	6
Pernerograptus Pribyl，1941 普氏笔石属		205		
P. cf. *argenteus* (Nicholson) 银色普氏笔石（相似种）	S_1x	206	78	15
P. *cygneus* (Törnquist) 天鹅普氏笔石	S_1x	206	79	1
P. *difformis* (Törnquist) 异形普氏笔石	S_1x	206	78	16
P. *euodus* Ni 良好普氏笔石	S_1x	206	79	2
P. *raphidos* Wang et Ma 针状普氏笔石	S_1x	206	79	3
P. *revolutus* (Kurck) 旋转普氏笔石	O_3S_1l、S_1x	207	79	4
P. *revolutus* var. *praecursor* (Elles et Wood) 旋转普氏笔石先驱变种	O_3S_1l、S_1x	207	79	5
Petalocrinus Davidson，1896 花瓣海百合属		127		
P. *sinensis* Mu et Wu 中国花瓣海百合	S_1lr	127	59	1、2

P. tenuis Geh　纤细假断笔石	$O_{2-3}m$	145	64	11
Pseudichangia Chu et Zhou, 1974　假宜昌虫属		23		
P. zhuxiensis Zhang et Zhu　竹溪假宜昌虫	$\mathrm{\epsilon}_{1-2}n$	24	15	10
Pseudobasilicus Reed, 1931　假帝王虫属		56		
P. dawanensis Lu　大湾假帝王虫	$O_{1-2}d$	56	33	1～4
P. pseudodawanensis Lu　假大湾假帝王虫	$O_{1-2}d$	56	33	5～7
Pseudocalymene Pillet, 1973 (=*Eucalymene* Lu, 1975)				
假隐头虫属		106		
P. quadrata Lu　方形假隐头虫	$O_{1-2}d$	106	20	7、8
P. yangjiensis Z. H. Sun (sp. nov.)				
杨集假隐头虫（新种）	O_1	106	20	9
Pseudoclimacograptus Pribyl, 1947　假栅笔石属		165		
P. demittolabiosus Geh　垂唇假栅笔石	$O_{2-3}m$	165	68	18
P. demittolabiosus tangyensis Geh				
垂唇假栅笔石棠垭亚种	$O_{2-3}m$	166	69	1
P. hubeiensis Mu et al.　湖北假栅笔石	S_1x	166	69	3、4
P. hughesi (Nicholson)　休斯假栅笔石	O_3S_1l	166	69	5
P. longus Geh　长形假栅笔石	$O_{2-3}m$	166	69	2
P. retroversus Bulman et Rickards　反转假栅笔石	O_3S_1l	167	69	6
P. retroversus latus Wang　反转假栅笔石宽形亚种	O_3S_1l	167	69	7
P. scharenbergi (Lapworth)　夏氏假栅笔石	$O_{2-3}m$	166	69	19
P. sculptus Chen et Lin　精雕假栅笔石	S_1x	167	69	8
Pseudophillipsia Gemmelaro, 1892　假菲利普虫属		83		
P. sp. 假菲利普虫（未定种）	P_2m	83	48	2、3
Pseudoplegmatograptus Pribyl, 1948　假绞笔石属		199		
P. minutus Mu et al.　微小假绞笔石	S_1x	199	76	13
P. phylloformis Wang　叶状假绞笔石	S_1x	199	76	12
Psilocephalina Hsü, 1948　裸头虫属		63		
P. lata Lu　宽裸头虫	O_1n	63	39	8
P. lubrica Hsü　光滑裸头虫	O_1n	63	39	1～7
P. sinuata Hsü　内凹裸头虫	O_1n	63	39	9、10
Ptilillaenus Lu, 1962　翼斜视虫属		75		
P. lojopingensis Lu　罗惹坪翼斜视虫	S_1lr	75	44	5
P. ovatus Wu　卵形翼斜视虫	S_1lr	75	44	6
P. wuchuanensis Wu　务川翼斜视虫	S_1lr	75	44	7
Ptilograptus Hall, 1865　羽笔石属		136		
P. plumosus Hall　羽状羽笔石	O_1n	136	61	5、6
P. yidouensis Z. C. Li (sp. nov.)　宜都羽笔石（新种）	O_1n	136	62	1～3

Q

R

S

T

化石名称	层位	页	图版	图
T. fornicatus Xia　拱曲三角塞可夫虫	$O_{2-3}b$	76	36	13
Trinodus M'Coy，1846　三瘤球接子属		6		
T. hupehensis Lu　湖北三瘤球接子	$O_{1-2}d$	6	4	4～6
Tsunyidiscus Chang，1966　遵义盘虫属		11		
T. latirachis Zhou　宽轴遵义盘虫	$t_{1-2}n$	12	7	7、8
T. sanxiaensis Zhou　三峡遵义盘虫	$t_{1-2}n$	11	7	9～13
T. ziguiensis Lin　秭归遵义盘虫	$t_{1-2}n$	11	7	14～16
Tsunyilichas Chang，1974　遵义裂肋虫属		109		
T. chongyangensis Z. H. Sun (sp. nov.) 崇阳遵义裂肋虫（新种）	$O_{2-3}b$	109	24	9
Tungtingichthys Liu et Tang，1962　洞庭鳜属		230		
T. jingshaensis Lei　荆沙洞庭鳜	$E_{1-2}x$	230	86	4
Tungtzuella Sheng, in Hsü，1948　小桐梓虫属		64		
T. elongata Lu　长小桐梓虫	O_1n	65	41	12、13
T. kweichowensis Sheng　贵州小桐梓虫	O_1n	65	41	1～6
T. recta Lu　直小桐梓虫	O_1n	65	41	11
T. szechuanensis Sheng　四川小桐梓虫	O_1n	65	41	7～10

W

化石名称	层位	页	图版	图
Wangzishia Z. H. Sun，1977　王子石虫属		25		
W. wangzishiensis Z. H. Sun　王子石王子石虫	$\in_{1-2}n$	25	13	6～8

X

化石名称	层位	页	图版	图
Xianfengia Zhu et Sun，1977　咸丰虫属		41		
X. binodus Zhu et Sun　双疣咸丰虫	$\in_3O_1l$	41	25	9
X. puteata Zhou et Sun　标准成丰虫	$\in_3O_1l$	41	25	10～12
Xiangxiella Shen，1976　香溪叶肢介属		120		
X. acuta Shen　锐角香溪叶肢介	T_2b	120	57	5
X. bicostata Shen　双脊香溪叶肢介	T_2b	120	57	6
X. elongata Shen　长形香溪叶肢介	T_2b	120	57	7
X. xilingxiaensis Shen　西陵峡香溪叶肢介	T_2b	121	57	8
Xilingxia Lu，1980　西陵峡虫属		32		
X. ichangensis (Chang)　宜昌西陵峡虫	$\in_2t$	32	18	5

Xingrenaspis Yuan et Zhou，1980　兴仁盾壳虫属		38		
X. sp. 1　兴仁盾壳虫（未定种 1）	$\epsilon_3 q$	38	19	10～13
Xuanenia Zhou，1977　宣恩虫属		104		
X. granulosa Zhou　疣点宣恩虫	$O_{2\text{-}3}b$	104	1	14、15

Y

化石名称	层位	页	图版	图
Yinograptus Mu，1955　尹氏笔石属		197		
Y. disjunctus (Yin et Mu)　断续尹氏笔石	$O_3 S_1 l$	198	76	8
Y. grandis Mu　巨大尹氏笔石	$O_3 S_1 l$	198	76	9
Y. robustus Mu　粗线尹氏笔石	$O_3 S_1 l$	198	76	10
Yinpanolithus Lu，1974　营盘三瘤虫属		86		
Y. yinpanensis Lu　营盘营盘三瘤虫	$O_{1\text{-}2}d$	86	49	1～7
Yuehsienszella Chang，1957　小遇仙寺虫属		32		
Y. sp.　小遇仙寺虫（未定种）	$\epsilon_2 t$	32	18	6
Yunmenglimnadia Chen，1975　云梦渔乡叶肢介属		119		
Y. hubeiensis Chen　湖北云梦渔乡叶肢介	$E_2 j$	119	56；57	15；1
Y. rhombica Chen　菱形云梦渔乡叶肢介	$E_2 j$	119	57	3
Y. yingchengensis Chen　应城云梦渔乡叶肢介	$E_2 j$	120	57	4

Z

化石名称	层位	页	图版	图
Zbirovia Snajdr，1956　兹柏洛维虫属		76		
Z. hubeiensis Xia　湖北兹柏洛维虫	$O_{2\text{-}3}b$	77	36	14
Zhenbaspis Chang et Chu，1974　镇巴虫属		18		
Z. similis Zhang et Lin　近似镇巴虫	$\epsilon_{1\text{-}2}n$	19	14	1～3
Zhuxiella Zhang et Zhu，1980　小竹溪虫属		26		
Z. fangxianensis (Sun)　房县小竹溪虫	$\epsilon_{1\text{-}2}n$	26	14	13
Z. hubeiensis Zhang et Zhu　湖北小竹溪虫	$\epsilon_{1\text{-}2}n$	26	15	
Zygolophodon Vacek，1877　轭齿象属		246		
Z. nemonguensis Chow et Chang　内蒙古轭齿象	Ns	246	92	1

三、图版说明

图　版　1

图　版　2

头盖，×8；$O_{1-2}d$

图 版 5

图 版 6

6. 头盖, 7. 尾部, 均 ×6; $\mathcal{C}_{1-2}n$

8. *Sinodiseus similis* Zhang et S. G. Zhang　　　　　　　　　　　　　　　(10页)
　　头盖, ×6; $\mathcal{C}_{1-2}n$

9~11. *Sinodiscus changyangensis* S. G. Zhang　　　　　　　　　　　　　(10页)
　　9. 头部, ×8; 10. 尾部, ×8; 11. 背壳及头盖, ×10; $\mathcal{C}_{1-2}n$

12、13. *Sinodiscus duchuanensis* S. G. Zhang et Sun　　　　　　　　　(10页)
　　12. 背壳, 13. 个体群, 均 ×4; $\mathcal{C}_{1-2}n$

14~16. *Sinodiscus ? puqiensis* S. G. Zhang　　　　　　　　　　　　　(10页)
　　14、15. 头盖, 均 ×15; 16. 尾部, ×15; $\mathcal{C}_{1-2}n$

图　版　7

1~3. *Sinodiscus shuangjieshanensis* Z. H. Sun　　　　　　　　　　　(10页)
　　1. 头部, 2. 尾部, 均 ×10; 3. 头部, ×6, TR001; $\mathcal{C}_2z$, $\mathcal{C}_{1-2}n$

4. *Sinodiscus fangxianensis* Z. H. Sun (sp. nov.)　　　　　　　　　　(11页)
　　头盖, ×6, 正模标本, TR002; $\mathcal{C}_{1-2}n$

5、6. *Sinodiscus duchuanensis* S. G. Zhang et Sun　　　　　　　　　　(10页)
　　5. 头盖, 6. 尾部, 均 ×10; $\mathcal{C}_{1-2}n$, $\mathcal{C}_2z$

7、8. *Tsunyidiscus latirachis* Zhou　　　　　　　　　　　　　　　　　(12页)
　　7、8. 尾部, 均 ×10; $\mathcal{C}_{1-2}n$

9~13. *Tsunyidiscus sanxiaensis* Zhou　　　　　　　　　　　　　　　　(11页)
　　9. 尾部及三个胸节 (外模), ×10, TR003;
　　10、12. 头盖, 11、13. 尾部, 均 ×10; $\mathcal{C}_{1-2}n$

14~16. *Tsunyidiscus ziguiensis* Lin　　　　　　　　　　　　　　　　　(11页)
　　14、15. 头盖, 16. 尾部, 均 ×10; $\mathcal{C}_{1-2}n$

17~20. *Hupeidiscus orientalis* (Chang)　　　　　　　　　　　　　　　(12页)
　　17. 尾部, ×10, TR004; 18. 尾部, 19. 背壳, 20. 头盖, 均 ×10; $\mathcal{C}_{1-2}n$

图　版　8

1~4、6. *Hupeidiscus orientalis* (Chang)　　　　　　　　　　　　　　　(12页)
　　1. 背壳, ×10; 2、6. 头盖, 均 ×10; 3. 尾部, ×15;
　　4. 背壳, ×10, TR005; $\mathcal{C}_{1-2}n$

5. *Hupeidiscus fengdongensis* S. G. Zhang　　　　　　　　　　　　　　(13页)
　　头盖及尾部, ×10, TR006; $\mathcal{C}_{1-2}n$

7~9. *Hupeidiscus shipaiensis* Zhou　　　　　　　　　　　　　　　　　(12页)
　　7. 头盖, ×6, TR007; 9. 头盖及尾部, ×10; 8. 头盖, ×10, TR008; $\mathcal{C}_{1-2}n$

图 版 9

图 版 10

图　版　11

1～6. *Redlichia (Redlichia) guizhouensis coniformis* Z．H．Sun .... (16页)

　　1、2. 头盖，均 × 3; 3. 不完整背壳，× 2; 4. 活动颊，× 2;

　　5. 尾部，× 4; 6. 头盖，× 3，TR037; $\epsilon_2 sl$

7、8. *Bathynotus hubeiensis* Z．H．Sun .... (27页)

　　7、8. 头盖，× 3，× 4; $\epsilon_{2-3}l$，$\epsilon_2 sl$

9、10. *Kunmingaspis huitingshanensis* Z．H．Sun .... (33页)

　　9、10. 头盖，均 × 10; $\epsilon_2 sl$

11、12. *Pachyaspis (Danzhaina) dahungshanensis* Z．H．Sun .... (38页)

　　11. 头盖，× 3; 12. 尾部，× 4; $\epsilon_2 sl$

13. 示Redlichia与Bathynotus、Pachyaspis (Danzhaina) 共生; 手标本，× 4 / 5，$\epsilon_2 sl$

图　版　12

1. *Redlichia (Redlichia) dawuensis* Z．H．Sun (sp．nov．) .... (16页)

　　头盖，× 2，正模标本，TR044; $\epsilon_{2-3}l$

2～6. *Redlichia (Redlichia) chongyangensis* Z．H．Sun (sp．nov．) .... (16页)

　　2 ～ 4. 不完整头盖，均 × 2; 2. 为正模标本; 3. 为副模标本，TR045、TR046、TR047;

　　5 ～ 6. 活动颊，均 × 2，TR048、TR049; $\epsilon_{2-3}l$

7、8. *Nangaops brevicus* Yuan et Sun .... (33页)

　　7、8. 近于完整背壳，均 × 3; $\epsilon_{2-3}l$

9、10. *Bathynotus hubeiensis* Z．H．Sun .... (27页)

　　9. 头盖，× 4; 10. 不完整背壳，× 4，TR050; $\epsilon_{2-3}l$

11、12. *Kunmingaspis chongyangensis* Z．H．Sun (sp．nov．) .... (33页)

　　11、12. 头盖，均 × 2，11. 为正模标本，TR051、TR052; $\epsilon_{2-3}l$

图　版　13

1～3. *Hunanocephalus (Duotingia) duotingensis* Chow .... (31页)

　　1. 背壳，3. 头盖，均 × 10; 2. 头盖，× 10，TR010; $\epsilon_{1-2}n$

4、5. *Hunanocephalus (Duotingia) hubeiensis* Z．H．Sun (sp．nov．) .... (31页)

　　4、5. 头盖，均 × 10，4为正模标本，TR011、TR012; $\epsilon_{1-2}n$

6～8. *Wangzishia wangzishiensis* Z．H．Sun .... (26页)

　　6. 头盖，8. 活动颊，均 × 10; 7. 头盖，× 4，TR013; $\epsilon_{1-2}n$

9. *Metaredlichioides constrictus* Chien et Yao .... (18页)

头部，×6，TR014；$\in_{1-2}$

图 版 14

图 版 15

10. *Pseudichangia zhuxiensis* Zhang et Zhu　　　　　　　　　　(24页)

　　　头盖，×2；$\in_{1\text{-}2}n$

11. *Protolenella hubeiensis* Lin　　　　　　　　　　　　　　(21页)

　　　头盖，×10；$\in_{1\text{-}2}n$

图版　16

1～4. *Megapalaeolenus deprati* (Mansuy)　　　　　　　　　(21页)

　　　1～4. 均为头盖，×5，×5，×6，×5；$\in_2 t$

5～7. *Megapalaeolenus majiashanensis* Lin　　　　　　　　(21页)

　　　5～7. 均为头盖，均×10；$\in_2 s$

8. *Megapalaeolenus fengyangensis* (Chu)　　　　　　　　　(21页)

　　　头盖，×10，TR029；$\in_2 t$

9～11. *Palaeolenus lantenoisi* Mansuy　　　　　　　　　　(20页)

　　　9、10. 头盖，×5，×10；11. 头盖，×10，TR030；$\in_2 t$，$\in_2 s$

12. *Palaeolenus tingi* Lu　　　　　　　　　　　　　　　　(20页)

　　　头盖，×10，TR031；$\in_2 t$

13. *Palaeolenus planilimbatus* Lin　　　　　　　　　　　　(20页)

　　　头盖，×10；$\in_2 s$

14、15. *Palaeolenus minor* Lin　　　　　　　　　　　　　(20页)

　　　14、15. 头盖，×10，×5；$\in_2 s$，$\in_2 t$

图　版　17

1～4. *Ichangia ichangensis* Chang　　　　　　　　　　　　(22页)

　　　1. 头盖，×4；2. 头盖，×5；3. 头盖，×6，TR017；

　　　4. 头盖，×4，TR018；$\in_{1\text{-}2}n$

5. *Ichangia aspinosa* Zhang et Zhu　　　　　　　　　　　(23页)

　　　头盖，×3；$\in_{1\text{-}2}n$

6. *Ichangia oblonga* Zhang et Zhu　　　　　　　　　　　(23页)

　　　头盖，×3；$\in_{1\text{-}2}n$

7. *Ichangia conica* Zhou　　　　　　　　　　　　　　　(22页)

　　　头盖，×3；$\in_{1\text{-}2}n$

8. *Ichangia cylindrica* Zhotu　　　　　　　　　　　　　(23页)

　　　头盖，×5；$\in_{1\text{-}2}n$

9～12. *Ichangia ziguiensis* Lin　　　　　　　　　　　　　(23页)

　　　9～11. 头盖，×2.5，×2，×2；12. 头盖，×4，TR019；$\in_2 s$

13. *Shiqihepsis lubrica* Chien et Yao (24页)

  头盖，×6，TR020；$\epsilon_{1\text{-}2}n$

14. *Ichangia jiuwanxiensis* Lin (23页)

  背壳，×7；$\epsilon_2 s$

图　版　18

1. *Kootenia yui* Chang (27页)

  背壳，×3.5；ϵ_1

2. *Kootenia bolis* Qian (28页)

  头盖，×8；$\epsilon_2 t$

3. *Kootenia yichangensis* Zhou (28页)

  头盖，×5；$\epsilon_2 s$

4. *Kootenia ziguiensis* Lin (28页)

  头盖，×7；$\epsilon_2 s$，$\epsilon_2 t$

5. *Xilingxia ichangensis* (Chang) (32页)

  背壳，×6；$\epsilon_2 t$

6. *Yuehsienszella* sp. (32页)

  头盖，×10；$\epsilon_2 t$

7. *Changaspis transversa* Zhou (30页)

  头盖，×5；$\epsilon_{1\text{-}2}$

8a、9. *Cheiruroides*? sp. A (30页)

  8a. 头盖，×10，TR032；9. 背壳，×10，TR033；$\epsilon_2 s$

8b、10. *Cheiruroides*? sp. B (30页)

  8b. 头盖，×10，TR032；10. 头盖，×10，TR034；$\epsilon_2 s$

11、12. *Cheiruroides*? sp. C (31页)

  11、12. 头盖，均×10，TR035，TR036；$\epsilon_2 s$

13. *Cheiruroides*? *yichangensis* Qian (30页)

  背壳，×10；$\epsilon_{1\text{-}2}n$

14. *Chuchiaspis granosa* Chang (29页)

  头盖，×6；$\epsilon_{1\text{-}2}$

图　版　19

1、2. *Kütsingocephalus kütsingensis* Lee et Wang (47页)

  1. 头盖，×4；2. 尾部，×4；$\epsilon_{2\text{-}3}g$

3、4. *Paramecephalus sinicus* (Zhou) (38页)

3. 头盖群体，×1.5，（本图3左上角及右下角两小型头盖为
   Kütsingocephalus kütsingensis）；4. 头盖，×2，TR064；$\epsilon_{2\text{-}3}g$

5. *Paramecephalus meitanensis* (Lu)　　　　　　　　　　　　　　（39页）
   头盖，×3；ϵ_2

6. *Paramecephalus sulcatus* Yuan　　　　　　　　　　　　　　（39页）
   头盖，×3，TR065；$\epsilon_{2\text{-}3}g$

7～9. *Solenoparia ? pingshanpaensis* (Hao et Lee)　　　　　　　　（40页）
   7. 头盖，×3；8～9. 不完整头盖，均×2；$\epsilon_3 q$

10～13. *Xingrenaspis* sp. 1　　　　　　　　　　　　　　　　（38页）
   10～13. 头盖，均×5；$\epsilon_3 q$

14、15. *Schopfaspis hubeiensis* S. S. Zhang　　　　　　　　　　（34页）
   14、15. 头盖，×10，×5；$\epsilon_3 q$

图　版　20

1. *Euloma liuzueiqiaoense* Z. H. Sun (sp. nov.)　　　　　　　　（35页）
   头盖，正模标本，×6，TR131；$O_1 l$

2. *Euloma* (*Mioeuloma*) *taoyuanense* Zhou　　　　　　　　　　（36页）
   头盖，×4，TR132；O_1

3. *Euloma* (*Mioeuloma*) *truncatum* Liu　　　　　　　　　　　（35页）
   头盖，×4；TR133；O_1

4. *Metayuepingia intermedia* Liu　　　　　　　　　　　　　　（62页）
   头盖，×3，TR134；O_1

5. *Metayuepingia latilimbata* Liu　　　　　　　　　　　　　　（62页）
   背壳，×3，TR135；O_1

6. *Jiuxiella jiangtianfanensis* Z. H. Sun (sp. nov.)　　　　　　　（91页）
   头部，正模标本，×8，TR136；O_1

7、8. *Pseudocalymene quadrata* Lu　　　　　　　　　　　　　（106页）
   7. 头部背视，×3；8. 尾部背视，×3；$O_{1\text{-}2}d$

9. *Pseudocalymene yangjiensis* Z. H. Sun (sp. nov.)　　　　　　　（106页）
   头盖，正模标本，×3，TR137；O_1

10～13. *Hammatocnemis primitivus* Lu　　　　　　　　　　　（95页）
   10. 背壳，×3；11、12. 头盖，均×6，TR138；13. 尾部，×6，TR139；$O_{1\text{-}2}d$

图　版　21

1～3. *Pachyaspis* (*Danzhaina*) *jingshanensis* Z. H. Sun　　　　　（38页）

1～2. 背壳，均 ×3；3. 头盖，×4；$\epsilon_2 sl$

4、5. *Chittidilla guanyinyaensis* Z．H．Sun (42页)
    4、5. 头盖，×4，×3；$\epsilon_2 sl$

6、7. *Chittidilta yunshancunensis* Lu et Chang (42页)
    6、7. 头盖，均 ×4；$\epsilon_2 sl$，ϵ_2

8. *Chittidilla* (*Diandongaspis*) *zhongxiangensis* Z．H．Sun (42页)
    背壳，×2；$\epsilon_2 sl$

9、10a. *Mufushania zhanjiaxiangensis* Z．H．Sun (36页)
    9、10a. 头盖，均 ×4；$\epsilon_2 sl$

10b、11、12. *Mufushania ezhongensis* Z．H．Sun (36页)
    10b、11、12. 均为头盖，×4，×4，×3；$\epsilon_2 sl$

图 版 22

1、2、5. *Chittidilla* (*Diandongaspis*) *brevica* Lu et Zhang (43页)
    1、2. 均为头盖，×6，×4；5. 头盖，×4，TR038；ϵ_2

3、4. *Chittidilla* (*Diandongaspis*) *gufuensis* Z．H．Sun (43页)
    3、4. 头盖，×3，×4；ϵ_2

6. *Chittidilla yunshancunensis* Lu et Chang (42页)
    头盖，×3，TR039；ϵ_2

7. *Chittidilla xingshanensis* Z．H．Sun (42页)
    头盖，×4；ϵ_1

8～11. *Mufushania jinmengensis* Z．H．Sun (sp. nov.) (36页)
    8、9、11. 均为头盖，均 ×3；8. 为正模标本，TR040、TR041、TR043；
    10. 不完整背壳，×3，TR042；ϵ_{1-2}

图 版 23

1. *Niobella ciliensis* Liu (61页)
    尾部，×2，TR119；O_1

2、3. *Niobella minor* Liu (61页)
    尾部及其外模，均 ×2，TR120、TR121；O_1

4、5. *Madaoyuites major* Liu (72页)
    4、5. 均为头盖，×3，×4，TR122、TR123；O_1

6～8. *Madaoyuites edongensis* Z．H．Sun (sp. nov.) (72页)
    6、7. 头盖，均 ×3，TR124、TR125；8. 尾部，×2，TR126；O_1

9. *Symphysurus* sp. (67页)

头盖，×4，TR127；O_1

10、11. *Birmanites birmanicus* (Reed) （57页）

　　10、11. 尾部，均×1，TR128、TR129；O_3

12. *Sanduspis* sp. （37页）

　　头盖，×4，TR130；ϵ_4

图 版 24

1～3. *Nankinolithus wanyuanensis* Cheng et Jian （87页）

　　1、3. 均为头部，×3，×4，TR176、TR177；2. 头部，×2；$O_{2-3}b$

4、5. *Nankinolithus jiantsaokouensis* Lu （87页）

　　4. 头部，×6，TR178；5. 头部，×5，TR179；$O_{2-3}b$

6. *Nankinolithus nankinensis* Lu （87页）

　　头部，×1.5，TR180；$O_{2-3}b$

7、8. *Calymenesun granulosa* Lu （105页）

　　7. 头盖，×2.5；8. 头盖，×4，TR181；$O_{2-3}b$

9. *Tsunyilichas chongyangensis* Z. H. Sun (sp. nov.) （109页）

　　头盖，×12，TR182；$O_{2-3}b$

10. *Shumardia aculeata* Lu （40页）

　　幼虫的头部，×8，TR183；$O_{2-3}b$

11. *Paraphillipsinella hubeiensis* Zhou （84页）

　　头盖，×10，TR184；$O_{2-3}b$

12. *Dindymene* sp. （103页）

　　头部，×6，TR185；$O_{2-3}b$

13、14. *Birmanites dabashanensis* Lu （57页）

　　13. 头盖，×2，TR186；14. 尾部，×6；$O_{2-3}b$

15. *Telephina* (*Telephina*) *convexa* Lu （50页）

　　头盖，×4；$O_{2-3}b$

图 版 25

1～3. *Crepicephalina hubeiensis* Zhu et Sun （45页）

　　1. 尾部，×5；2. 尾部，×6，TR069；3. 头盖，×6；$\epsilon_3 O_1 l$

4、5. *Ariaspis xianfengensis* Zhu et Sun （53页）

　　4. 尾部，×10；5. 尾部，×6，TR070；ϵ_2

6、7. *Klimaxocephalus verus* Sun et Zhu （44页）

　　6. 不完整头盖，×6，TR071；7. 头盖，×10；$\epsilon_3 O_1 l$

尾部，×1；$O_{2-3}b$

图　版　31

图　版　32

9. *Loganopeltis minor* Lu (85页)

　头部，×15；$O_{1-2}d$

10. *Hungioides mirus* Lu (71页)

　不完整的背壳，×2；$O_{1-2}d$

11. *Agerina elongata* Lu (78页)

　头盖，×15；$O_{1-2}d$

12、13. *Niobe yangtzeensis* Lu (61页)

　12、13. 均为尾部，均×2；$O_{1-2}d$

图　版　33

1～4. *Pseudobasilicus dawanensis* Lu (56页)

　1、2. 头部及部分胸部，均×10；3. 头盖，×6；

　4. 尾部及部分胸节，×10；$O_{1-2}d$

5～7. *Pseudobasilicus pseudodawanensis* Lu (56页)

　5～7. 头部及胸部，×3，×4，×3；$O_{1-2}d$

8、9. *Megalaspides taningensis* (Weller) (59页)

　背壳及其外模，×1，TR102；$O_{1-2}d$

图　版　34

1～3. *Birmanites yangtzeensis* Lu (57页)

　1. 不完整头盖，×3；2. 头盖，×2，TR144；3. 尾部，×1，TR145；$O_{2-3}m$

4～6. *Birmanites hupeiensis* Yi (57页)

　4、5. 尾部，均×2，TR146、TR147；6. 头盖，×2，TR148；$O_{2-3}m$

7. *Ampyx abnormis* Yi (89页)

　头盖，×4，TR149；$O_{2-3}m$

8. *Ampyx yii* Lu (89页)

　头盖，×4，TR150；$O_{2-3}m$

9、10. *Lonchodomas yohi* (Sun) (89页)

　9. 头盖，×3，TR151；10. 尾部，×4，TR152；$O_{2-3}m$

11. *Lonchodomas agilis* Xia (89页)

　头盖，×5，$O_{2-3}m$

头盖，×10；$O_{2-3}b$

图 版 37

图 版 38

图 版 39

图 版 40

图 版 41

12. 头盖，$\times 4$；13. 尾部，$\times 3$；$O_1 n$

图　版　42

图　版　43

图　版　44

图　版　45

12～14. *Gaotania hubeiensis* Yi　　　　　　　　　　　　　　　　　　　　　　　　　（110页）

　　12. 头部，×3；13. 尾部，×5；14. 背壳外模，×3，TR211；S_1lr

图　版　46

1～3. *Encrinuroides enshiensis* Chang　　　　　　　　　　　　　　　　　　　　（97页）

　　1. 头盖，×3；2. 尾部，×3；3. 头部，×2，TR212；S_1s

4、5. *Encrinuroides abnormis* Chang　　　　　　　　　　　　　　　　　　　　（96页）

　　4. 头盖，×3；5. 尾部，×4；S_1s

6. *Encrinuroides heshuiensis* Chang　　　　　　　　　　　　　　　　　　　　（97页）

　　头盖，×3；S_1s

7、8. *Luojiashania wuchangensis* Chang　　　　　　　　　　　　　　　　　　　（81页）

　　7. 背壳，×6；8. 头盖，×6；S_1

9、10. *Latiproetus nebulosus* Wu　　　　　　　　　　　　　　　　　　　　　（79页）

　　9. 头盖，×4，TR213；10. 尾部，×4，TR214；S_2f

11. *Chuanqianoproetus affluens* Wu　　　　　　　　　　　　　　　　　　　　（80页）

　　头盖，×6，TR215；S_1f

12. *Chuanqianoproetus shuangheensis* Wu　　　　　　　　　　　　　　　　　　（79页）

　　头盖，×4；S_1f

图　版　47

1、2. *Kailia* (*Kailia*) *quadrisulcata* Chang　　　　　　　　　　　　　　　　　（98页）

　　1. 头盖，×4；2. 不完整背壳，×2，TR216；S_1f

3～5. *Kailia* (*Kailia*) *intersulcata* Chang　　　　　　　　　　　　　　　　　（99页）

　　3. 头盖，×4；4. 尾部，×3，TR217；5. 头盖，×3，TR218；S_1f，S_1s

6、7. *Kailia* (*Kailia*) *tenuicaudatus* Wu　　　　　　　　　　　　　　　　　（99页）

　　6. 头盖，×3；7. 尾部，×5；S_1s

8、9. *Chuanqianoproetus shuangheensis* Wu　　　　　　　　　　　　　　　　　（79页）

　　8、9. 均为尾部，均×3，TR219、TR220；S_1f

10. *Chuanqianoproetus latifrons* Wu　　　　　　　　　　　　　　　　　　　　（79页）

　　头盖，×6，TR221；S_1f

11、12. *Chuanqianoproetus puqiensis* Z. H. Sun (sp. nov.)　　　　　　　　　　（80页）

　　头盖及其外模，均×3，TR222、TR223；S_1f

图 版 48

1. *Phillipsia*? sp. (82页)
    尾部，×5.5，TR241；C_2h

2、3. *Pseudophillipsia* sp. (83页)
    均为尾部，均×4，TR242、TR243；P_2m

图 版 49

1～7. *Yinpanolithus yinpanensis* Lu (86页)
    1、2. 头部及其外模，均×4；3、4. 头部及其外模，均×4，TR105、TR106；
    5. 上叶板部分及下叶板，×4，TR107；
    6、7. 头部及其外模，均×4，TR108、TR109；$O_{1-2}d$

8. *Hanchungolithus* (*Ichangolithus*) *ichangensis* Lu (85页)
    头部，×10；$O_{1-2}d$

9. *Hanchungolithus* (*Ichangolithus*) *ichangensis intermedius* Lu (86页)
    头部，×6；$O_{1-2}d$

10. *Hanchungolithus* sp. (85页)
    不完整头部，×6；$O_{1-2}d$

11～15. *Ningkianolithus welleri* (Endo) (86页)
    11. 不完整头部，×17；12. 尾部及胸部，×6，TR110；
    13. 头部，×6，TR111；14. 背壳外模，×6，TR112；15. 头部，×10；$O_{1-2}d$

图 版 50

1. *Ampyxinella costata* Lu (90页)
    头盖，×6，TR187；$O_{2-3}b$

2. *Ampyxinella jingshanensis* Z. H. Sun (sp. nov.) (90页)
    头部，×4，TR188；$O_{2-3}b$

3、4. *Hammatocnemis decorosus* Lu (95页)
    3. 背壳，×3，TR189；4. 头盖，×5，TR190；$O_{2-3}b$

5. *Hammatocnemis ovatus* Sheng (95页)
    头盖，×8，TR191；$O_{2-3}b$

6、7. *Parisoceraurus rectangulus* Z. Y. Zhou (93页)
    6. 不完整背壳，×3，TR192；7. 头盖，×3，TR193；$O_{2-3}b$

8、9. *Parisoceraurus decorus* Zhou (93页)

8. 头盖，×5；9. 不完整头盖，×3，TR194；$O_{2-3}b$

10. *Paraceraurus longisulcatus* Lu   (92页)
　　头盖，×4；$O_{2-3}b$

11、12. *Paraceraurus spina* Z. H. Sun (sp. nov.)   (92页)
　　11、12. 均为头盖，均×3，TR195、TR196；$O_{2-3}b$

图 版 51

1～3. *Kailia (Parakailia) hubeiensis* Z. H. Sun (sp. nov.)   (100页)
　　1、2. 头盖，均×4，TR224、TR225；3. 尾部外模，×4，TR226；$S_1 s$

4. *Kailia (Parakailia) lata* Wu   (99页)
　　头盖，×4；$S_1 s$

5、6. *Kailia (Parakailia) curvata* Wu   (99页)
　　5、6. 均为头盖，均×4，TR227、TR228；$S_1 s$

7～10. *Coronocephalus (Coronocephalus) qianjiangensis* Wu   (101页)
　　7. 头盖及三个胸节，×5，TR229；8. 头部，×5，TR230；
　　9. 背壳，×2，TR231；10. 尾部，×2，TR232；$S_1 s$

11、12. *Coronocephalus (Coronocephalus) granulatus* Wu   (101页)
　　11. 头盖，×5，TR233；12. 头盖，×3；$S_1 f$

图 版 52

1、2. *Coronocephalus (Coronocephalus) xuanenensis* Zhou   (101页)
　　1. 头盖，×3；2. 头盖，×4，TR234；S_1

3、4. *Coronocephalus (Coronocephalus) badongensis* Chang   (100页)
　　3. 头盖，4. 活动颊，均×4；$S_1 s$

5. *Coronocephalus (Coronocephalus) simplex* Zhou   (101页)
　　头盖，×3；S_1

6. *Coronocephalus (Coronocephalus) ovatus* Chang   (101页)
　　头盖，×1.5；S_1

7. *Coronocephalus (Coronocephalus) transversus* Wu   (102页)
　　头盖，×3，TR235；$S_1 f$

8、9. *Coronocephalus (Coronocephalus)* cf. *changningensis* Wu   (102页)
　　8. 尾部，×4，TR236；9. 唇瓣×3，TR237；$S_1 f$

9. 右瓣内模，×10；10. 左瓣腹部小网状装饰，×40；J_2q

11. *Euestheria orientalis* Shen (124页)

左瓣内模，×10；J_2q

12. *Nestoria? kweichowensis* (Novojilov) (124页)

12a. 左瓣，×6；12b. 生长带上残留的装饰，×60；J_2q

图　版　59

1、2. *Petalocrinus sinensis* Mu et Wu (127页)

1a. 腹，1b. 侧，1c. 背，×1，1d. 始端关节面，×3；

2a. 腹，2b. 侧，2c. 背，×1，2d. 始端关节面，×3；S_1lr

3. *Pentagonocyclicus jingshanensis* S. M. Wang (sp. nov.) (127页)

3a. 茎节面，3b. 茎侧面，×2，正型，CR1；P_2m

4. *Cyclocyclicus microporus* S. M. Wang (sp. nov.) (128页)

4a. 茎节面，4b. 茎侧面，×2，正型，CR2；P_3w

5. *Cyclocyclicus* cf. *lubricus* Li (128页)

5a. 茎节面，5b. 茎侧面，×2，CR3；P_2

6. *Pentagonoellipticus yiduensis* S. M. Wang (sp. nov.) (128页)

6a. 茎节面，6b. 茎侧面，×2，CR4；P_3w

7. *Cyclocyclicus tuberculatus* Li (128页)

茎节面，×1，CR5；P_2q

图　版　60

1. *Dendrograptus hsui* Mu (131页)

×3；O_1n

2. *Dendrograptus hupehensis* Mu (131页)

×3；O_1n

3. *Dendrograptus yangtzensis* Mu (131页)

×3；O_1n

4. *Dendrograptus yini* Mu (131页)

×3；O_1n

5. *Callograptus* cf. *compactus* (Walcott) (132页)

×3，GR0001；O_1l

6. *Callograptus coremus* Z. C. Li (sp. nov.) (132页)

×5，正型，GR0002；O_1l

7. *Callograptus curvithecalis* Mu (132页)

图 版 61

11. *Tetragraptus reclinatus* Elles et Wood (139页)

　　　× 1; $O_{1-2}d$

图　版　62

1～3. *Ptilograptus yidouensis* Z. C. Li (sp. nov.) (136页)

　　　均 × 3, 1. 正型, GR0008; 2. 副型, GR0007; 3. 副型, GR0009; O_1n

4. *Syrrhipidograptus* ? *yangtzensis* Mu (137页)

　　　× 5; O_1n

5. *Dichograptus octonarius* (Hall) (137页)

　　　× 2, GR0010; $O_{1-2}d$

6. *Schizograptus sinicus* Geh (138页)

　　　× 3, GR0011; $O_{1-2}d$

7. *Tetragraptus bigsbyi* (Hall) (138页)

　　　× 2; $O_{1-2}d$

8. *Didymograptus approximatus* Ni (140页)

　　　× 3, GR0015; $O_{1-2}d$

9. *Didymograptus asperus* Harris et Thomas (140页)

　　　× 3; $O_{1-2}d$

10. *Didymograptus* cf. *bifidus* (Hall) (140页)

　　　× 3, GR0016; $O_{1-2}d$

11、12. *Didymograptus eobifidus* Chen et Xia (141页)

　　　均 × 3, 11. GR0020, 12. GR0021; $O_{1-2}d$

13. *Didymograptus protobifidus* Elles (142页)

　　　× 3, GR0023; $O_{1-2}d$

图　版　63

1、2. *Didymograptus diapason* Chen et Xia (140页)

　　　均 × 3, 1. GR0017, 2. GR0018; $O_{1-2}d$

3. *Didymograptus nobilis* Chen et Xia (141页)

　　　× 3, GR0026; $O_{1-2}d$

4. *Didymograptus parallelus pinguis* Jiao (142页)

　　　× 3, GR0029; $O_{1-2}d$

5. *Didymograptus parallelus macilentus* Z. C. Li (subsp. nov.) (142页)

　　　× 3, 正型. GR0030; $O_{1-2}d$

6. *Didymograptus* cf. *protoartus* Decker (142页)

×3，GR0027；$O_{1-2}d$

7. *Didymograptus* sp. A   (144页)

    ×3，GR0028；$O_{1-2}d$

8、9. *Didymograptus minutus* Törnquist   (141页)

    均×3，8. GR0031，9. GR0032；$O_{1-2}d$

10. *Didymograptus aequus* Ni   (139页)

    ×3；$O_{1-2}d$

11. *Didymograptus aequabilis* Chen et Xia   (139页)

    ×3，GR0013；$O_{1-2}d$

12、13. *Didymograptus inflexus* Chen et Xia   (141页)

    均×3，12. GR0033，13. GR0034；$O_{1-2}d$

14. *Didymograptus* cf. *stratus* Chen et Xia   (143页)

    ×2，GR0035；$O_{1-2}d$

15. *Didymograptus undatus* Ni   (143页)

    ×3；$O_{1-2}d$

16. *Didymograptus vacillans* Tullberg   (143页)

    ×3，GR0036；$O_{1-2}d$

图 版 64

1. *Didymograptus enshiensis* Ni   (140页)

    ×3，$O_{1-2}d$

2、3. *Didymograptus subconvexus* Chen et Xia   (143页)

    均×3，2. GR0037，3. GR0038；$O_{1-2}d$

4. *Didymograptus lofuensis* Lee   (141页)

    ×3；$O_{1-2}d$

5. *Didymograptus similis* (Hall)   (143页)

    ×2；$O_{1-2}d$

6. *Didymograptus sagitticaulis* Gurley   (144页)

    ×1；$O_{2-3}m$

7. *Azygograptus fluitans* Ge   (144页)

    ×3，GR0040；$O_{1-2}d$

8. *Azygograptus lapworthi* Nicholson   (144页)

    ×3；$O_{1-2}d$

9. *Azygograptus suecicus* Moberg   (144页)

    ×3，GR0041；$O_{1-2}d$

10. *Azygograptus undulatus* Mu et al.   (145页)

    ×2；$O_{1-2}d$

图 版 65

图　版　67

$\times 6$；$O_{1-2}d$

图　版　68

19. *Pseudoclimacograptus scharenbergi* (Lapworth) (166页)

　　× 1；$O_{2-3}m$

图　版　69

1. *Pseudoclimacograptus demittolabiosus tangyensis* Geh (166页)

　　× 3；$O_{2-3}m$

2. *Pseudoclimacograptus longus* Geh (166页)

　　× 3；$O_{2-3}m$

3、4. *Pseudoclimacograptus hubeiensis* Mu et al. (166页)

　　均 × 3，幼体标本，3. GR0069，4. GR0070；S_1x

5. *Pseudoclimacograptus hughesi* (Nicholson) (166页)

　　× 3；O_3S_1l

6. *Pseudoclimacograptus retroversus* Bulman et Rickards (167页)

　　× 3；O_3S_1l

7. *Pseudoclimacograptus retroversus latus* Wang (167页)

　　× 3；O_3S_1l

8. *Pseudoclimacograptus sculptus* Chen et Lin (167页)

　　× 6；S_1x

9. *Climacograptus* cf. *antiquus* Lapworth (167页)

　　× 3；$O_{2-3}m$

10、11. *Climacograptus antiquus* var. *lineatus* Elles et Wood (168页)

　　均 × 3；$O_{2-3}m$

12. *Climacograptus brevis* Elles et Wood (168页)

　　× 6；$O_{2-3}m$

13. *Climacograptus haddingi* Glimberg (168页)

　　× 3；$O_{2-3}m$

14. *Climacograptus parvus* (Hall) (168页)

　　× 3；$O_{2-3}m$

15. *Climacograptus hastatus* T. S. Hall (168页)

　　× 3；GR0159；O_3S_1l

16. *Climacograptus hastatus minor* Wang (169页)

　　× 3；O_3S_1l

17. *Climacograptus latus* Elles et Wood (169页)

　　× 5；O_3S_1l

18. *Climacograptus leptothecalis* Mu et Geh (169页)

　　× 3；O_3S_1l

19. *Climacograptus leptothecalis angustus* Wang (169页)

$\times 3$；O_3S_1l

20．*Climacograptus macilentus* Wang （169页）

$\times 3$；O_3S_1l

图 版 70

1．*Climacograptus sichuanensis* Geh （170页）

$\times 3$；O_3S_1l

2．*Climacograptus supernus* Elles et Wood （170页）

$\times 3$；O_3S_1l

3．*Climacograptus supernus longus* Geh （170页）

$\times 3$；O_3S_1l

4．*Climacograptus tangyaensis* Geh （170页）

$\times 3$，O_3S_1l

5．*Climacograptus tenuicaudatus* Wang （171页）

$\times 3$；O_3S_1l

6．*Climacograptus textus* Geh （171页）

$\times 2$，GR0074；O_3S_1l

7．*Climacograptus textus yichangensis* Geh （171页）

（借用湖南东安县图片），$\times 2$；O_3S_1l

8．*Climacograptus tubuliferus* Lapworth （171页）

$\times 3$；O_3S_1l

9、10．*Climacograptus venustus* Hsü （171页）

均 $\times 3$，9．GR0075；10．GR0076；O_3S_1l

11、12．*Climacograptus medius* Törnquist （172页）

均 $\times 3$；O_3S_1l

13、14．*Climacograptus minutus* Carruthers （172页）

均 $\times 3$；O_3S_1l

15．*Climacograptus posohovae* (Chaletzkajia) （172页）

$\times 3$；O_3S_1l

16．*Climacograptus rectangularis* (McCoy) （173页）

$\times 3$；O_3S_1l

17．*Climacograptus subrectangularis* Wang （173页）

$\times 3$；O_3S_1l

图 版 71

图 版 72

图 版 73

1. *Orthograptus gigantus* Wang (182页)
   × 1; O_3S_1l

2. *Orthograptus gracilis sinicus* Li (MS) (182页)
   × 3, GR0090; O_3S_1l

3. *Orthograptus* cf. *intermedius* Elles et Wood (182页)
   × 3, GR0091; O_3S_1l

4. *Orthograptus maxima* Mu (182页)
   × 3, GR0092; O_3S_1l

5. *Orthograptus opinus* Wang (183页)
   × 3; O_3S_1l

6. *Orthograptus rigidus* Li (MS) (183页)
   × 2, GR0094; O_3S_1l

7. *Orthograptus socialis* (Lapworth) (183页)
   × 3, O_3S_1l

8. *Orthograptus truncatus* (Lapworth) (183页)
   × 2, GR0095; O_3S_1l

9. *Orthograptus uniformis* Mu et Lee (184页)
   × 2; O_3S_1l

10. *Orthograptus yichangensis* Wang (184页)
    × 3; O_3S_1l

11. *Orthograptus acanthodus* Ni (184页)
    × 3; O_3S_1l

12. *Orthograptus daemonius* Ni (184页)
    × 10; S_1x

13. *Orthograptus insectiformis* (Nicholson) (185页)
    × 3; S_1x

14. *Orthograptus lochoformis* Chen et Lin (185页)
    × 3; O_3S_1l

15. *Orthograptus nanu*s Wang (185页)
    × 2; O_3S_1l

16. *Orthograptus parallelus* Wang (185页)
    × 3; O_3S_1l

17. *Orthograptus penna* Hopkinson (185页)
    × 2; S_1x

18. *Orthograptus similis* Ni (186页)
    × 3; O_3S_1l

图　版　74

$\times 3$；O_3S_1l、S_1x

19. *Petalolithus peregrinus* Wang (190页)

$\times 3$；O_3S_1l

20. *Petalolithus primulus* Bouček et Pribyl (190页)

$\times 3$；O_3S_1l

图 版 75

1. *Petalolithus palmeus* var. *latus* (Barrande) (190页)

$\times 3$，GR0100；O_3S_1l

2. *Petalolithus scalariformis* Ni (190页)

$\times 3$；O_3S_1l

3. *Petalolithus trajectilis* Ni (191页)

$\times 3$；S_1x

4. *Petalolithus triangulatus* Ni (191页)

$\times 10$；S_1x

5. *Cephalograptus cometa* (Geinitz) (192页)

$\times 3$，GR0101；S_1x

6. *Cephalograptus tubulariformis* (Nicholson) (192页)

$\times 3$，GR0105；S_1x

7. *Cephalograptus tubulariformis latus* Wang et Ma (192页)

$\times 3$；S_1x

8. *Lasiograptus costatus* Lapworth (192页)

$\times 3$；$O_{2-3}m$

9. *Prolasiograptus curvithecatus* (Geh) (193页)

$\times 6$；$O_{2-3}m$

10. *Prolasiograptus salebrosus* (Geh) (193页)

$\times 3$；$O_{2-3}m$

11. *Prolasiograptus spinatus* (Hadding) (194页)

$\times 3$；$O_{2-3}m$

12. *Orthoretiograptus denticulatus* Mu (194页)

$\times 3$；O_3S_1l

13. *Sinoretiograptus mirabilis* Mu (194页)

$\times 10$；O_3S_1l

14、15. *Pararetiograptus magnus* Mu et al. (195页)

均 $\times 5$；O_3S_1l

16. *Pararetiograptus regularis* Mu (195页)

$\times 5$；O_3S_1l

· 334 ·

×5；O_3S_1l

图 版 78

图 版 79

$\times 2$；S_1x

13. *Monoclimacis hamata* Mu et al. (209页)

$\times 3$；S_1x

图 版 80

1. *Monoclimacis variabilis* Ni (209页)
  $\times 6$；S_1x、S_1lr
2. *Monograptus clingani* (Carruthers) (209页)
  $\times 3$；S_1x
3、4. *Monograptus changyangensis* Sun (209页)
  3. $\times 5$；4. $\times 3$，GR0161；S_1x
5. *Monograptus* cf. *distans* (Portlock) (210页)
  $\times 3$；S_1x
6. *Monograptus enshiensis* Mu et al. (210页)
  $\times 6$；S_1lr
7、8. *Monograptus gemmatus* (Barrande) (210页)
  7. $\times 3$；8. $\times 6$；O_3S_1l、S_1x
9. *Monograptus intertextus* Wang (210页)
  $\times 3$；S_1x
10、11. *Monograptus priodon minor* Wang (210页)
  均 $\times 5$；S_1x
12. *Monograptus rhadinus* Ni (211页)
  $\times 6$；S_1x
13. *Monograptus sedgwickii* (Portlock) ? (211页)
  $\times 3$；S_1x
14. *Monograptus* cf. *undulatus* Elles et Wood (211页)
  $\times 3$；S_1x
15. *Monograptus yichangensis* Ni (212页)
  $\times 6$；S_1x
16. *Paramonoclimacis minor* Wang et Ma (212页)
  $\times 5$；S_1x
17. *Paramonoclimacis sinicus* (Geh) (213页)
  $\times 5$；S_1x

图 版 81

图 版 82

图　版　84

图　版　85

图　版　86

2a. M. 嚼面，×1；2b. 侧面，×1；3a. P$_4$ 内侧面，×1；3b. 嚼面，×1；

4a. 破碎下颌具 M$_2$—M$_3$ 侧面，×1；4b. 嚼面，×1；N$_2$

5. *Ailuropoda melanoleuca fovealis* (Matthew et Granger) (242页)

左 M^3，冠面视 ×1；Q$\overset{2}{p}$—Q$\overset{3}{p}$

6～8. *Equus yunnanensis* Colbert (248页)

6. 左 M^1 或 M$_2$，嚼面视，×1；7. 右 P$_2$，嚼面视，×1；

8. 左 P$_3$ 或 P$_4$，嚼面视，×1；Q$\overset{1}{p}$

9、13. *Rhinoceros sinensis* Owen (249页)

9. 左 M$_1$，嚼面视，×1/2，（借用广东标本）；

13. 右上颌破块，带有 P^4—M^2，嚼面视，×1/2；Q$\overset{2}{p}$

10. *Panthera tigris* Linnaeus (243页)

a. 左 P$_3$ 冠面视，×1；b. 唇面视，×1；Qp

11. *Crocuta ultima* Matsumoto (243页)

左 P$_4$ 冠面视，×1；右下颌破块，带有 P$_4$—M；Q$\overset{2}{p}$—Q$\overset{3}{p}$

12. *Gomphotherium wufengensis* Pei (245页)

右 M$_3$，嚼面视，×1/4；Q$\overset{2}{p}$

图 版 90

1～3、6. *Euarctos kokeni* (Matthew et Granger) (242页)

1. 头骨背面视，×2/3；2. 头骨侧面视 ×2/3；3. 下颚骨侧面视，×1/2。

6a. 嚼面视；6b. 内侧视，均 ×1；Q$\overset{3}{p}$ / Qh

4、5、7. *Ailuropoda melanoleuca fovealis* (Matthew et Granger) (242页)

4. 左上颌，嚼面视，×1；5. 左上颌，嚼面视，×1；

7，左下第二臼齿，嚼面视，×1；Q$\overset{2}{p}$—Q$\overset{3}{p}$

图 版 91

1、6～8. *Stegodon orientalis* Owen (247页)

1. 左 DP^3，嚼面视，×1；6. 左 DM$_3$，冠面视，×1；7. 左 M$_3$，嚼面视，×1/4。

8. 左 M$_3$，嚼面视，×1/4；Q$\overset{2}{p}$

2. *Dorcatherium progressus* Yan (251页)

a. 一不完整右下颌（具 P$_4$—M$_2$）嚼面视；b. 唇侧视；N$\overset{1}{2}$

3. *Hipparion* cf. *ptychodus* (248页)

a. M$_3$ 嚼面视；b. P^3 嚼面视；c. P^4 嚼面视；N$\overset{1}{2}$

4、5. *Ailuropoda melanoleuca fovealis* (Matthew et Granger) (242页)

4. 部分左上颌，嚼面视，×1；5. 部分右下颌，嚼面视，×1；Q$\overset{2}{p}$—Q$\overset{3}{p}$

9. *Tetralophodon* sp.   (246页)

左 M^1 或 M_2，缺失前面第一步脊．a．外侧视，b．嚼面视；均 $\times 1$；Nd

图 版 92

1. *Zygolophodon nemomguensis* Chow et Chang   (246页)

    a．右 M_3 断块，冠面视；b，右 M_3 断块，侧面视；Ns

2、5～7、10～12. *Listriodon robustus* Yan   (250页)

    2、7．上齿列。5．上齿列。6．下齿列。10．P_4 冠面视。11．M_2 冠面视。
12．M_3 冠面视；Ns

3. *Ceruus* (*Rusa*) *unicolor* (Kerr)，1792   (252页)

    右 M_3（冠面视）$\times 1$；$Q\overset{2}{p}$

4. *Sus scrofa* Linnaeus   (251页)

    右上颌骨，带有 $P_4—M^3$，冠面视，$\times 1$；$Q\overset{2}{p}$

8. *Rhinoceros sinensis* Owen   (249页)

    左 M^1（冠面视）$\times 2/3$；$Q\overset{2}{p}$

9. *Bubalus bubalis* (Linnaeus)   (253页)

    右 M^2（冠面视）$\times 1$；$Q\overset{2}{p}$

图 版 93

1. *Oioceros* ? *noverca* Pligrim，1934   (252页)

    1a、1b、1e．右侧角；1d．左侧角；Ns

2～4. *Anchitherium aurelianense* (Cuvier)   (247页)

    2．下齿列舌侧视。3．上齿列唇侧视。4．上齿列顶面视；Ns

5. *Dicerorhinus ringstromi* Arambourg，1959   (249页)

    一不完整右脚；N_2^1

图 版 94

1、2. *Megatapirus augustus* Matthew et Granger   (249页)

    1a．内侧视；1b．嚼面视，均 $\times 1$。2．右 M^2 嚼面视，$\times 1$；$Q\overset{2}{p}$

3、4. *Tesselodon fangxianensis* Yan   (250页)

    3a、4a．侧面视；3b、4b．冠面视；Ns

5. *Anchitherium aurelianense* (Cuvier)   (247页)

    下齿列顶面视；Ns

四、图版

图版 2

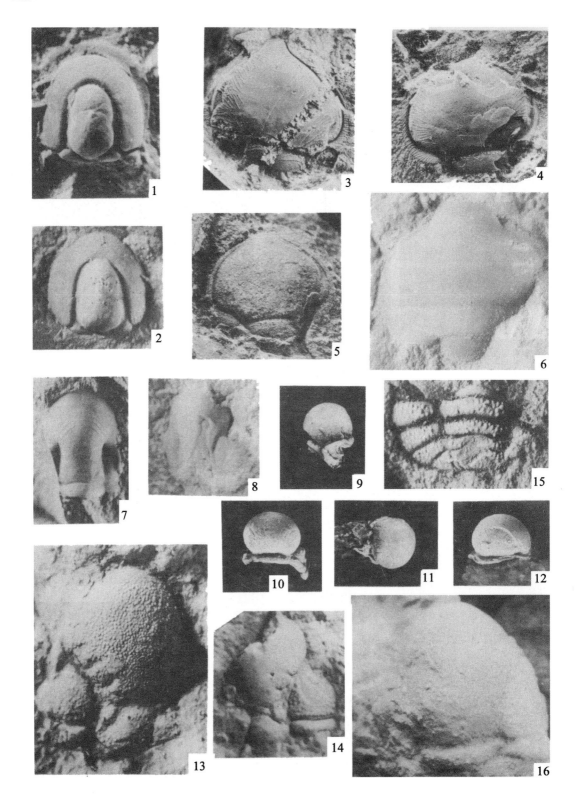

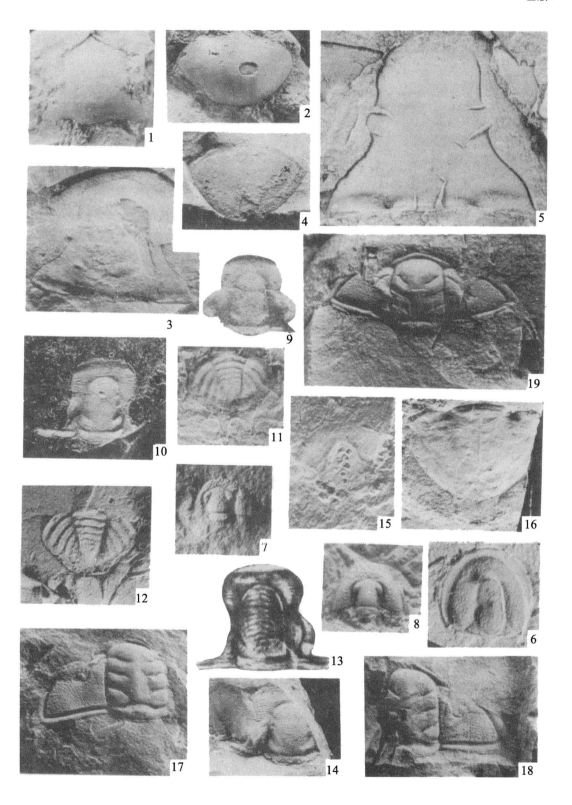

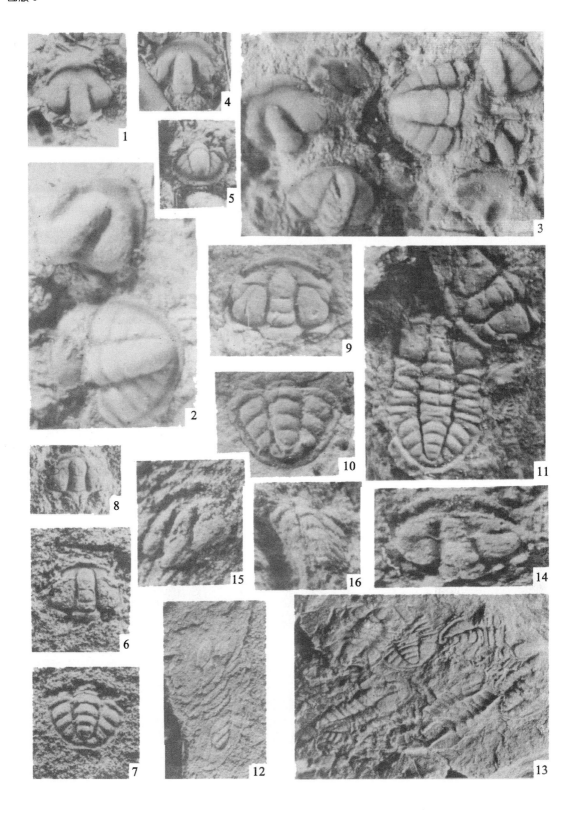

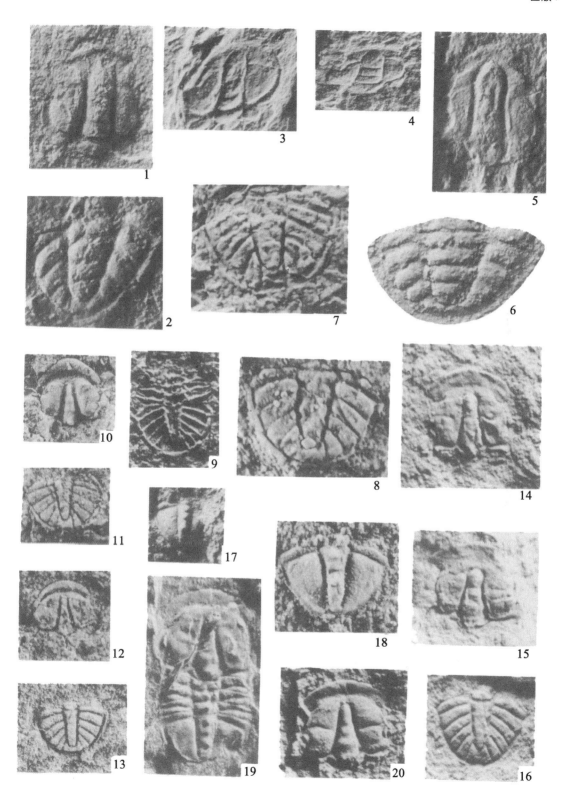

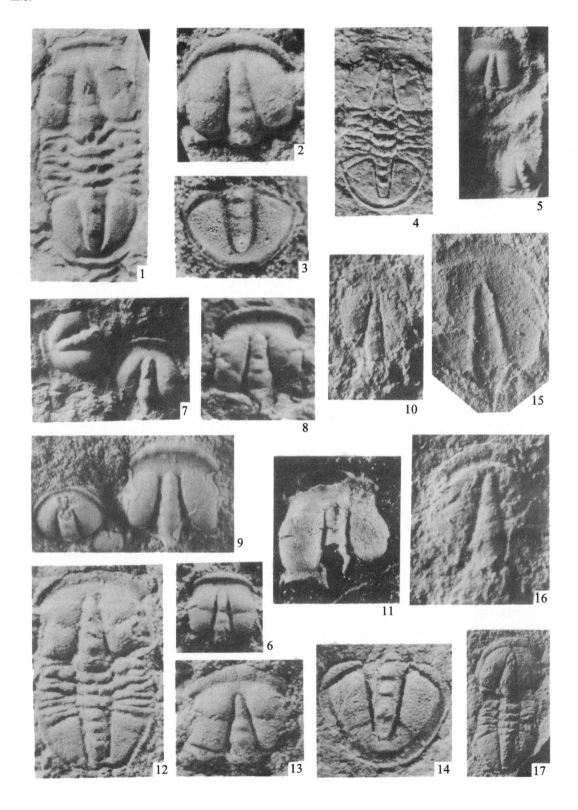

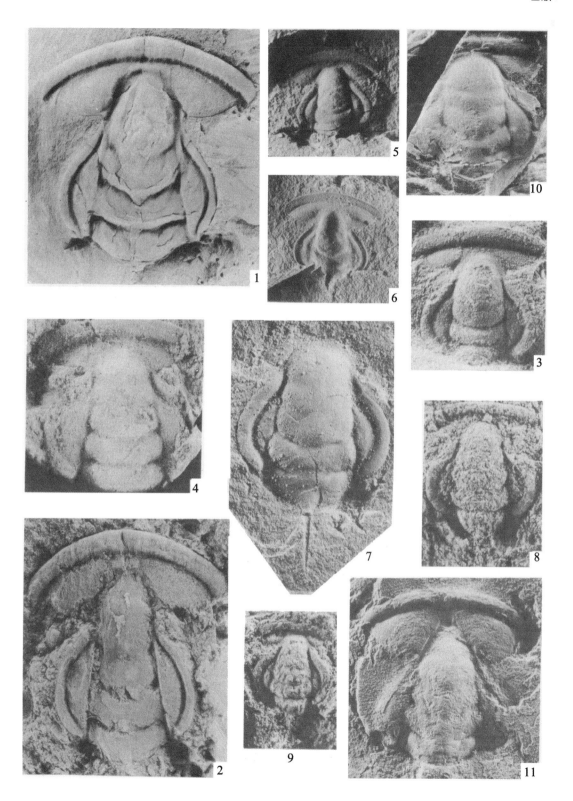

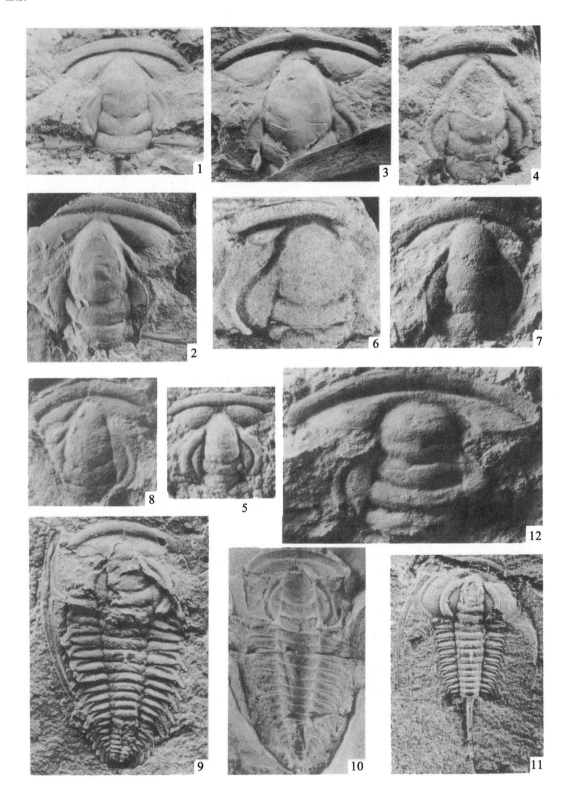

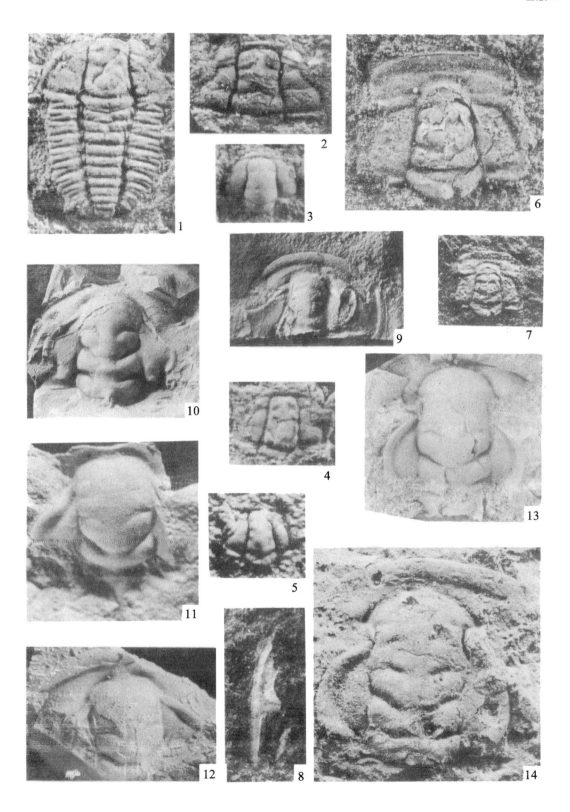

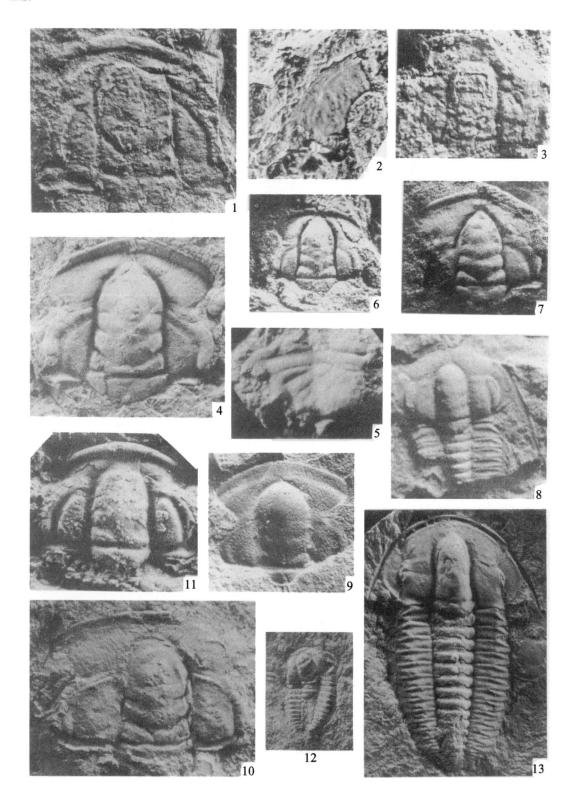

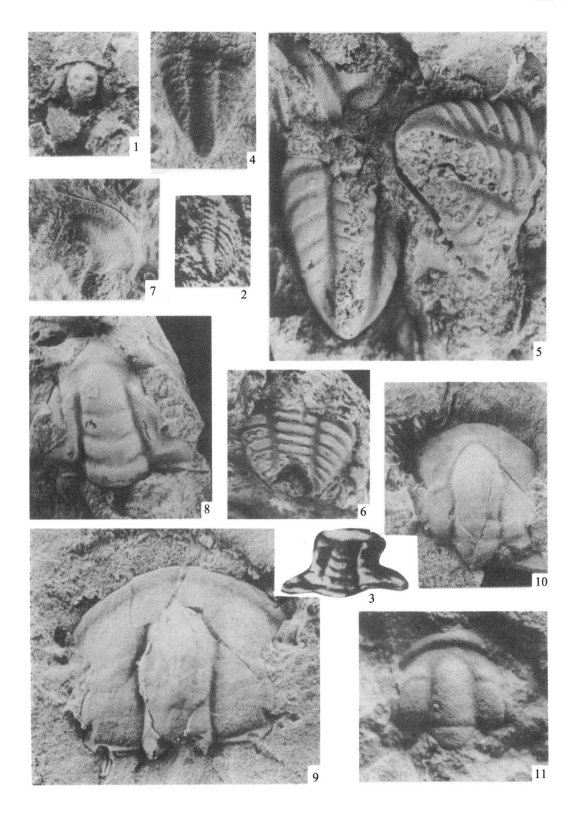

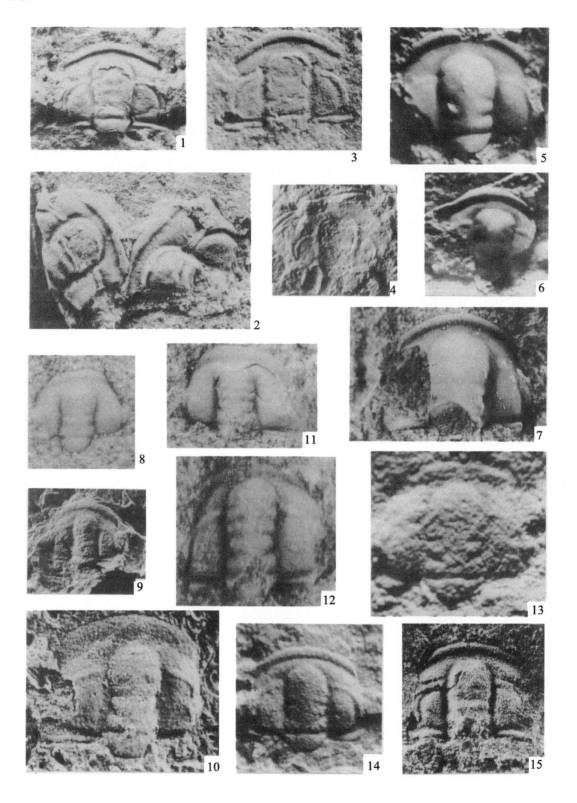

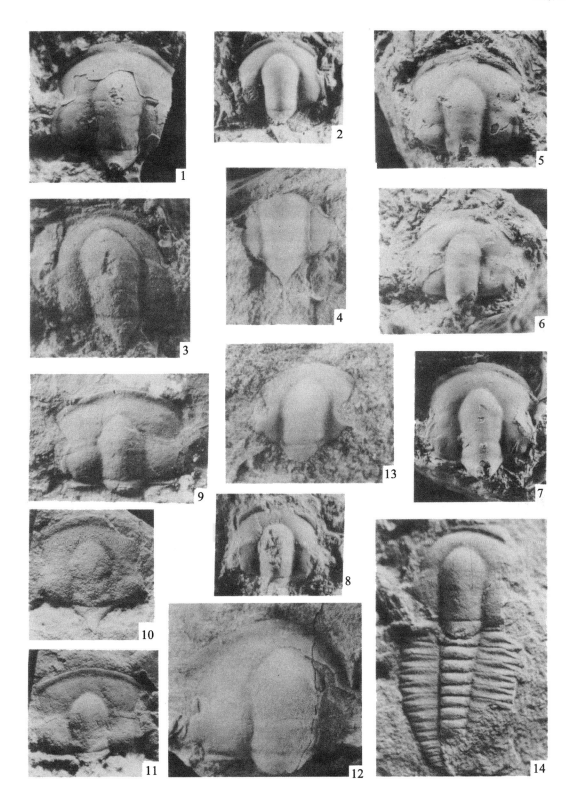

图版 18

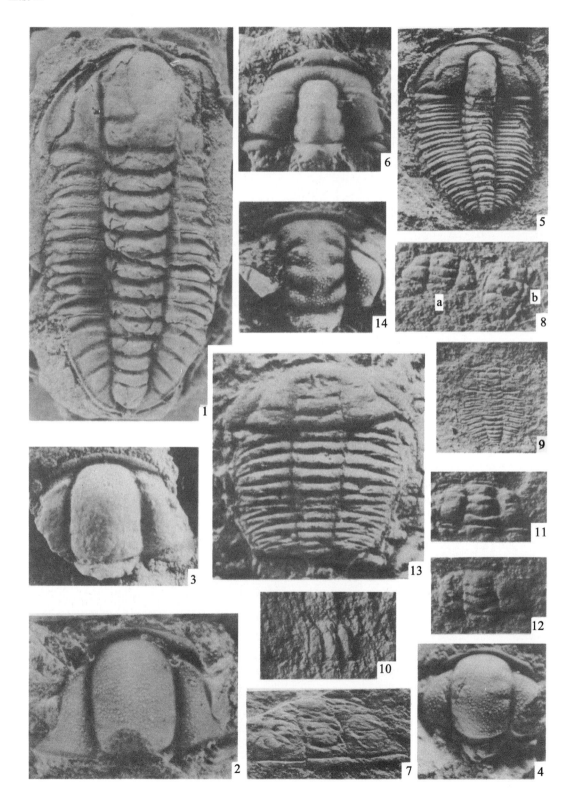

图版 20

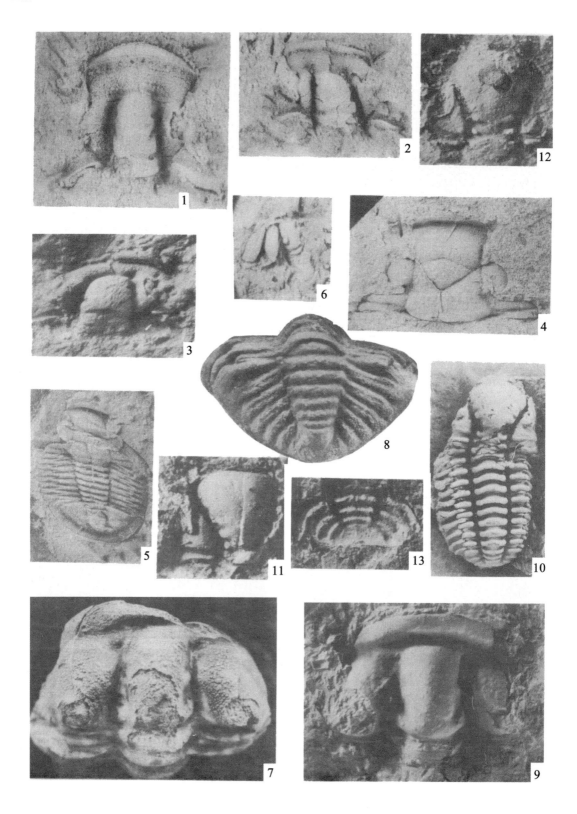

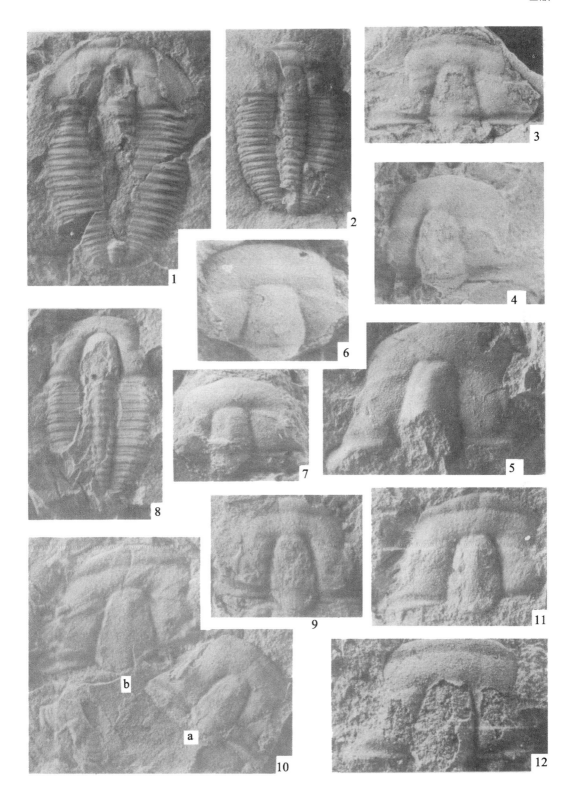

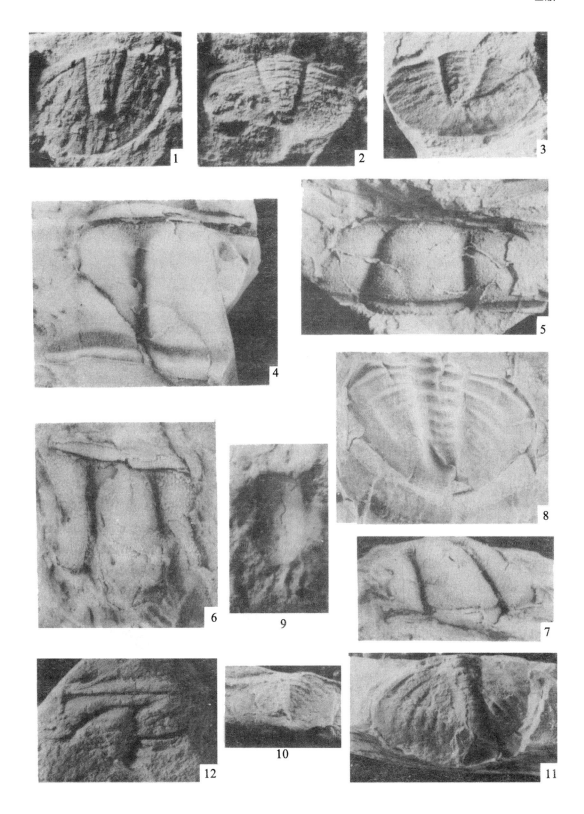

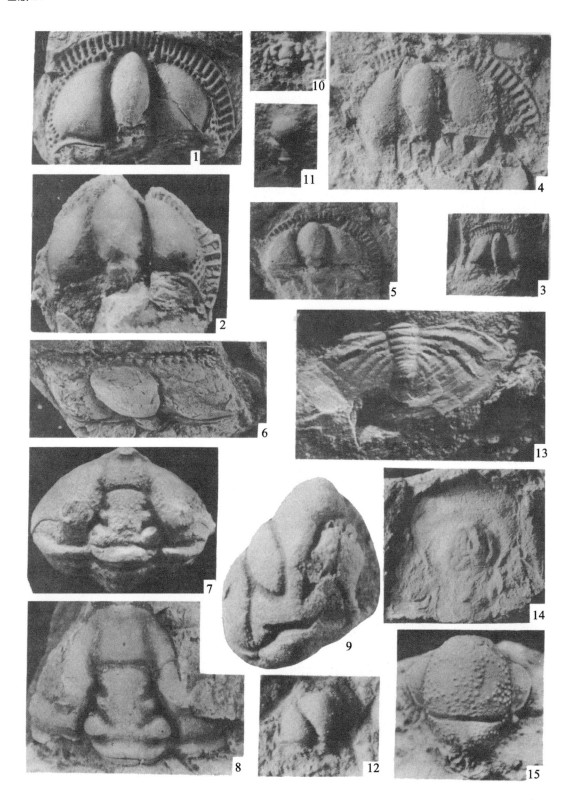

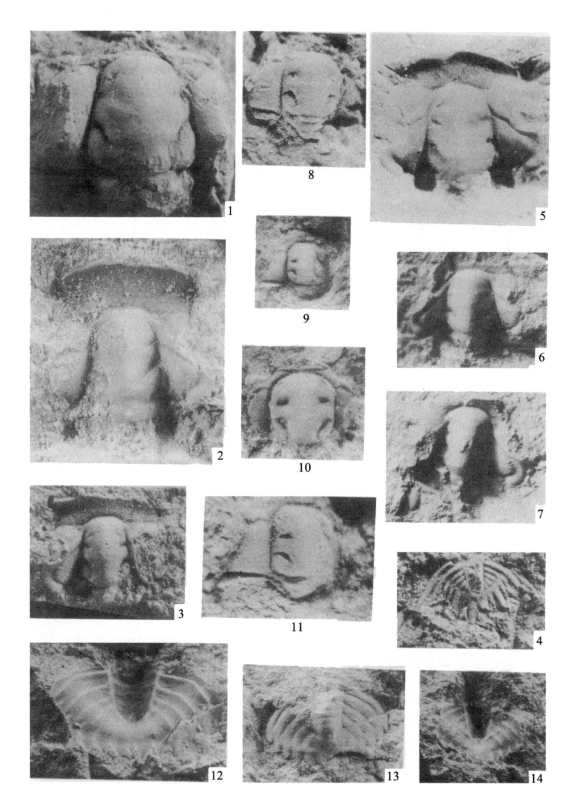

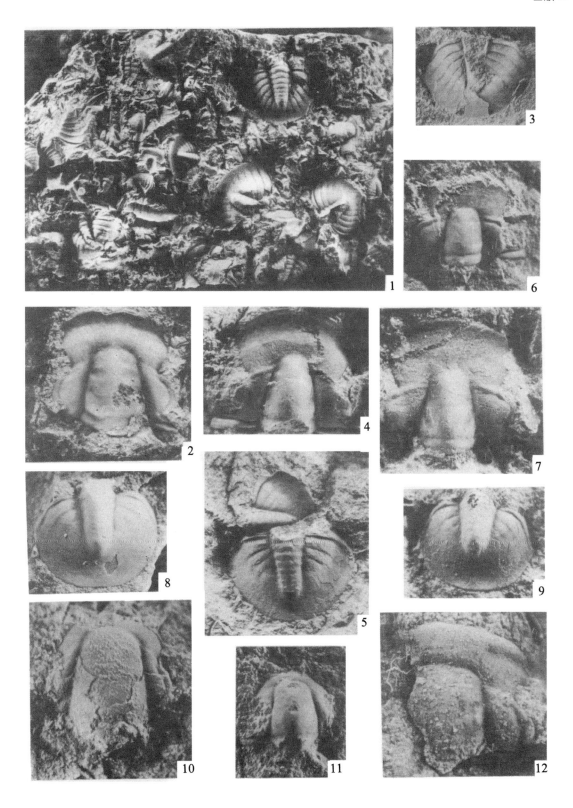

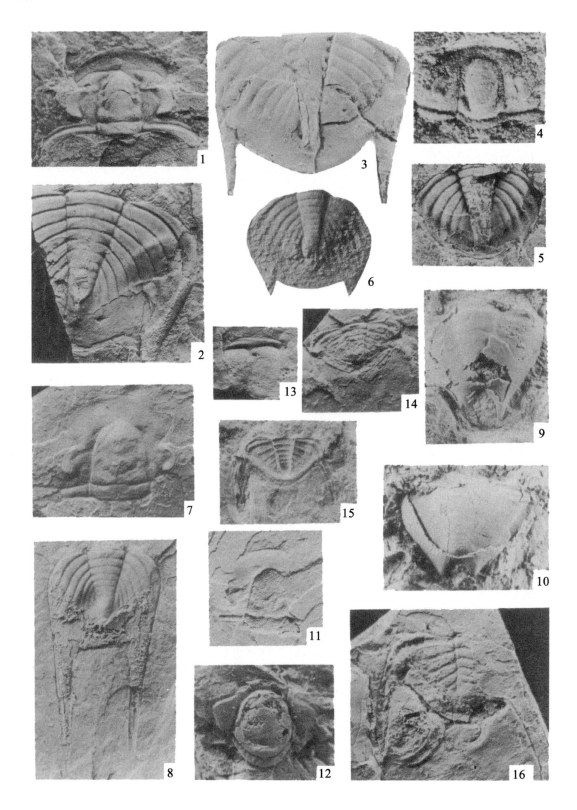

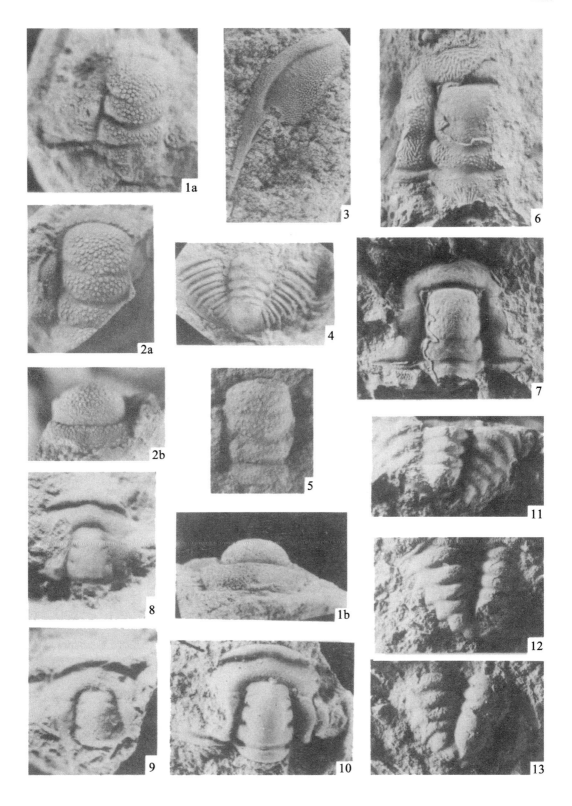

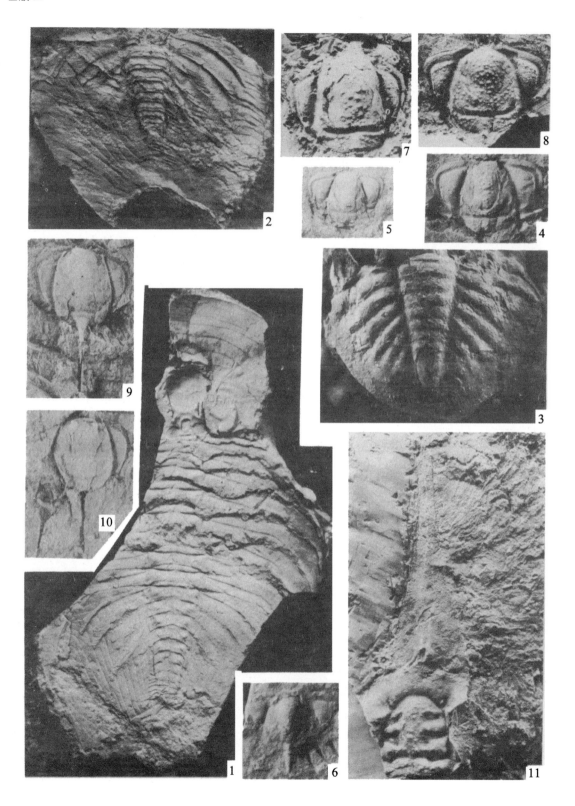

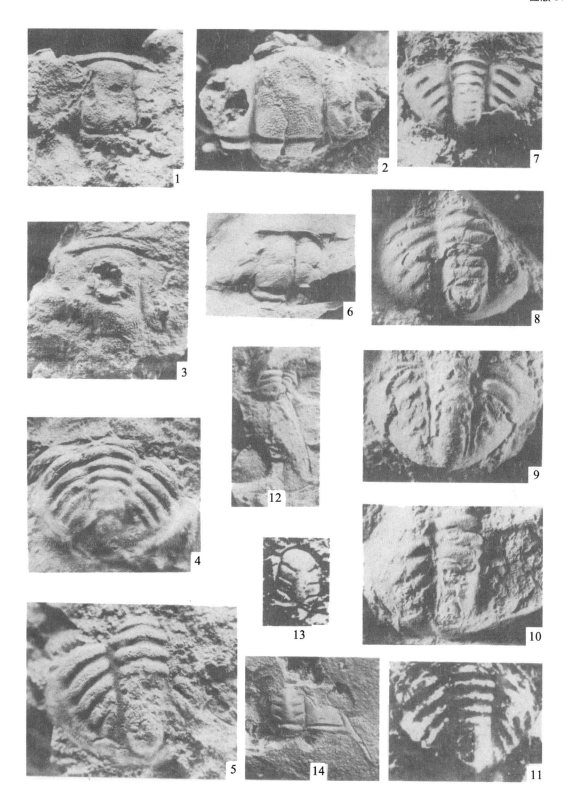

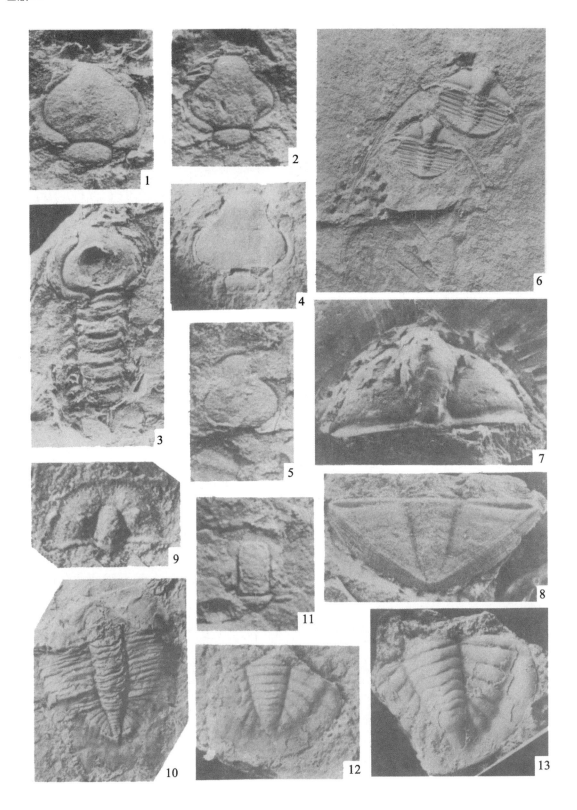

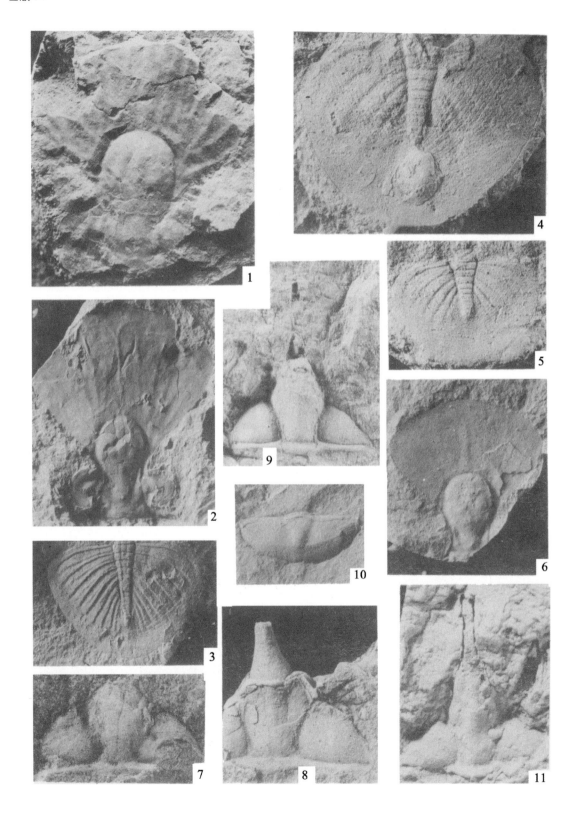

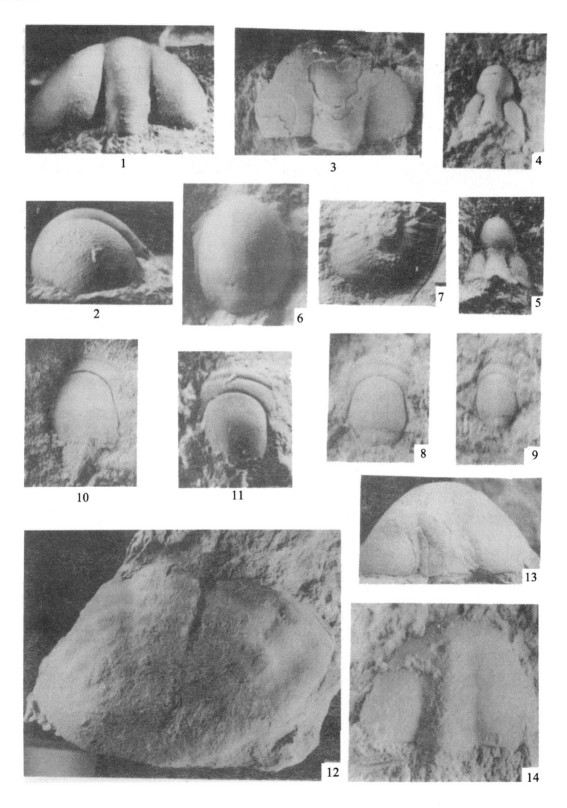

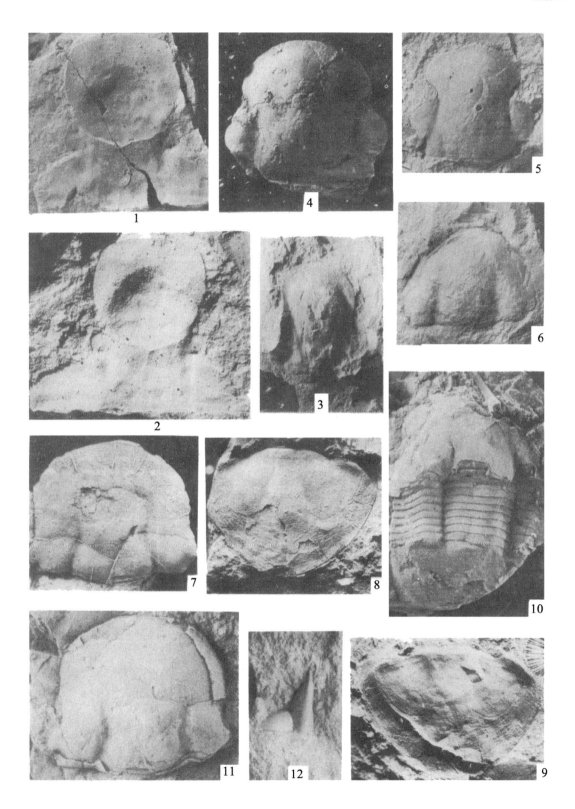

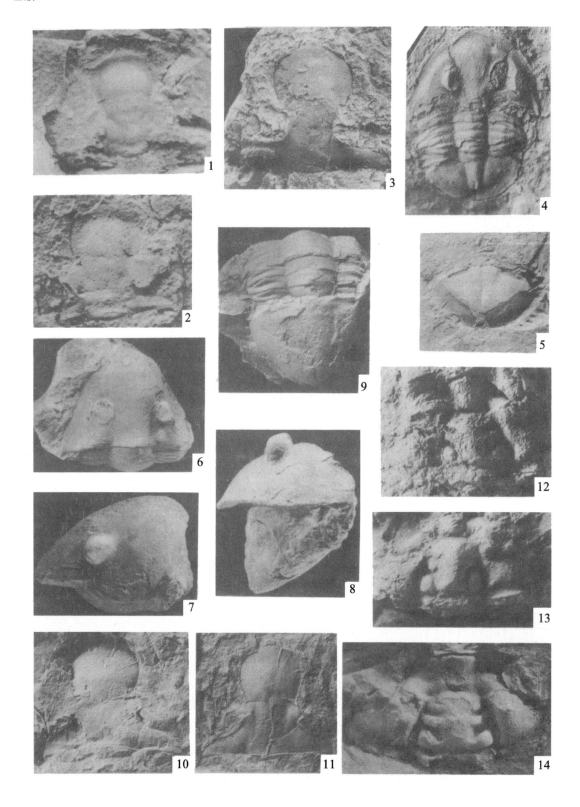

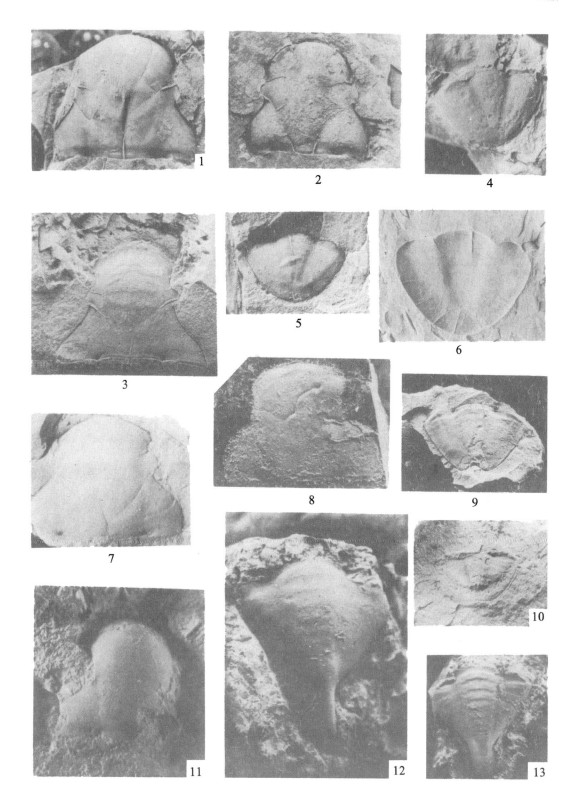

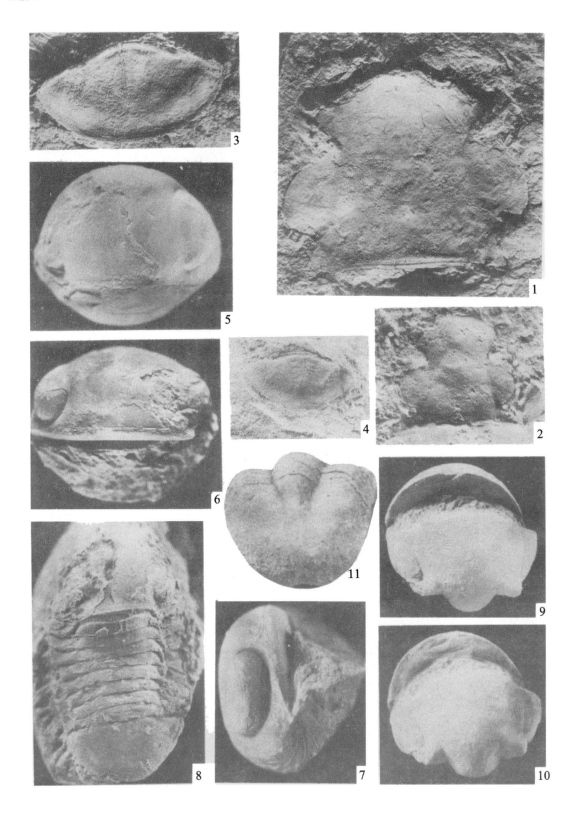

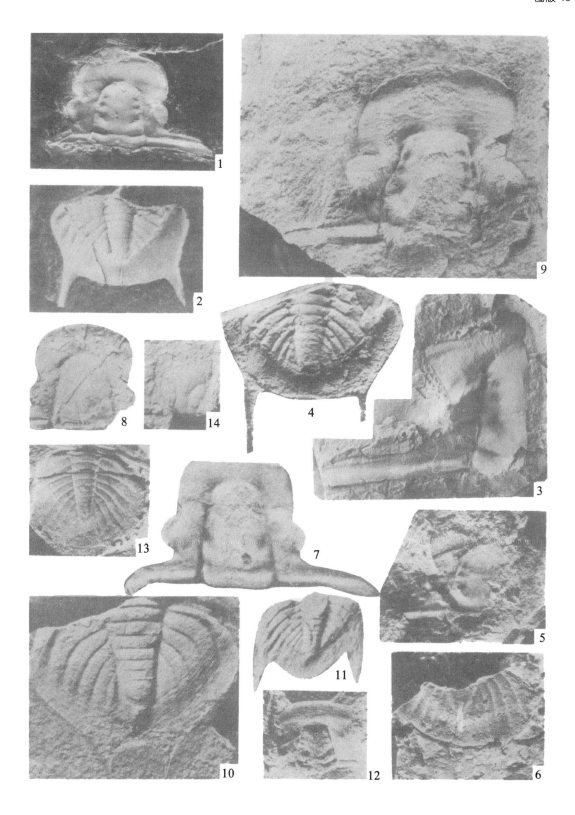

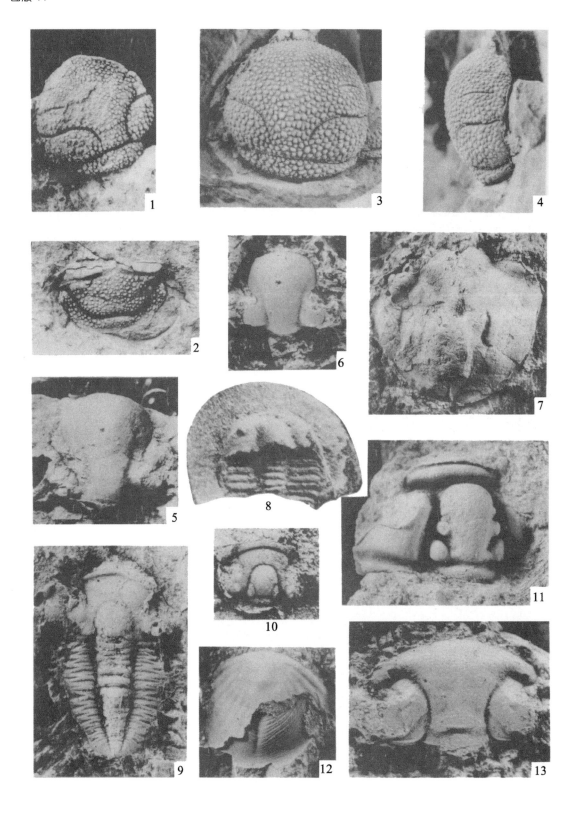

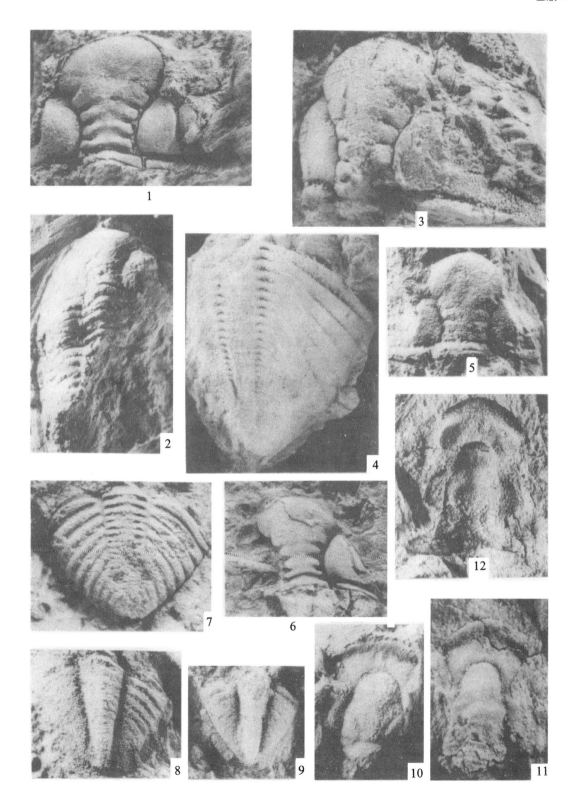

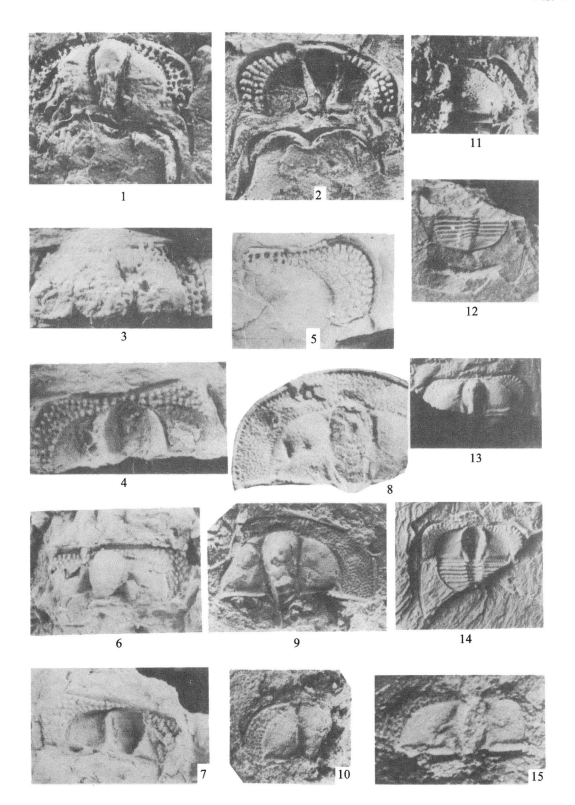

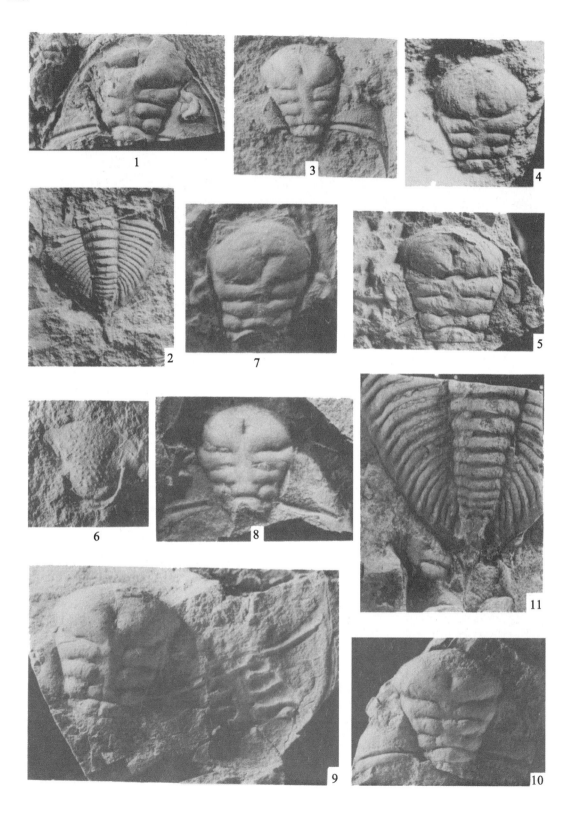

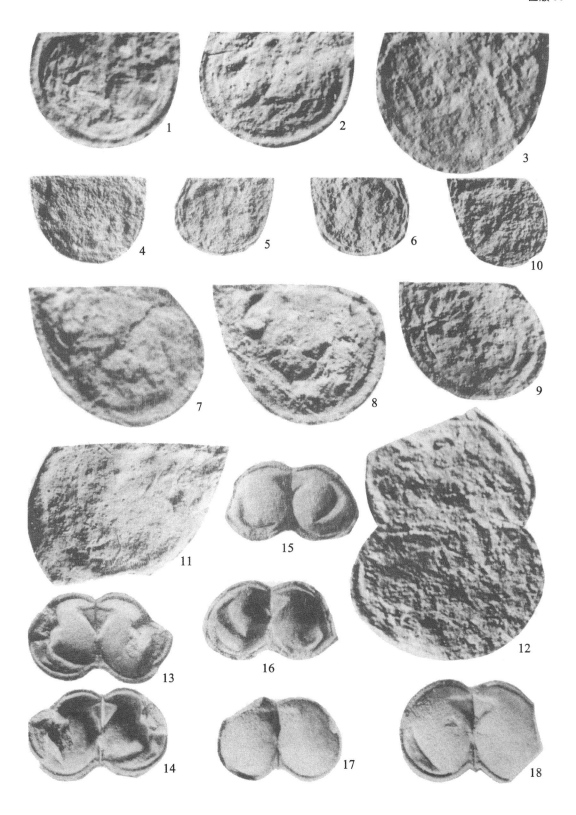

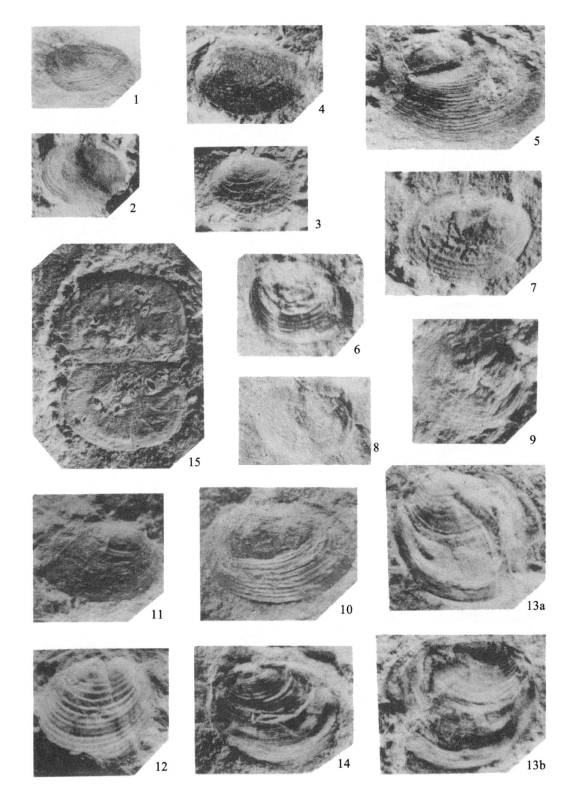

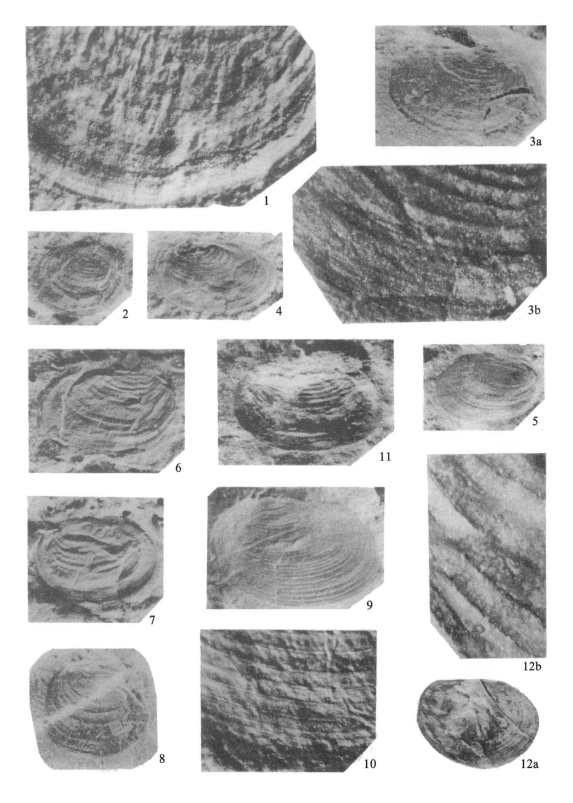

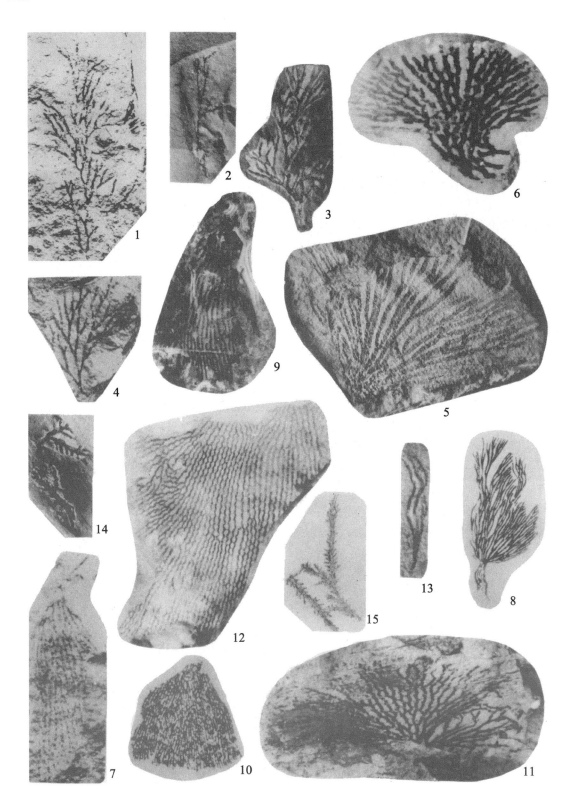

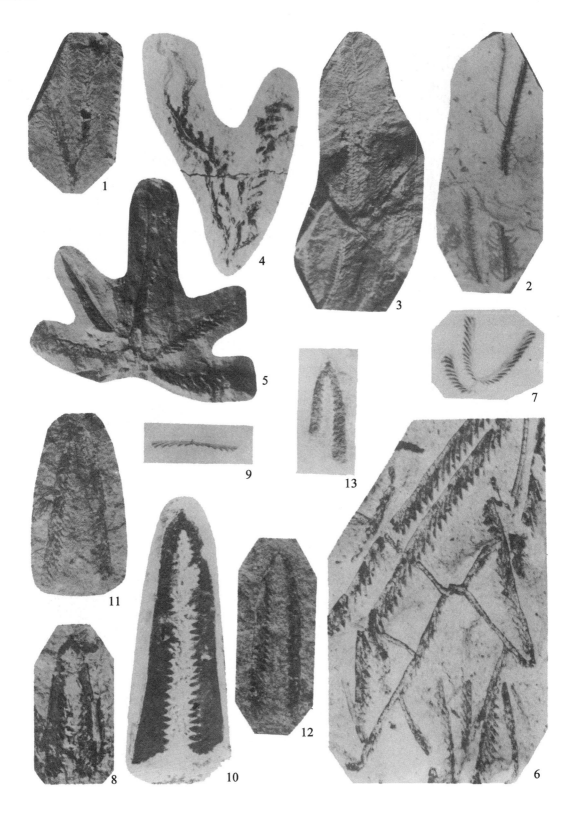

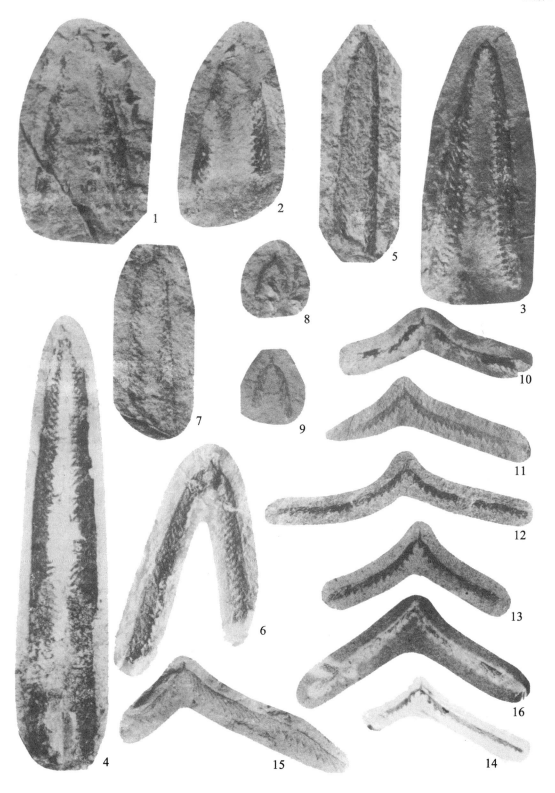

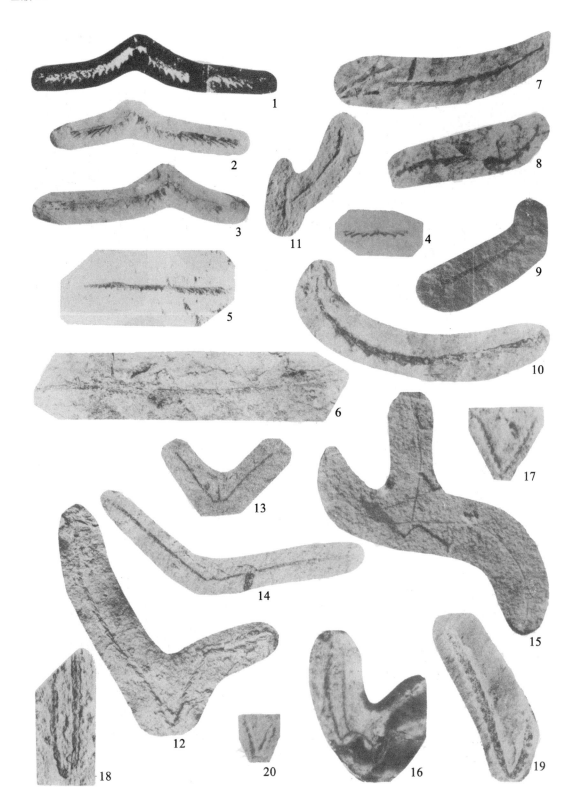

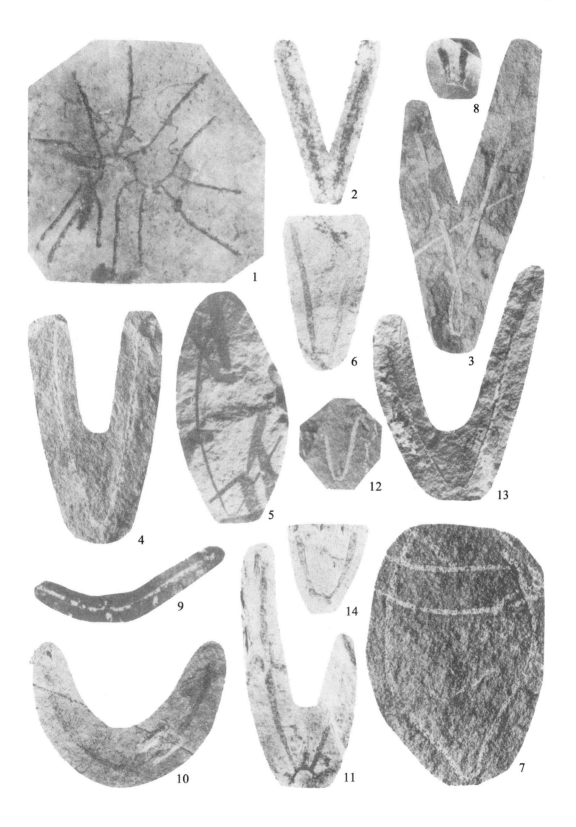

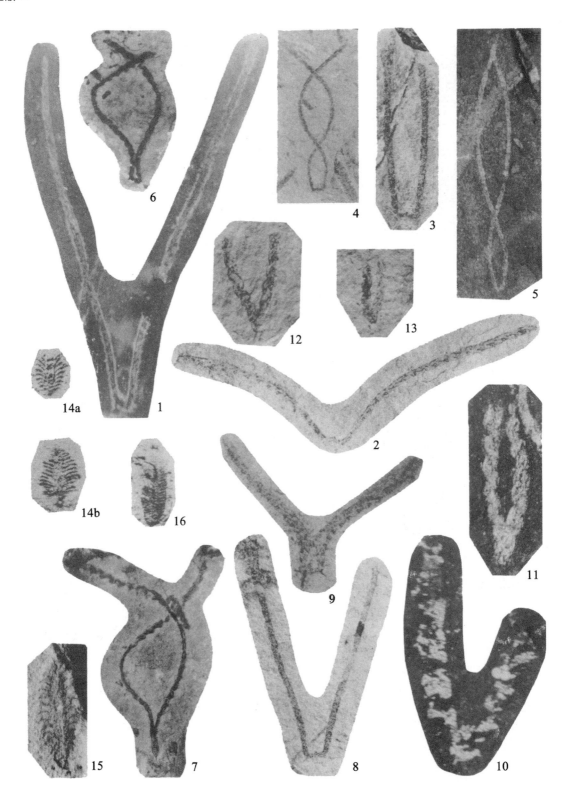

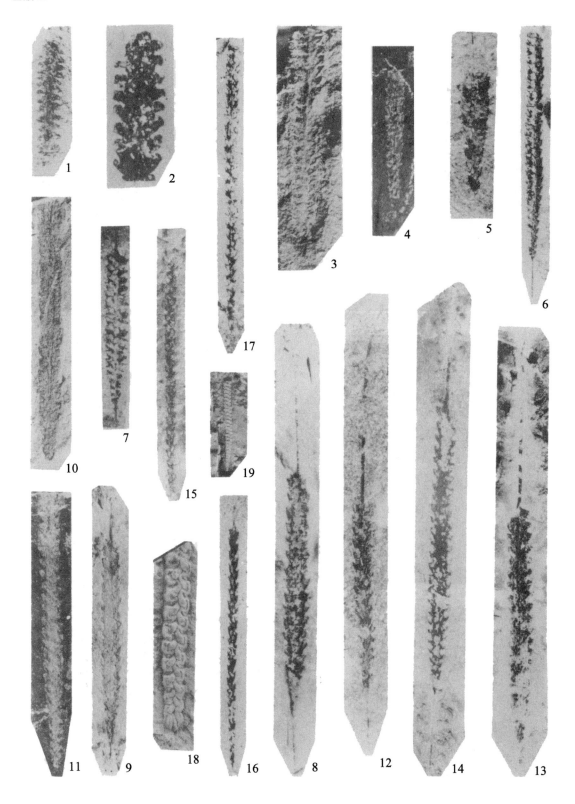

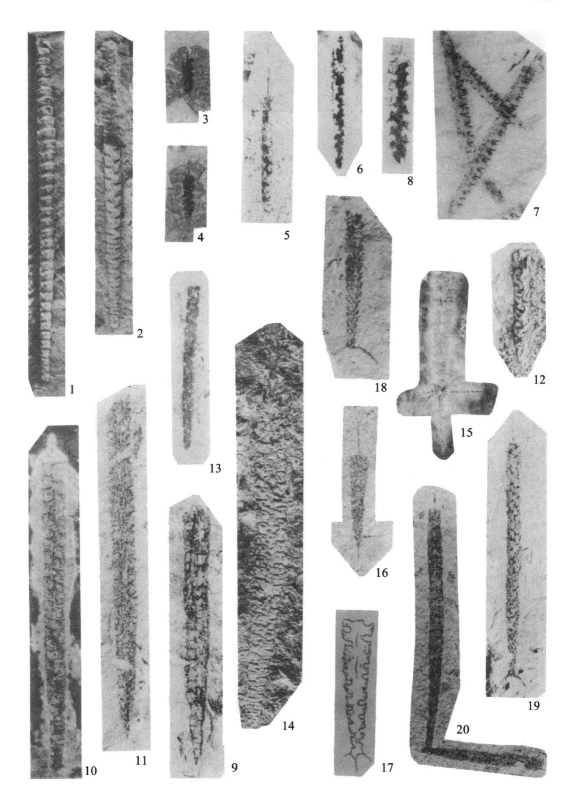

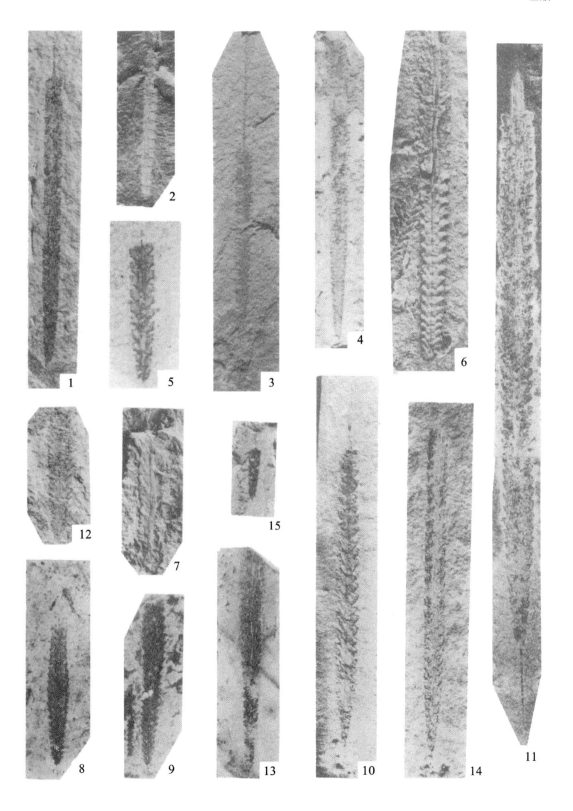

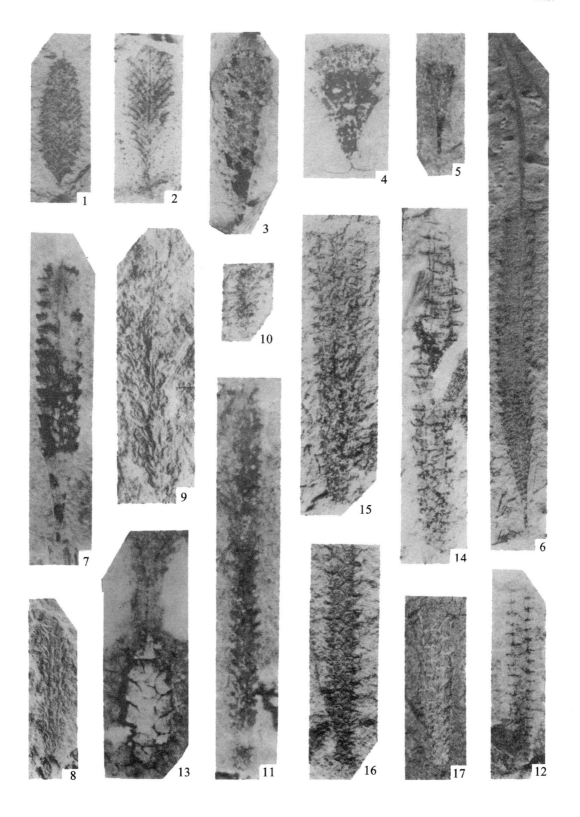

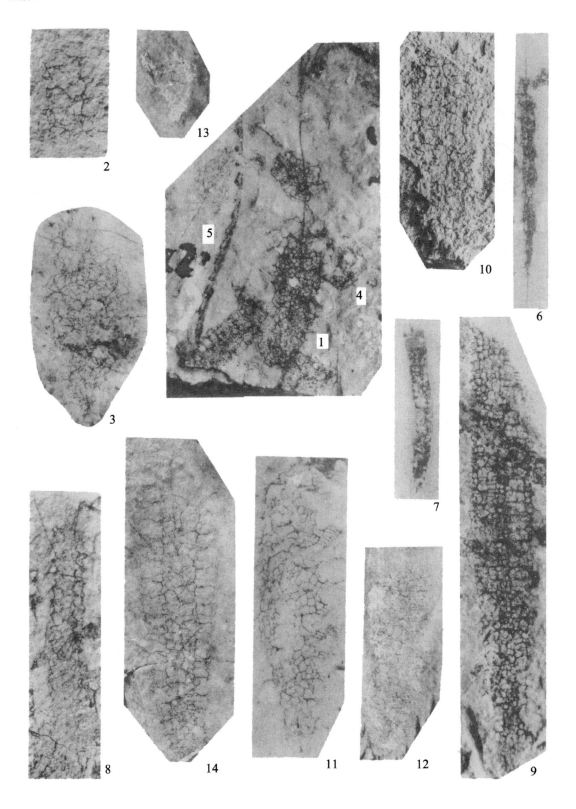

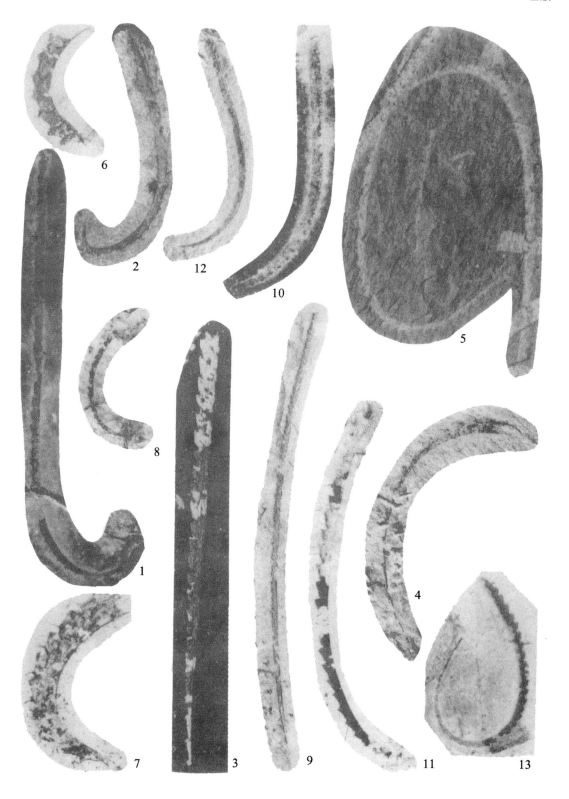

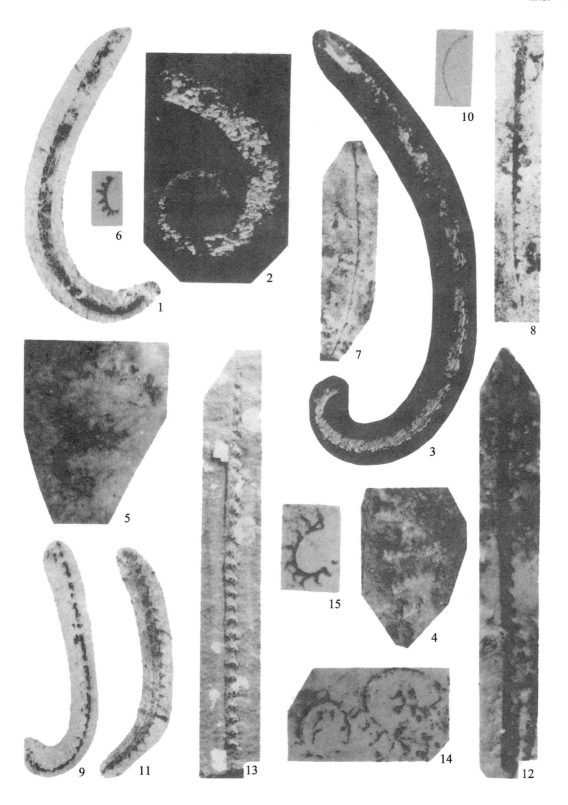

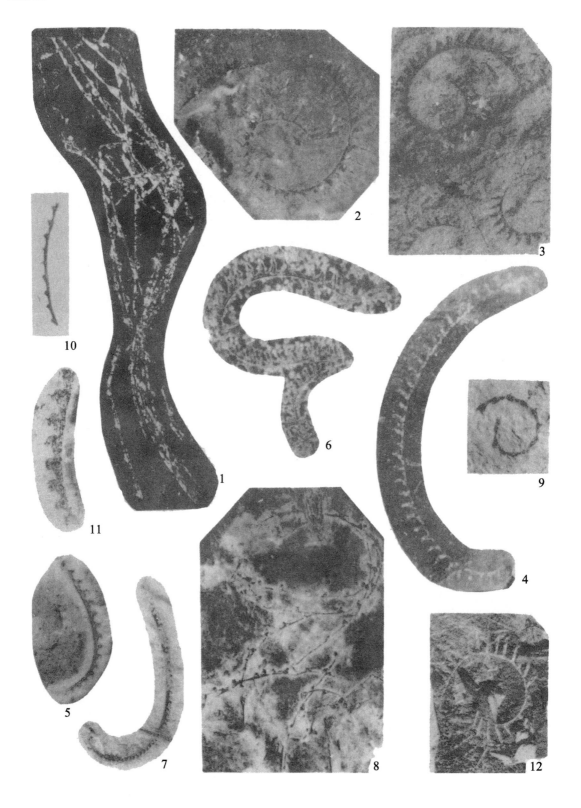

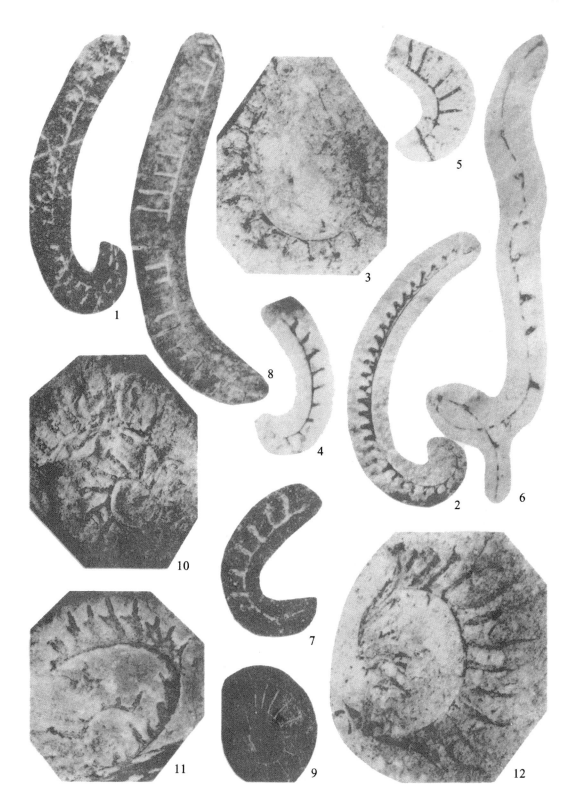

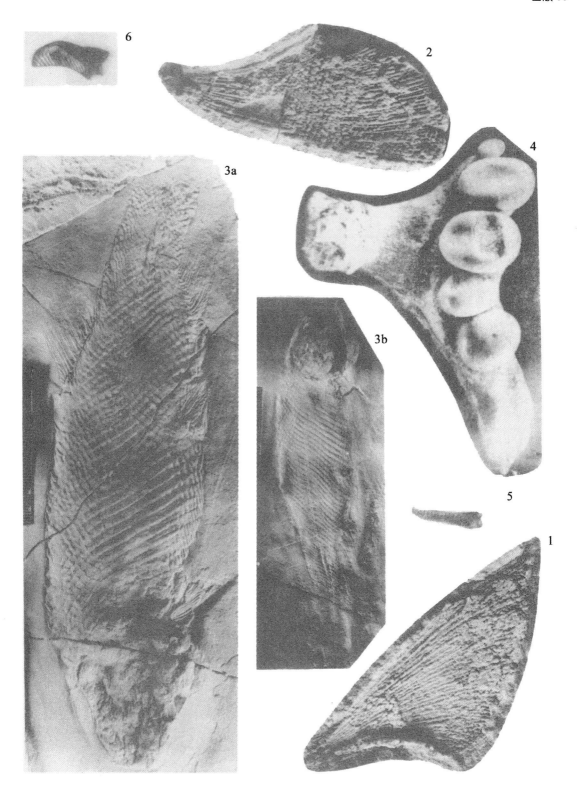

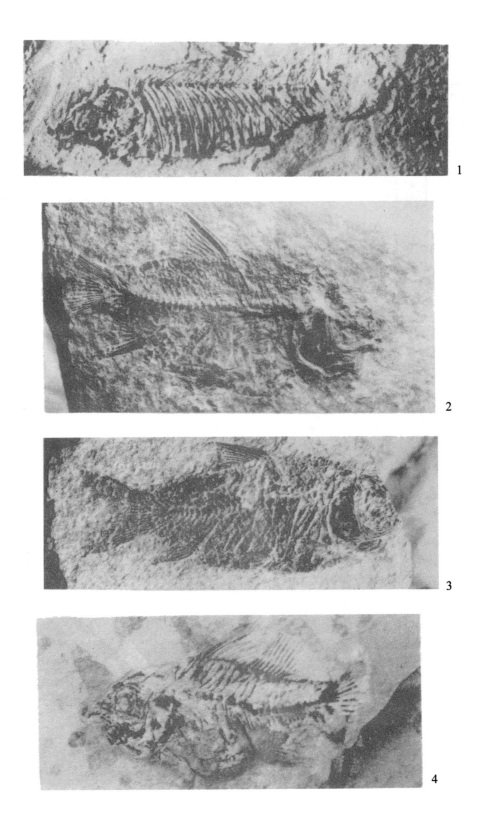

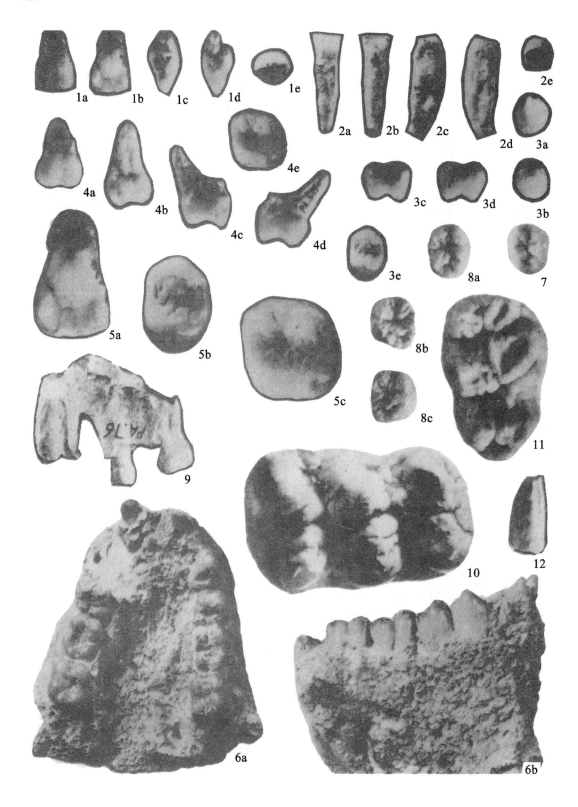

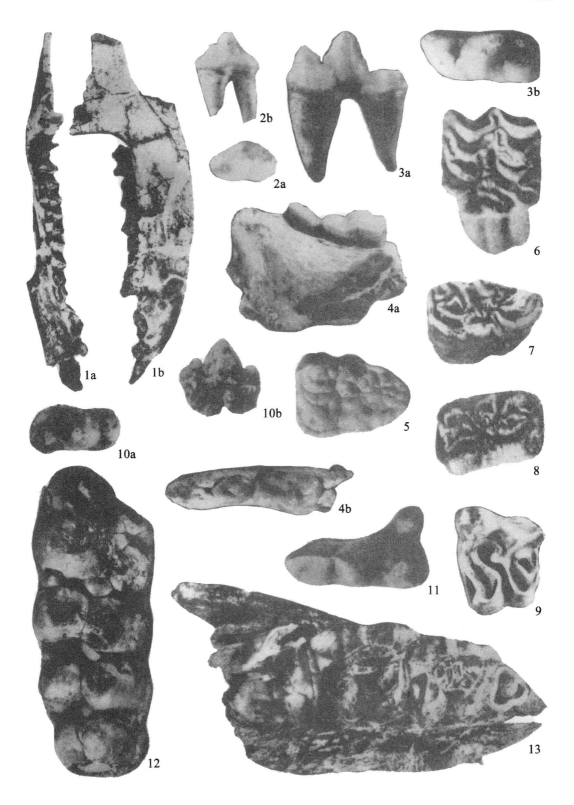

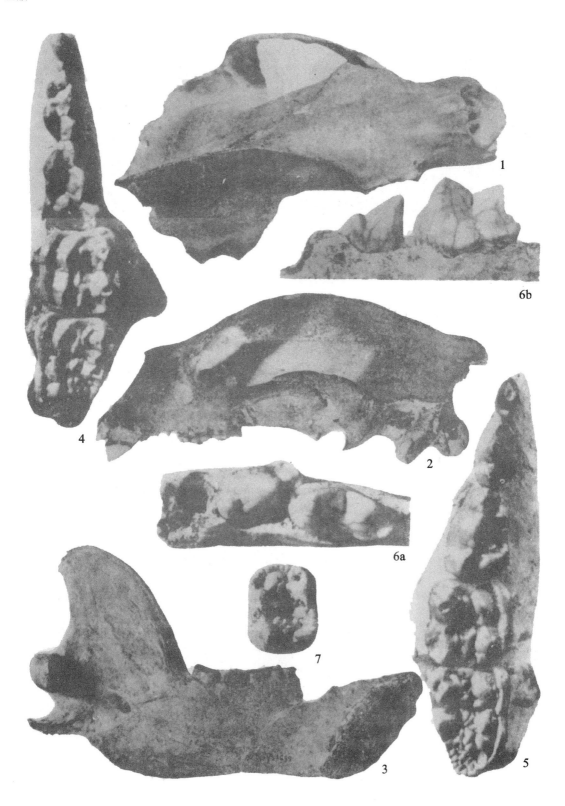

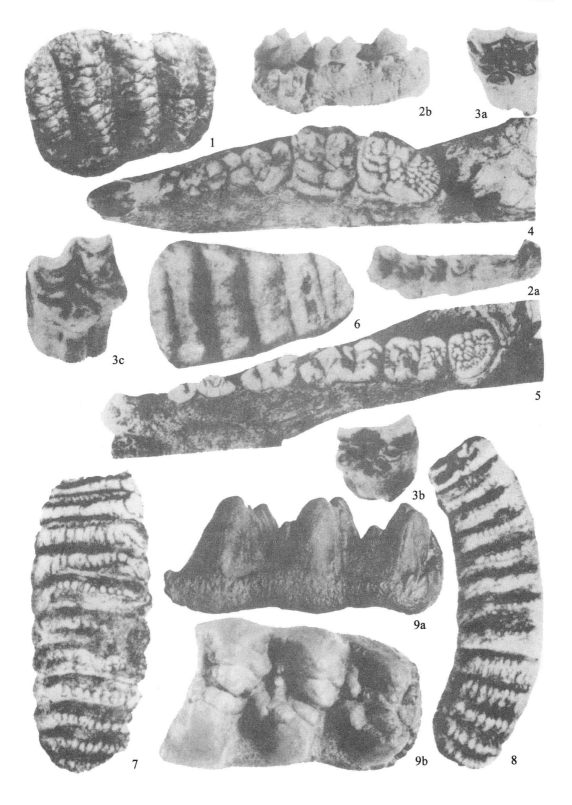

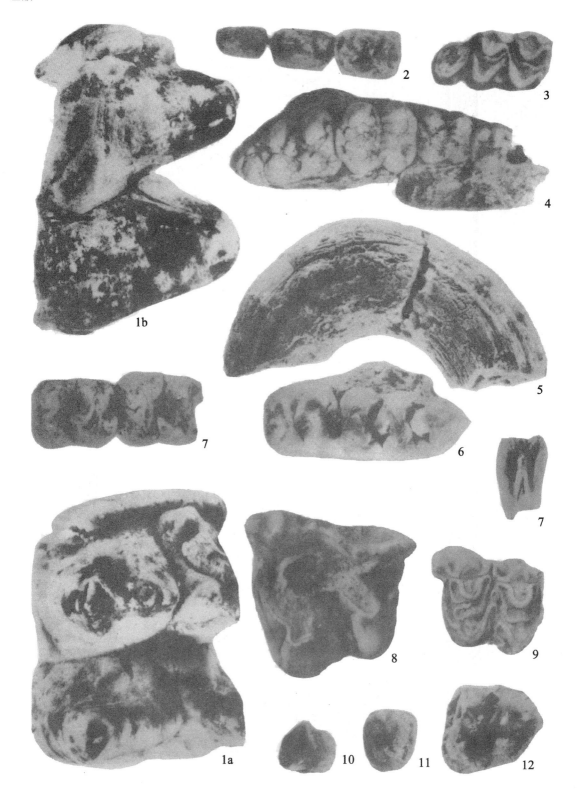

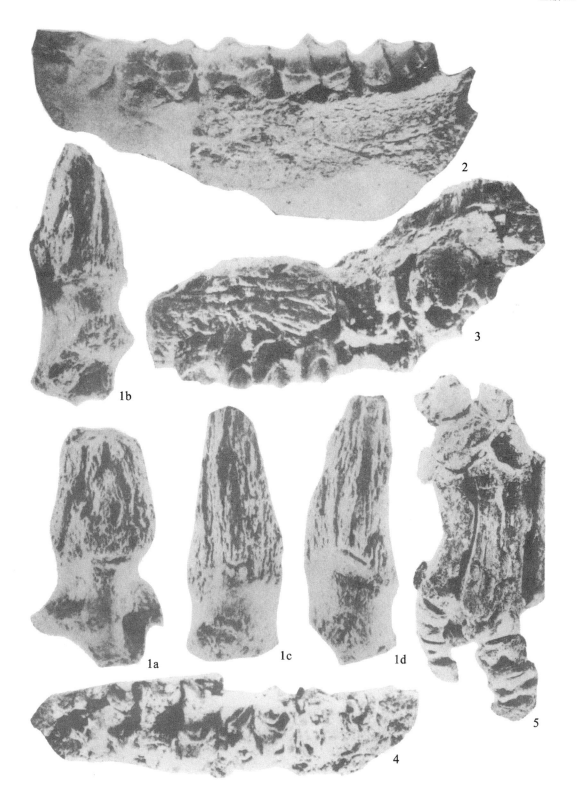

1a

2

1b

3a

4a

4b

3b

5

地层系统表（湖北省）

界 (Erathem)	新生界	中生界	晚古生界	早古生界	新元古界	中元古界	古元古界	新太古界	中太古界

系 (System)：第四系　新近系　古近系　白垩系　侏罗系　三叠系　二叠系　石炭系　泥盆系　志留系　奥陶系　寒武系　震旦系　南华系　青白口系　待建系　蓟县系　长城系　滹沱系

统 (Series)：更新统　上新统　中新统　渐新统　始新统　古新统　上统　下统　上统　中统　下统　上统　中统　下统　乐平统　阳新统　船山统　上统　下统　上统　中统　下统　普里多利统　拉德洛统　文洛克统　兰多维列统　上统　中统　下统　芙蓉统　第三统　第二统　纽芬兰统　上统　下统　上统　中统　下统

地层分区（岩石地层／年代地层）：
- 江南地层分区
- 扬子（北部）地层分区：江南地区、鄂东南地区、鄂西南地区、神农架地区黄陵地区、大洪山地区
- 华南地层分区
- 大巴山—大别山地层分区：随州小区、高滩—兵房街小区、十堰—随州地层分区、武当山小区、丹江口小区
- 桐柏—大别地层分区
- 北秦岭地层分区
- 华北地层大区　秦岭地层分区

底部（地质时代）：新生代　中生代　晚古生代　早古生代　新元古代　中元古代　古元古代　新太古代　中太古代

纪 (Period)：第四纪　新近纪　古近纪　白垩纪　侏罗纪　三叠纪　二叠纪　石炭纪　泥盆纪　志留纪　奥陶纪　寒武纪　震旦纪　南华纪　青白口纪　待建纪　蓟县纪　长城纪　滹沱纪

世 (Epoch)：更新世　上新世　中新世　渐新世　始新世　古新世　晚世　早世　晚世　中世　早世　晚世　中世　早世　乐平世　阳新世　船山世　晚世　早世　晚世　中世　早世　普里多利世　拉德洛世　文洛克世　兰多维列世　晚世　中世　早世　芙蓉世　第三世　第二世　纽芬兰世　晚世　中世　早世